关于"十四五"职
国家规划教材的出

为贯彻落实《中共中央关于认真学习宣传贯彻党的二十大精神的决定》《习近平新时代中国特色社会主义思想进课程教材指南》《职业院校教材管理办法》等文件精神，机械工业出版社与教材编写团队一道，认真执行思政内容进教材、进课堂、进头脑要求，尊重教育规律，遵循学科特点，对教材内容进行了更新，着力落实以下要求：

1. 提升教材铸魂育人功能，培育、践行社会主义核心价值观，教育引导学生树立共产主义远大理想和中国特色社会主义共同理想，坚定"四个自信"，厚植爱国主义情怀，把爱国情、强国志、报国行自觉融入建设社会主义现代化强国、实现中华民族伟大复兴的奋斗之中。同时，弘扬中华优秀传统文化，深入开展宪法法治教育。

2. 注重科学思维方法训练和科学伦理教育，培养学生探索未知、追求真理、勇攀科学高峰的责任感和使命感；强化学生工程伦理教育，培养学生精益求精的大国工匠精神，激发学生科技报国的家国情怀和使命担当。加快构建中国特色哲学社会科学学科体系、学术体系、话语体系。帮助学生了解相关专业和行业领域的国家战略、法律法规和相关政策，引导学生深入社会实践、关注现实问题，培育学生经世济民、诚信服务、德法兼修的职业素养。

3. 教育引导学生深刻理解并自觉实践各行业的职业精神、职业规范，增强职业责任感，培养遵纪守法、爱岗敬业、无私奉献、诚实守信、公道办事、开拓创新的职业品格和行为习惯。

在此基础上，及时更新教材知识内容，体现产业发展的新技术、新工艺、新规范、新标准。加强教材数字化建设，丰富配套资源，形成可听、可视、可练、可互动的融媒体教材。

教材建设需要各方的共同努力，也欢迎相关教材使用院校的师生及时反馈意见和建议，我们将认真组织力量进行研究，在后续重印及再版时吸纳改进，不断推动高质量教材出版。

机械工业出版社

第4版前言

本书被评为"十四五"职业教育国家规划教材、"十三五"职业教育国家规划教材，第3版自2019年6月出版以来，在全国各地受到普遍好评。为切实贯彻党的二十大精神进教材、进课堂、进头脑要求，为更好地适应当前职业教育教学需要，本书编写团队对教材进行了优化。

此次修订，坚持以就业为导向，以企业需求为基本依据，适应行业技术发展的要求；本着"以适用为基础，以提高能力为本位，理论联系实际"的原则，教学内容体现基础性、适用性、概括性、实践性；结构上，以常见的工程为实例来编写，突出计算案例，重点规则解释清楚，浅显易懂。本书具体特色如下：

1. 体现产教融合、科教融汇

此次修订由校企双元合作优化，旨在培养技能应用型人才，以"工学结合、德技并修"为核心，将知识、能力、正确价值观有机结合起来，以工程案例、典型工作任务为载体。本书通过若干实际的工程微案例，小步子，勤回头，由易到难，层层夯实职业院校学生的理论水平和技术功底，不断培养学生的自信心，具体落实习近平总书记提出的实干兴邦、埋头苦干的精神，培养卓越工程师、大国工匠、高技能人才等战略人才。

2. 落实立德树人根本任务

每个项目增加"工匠驿站"，通过讲述我国古代和现代杰出的工匠故事，培养学生的专业精神、职业精神、工匠精神和劳模精神，最终引导学生爱党报国、敬业奉献、服务人民，成为德智体美劳全面发展的社会主义建设者和接班人。

3. 体现"互联网+职业教育"

本书配有22个微课视频，以二维码形式设置在书中文前，读者可以扫码观看，适合当前职业教育教学、学生自主学习使用。

4. 优化结构、更新内容

本书采用项目任务案例模式编写，使教材更适合当前职业教育教学需要。2022年1月，山东省住房和城乡建设厅颁布了《山东省建筑工程计价依据动态调整汇编》，其中包含《山东省建筑工程消耗量定额》（2016版）修订、勘误，《山东省建设工程费用项目组成及计算规则》（2016版）勘误和山东省建筑工程计价依据解释三部分，从而使得原版书的编写理论依据需要修订，教材案例需要调整。

本教材的教学时数为289学时，各项目学时分配见下表（供参考）。

“十四五”职业教育国家规划教材

“十三五”职业教育国家规划教材

建 筑 工 程 预 算

第 4 版

主　编　任波远　　王雪振　　刘葆华
副主编　姜春燕　　巩见梅　　孟　丽
参　编　周晓杰　彭　湃　刘　波　谭　媛
主　审　崔若飞　　巩建忠　　王学东

机 械 工 业 出 版 社

本书以就业为导向，以需求为原则，以适用为基础，以提高能力为本位，以《山东省建筑工程消耗量定额》（SD 01-31-2016）（上册、下册）、《山东省建设工程费用项目组成及计算规则》（2016）、《山东省建筑工程价目表》（2017）、《山东省人工、材料、机械台班单价表》（2017）、《山东省建筑工程消耗量定额交底培训资料》等文件为主要依据进行编写。本书内容包括：绪论，编制建筑工程定额，学习建筑工程费用构成和计算原理，计算建筑面积及主要基数，分部分项工程计量与计价，编制建筑工程预算、结算书，建筑工程计量与计价综合应用。

本书根据典型的工程实例进行编写，并配有详细案例、学习目标和想一想等，突出计算和规则的实际应用，内容精炼、浅显易懂。

本书可作为职业教育建筑类专业工程预算课程的教学用书，尤其适用于采用山东省建筑定额教学的职业院校；也可作为相关行业培训、成人教育的教材或自学用书。

本书配有电子课件，选用本书为授课教材的老师可登录 www.cmpedu.com 进行注册、免费下载。编辑咨询电话：010-88379934。机工社职教建筑 QQ 群：221010660。

图书在版编目（CIP）数据

建筑工程预算/任波远，王雪振，刘葆华主编. —4 版. —北京：机械工业出版社，2023.5（2025.3 重印）

"十三五"职业教育国家规划教材：修订版

ISBN 978-7-111-72920-4

Ⅰ.①建… Ⅱ.①任… ②王… ③刘… Ⅲ.①建筑预算定额-高等职业教育-教材 Ⅳ.①TU723.3

中国国家版本馆 CIP 数据核字（2023）第 056895 号

机械工业出版社（北京市百万庄大街 22 号 邮政编码 100037）
策划编辑：沈百琦 责任编辑：沈百琦
责任校对：郑 婕 许婉萍 封面设计：马精明
责任印制：李 昂
河北宝昌佳彩印刷有限公司印刷
2025 年 3 月第 4 版第 6 次印刷
184mm×260mm·17.5 印张·423 千字
标准书号：ISBN 978-7-111-72920-4
定价：50.00 元

电话服务 网络服务
客服电话：010-88361066 机 工 官 网：www.cmpbook.com
010-88379833 机 工 官 博：weibo.com/cmp1952
010-68326294 金 书 网：www.golden-book.com
封底无防伪标均为盗版 机工教育服务网：www.cmpedu.com

项目	学时数	项目	学时数
项目1	7	项目5	191
项目2	12	项目6	15
项目3	8	项目7	30
项目4	26	小计	289

本书第4版修订由淄博建筑工程学校任波远、王雪振，山东省淄博市工业学校刘葆华任主编；威海市文登技师学院姜春燕，淄博建筑工程学校巩见梅，济宁职业技术学院孟丽任副主编；淄博建筑工程学校周晓杰、彭湃，威海市文登技师学院刘波、谭媛参与编写。本书由山东天烨建设项目管理有限公司总经理崔若飞，淄博忠信工程管理有限公司总经理巩建忠，山东新城建工股份有限公司高级工程师王学东任主审。

由于编者水平有限，书中疏漏和不足在所难免，恳请读者提出宝贵意见。

编　者

本书配套资源

一、本书微课视频清单

序号	名　　称	图形	序号	名　　称	图形
1	1-1 基本建设的概述		12	5-1 平整场地工程量的计算	
2	1-3 建设项目划分		13	5-1 竣工清理工程量的计算	
3	2-2 材料消耗量定额		14	5-2 条形基础垫层工程量的计算	
4	3-1 人工费 材料费 设备费		15	5-2 桩基础工程量的计算	
5	3-1 规费		16	5-3 砌体工程	
6	4-2 建筑面积的计算(一)		17	5-6 木门窗	
7	4-2 建筑面积的计算(二)		18	5-6 金属门窗	
8	4-3 基数的计算		19	5-7 屋面工程	
9	4-3 扩展基数的计算		20	5-7 防腐工程	
10	5-1 沟槽土方量的计算		21	5-8 楼地面 块料面层	
11	5-1 大开挖工程		22	6-1 施工图预算书编制步骤	

二、其他资源

电子课件	下载地址： http://www.cmpedu.com/books/book/5600326.htm

目　录

项目 1

绪　论

任务1　了解基本建设

基本建设的概述

一、基本建设的概念

　　基本建设是国民经济各部门固定资产的再生产，即人们使用各种施工机具对各种建筑材料、机械设备等进行建造和安装，使之成为固定资产的全过程。基本建设包括生产性和非生产性固定资产的更新、扩建、改建和新建。与此相关的工作，如征用土地、勘察、设计、培训生产职工等也包括在内。

二、基本建设的内容

　　基本建设一般包括以下五部分内容：建筑工程，设备安装工程，设备、工具、器具及生产家具的购置，勘察设计，其他基本建设工作。

　　1. 建筑工程

　　建筑工程，包括厂房、仓库、住宅、办公、宿舍等建筑物和矿井、铁路、公路、码头等构筑物的建筑工程；管道、电力和电信导线的敷设工程；设备基础、工业炉砌筑、金属结构等工程；水利工程和其他特殊工程等。

　　2. 设备安装工程

　　设备安装工程，包括电力、电信、起重、运输、医疗、实验等设备的安装工程；与设备相连的工作台、梯子等附属工程；附属于被安装设备的管线敷设工程；被安装设备的绝缘、保温和油漆等工程；安装设备的测试和无负荷试车等。

　　3. 设备、工具、器具及生产家具的购置

　　设备购置，包括一切需要安装与不需要安装设备的购置，如车间、实验室、医院所应配备的，达到固定资产的各种工具、器具、仪器及生产家具的购置。

4. 勘察设计

勘察设计，包括地质勘探、地形测量及工程设计方面的工作。

5. 其他基本建设工作

其他基本建设工作，包括上述内容以外的工作，如土地征用、建设场地原有建筑物拆迁赔偿、青苗补偿、迁坟移户、建设单位日常清理、生产职工培训等。

三、基本建设程序

基本建设程序就是固定资产投资项目建设全过程各阶段和各步骤的先后顺序。对于生产性基本建设而言，基本建设程序也就是形成综合性生产能力过程的规律的反映；对于非生产建设而言，基本建设程序是顺利完成建设任务，获得最大社会经济效益的工程建设的科学方法。基本建设有着必须遵循的客观规律，基本建设程序则是这一客观规律的反映。基本建设程序包括：项目建议书、可行性研究报告、初步设计阶段、施工图设计阶段、项目招标投标、施工阶段、进行生产或交付使用前的准备、竣工验收 8 个环节。具体工作程序如下：

第一步：项目建议书

建设单位根据国民经济中长期发展计划和行业、地区的发展规划，提出做可行性研究的项目建议书，报上级主管部门。

第二步：可行性研究报告

根据主管部门批准的项目建议书，进行可行性研究、预选建设地址、编制可行性研究报告，报上级主管部门审批。

第三步：初步设计阶段

根据批准的可行性研究报告，选定建设地址，进行初步设计，编制工程总概算。

第四步：施工图设计阶段

按照初步设计文件，由设计单位绘制建筑工程施工图，编施工图预算。

第五步：项目招标投标

建设单位或委托招标委员会办理招标投标事宜。建设单位或招标委员会编制标底，投标单位分别编制投标书。工程建设项目在招标范围以内，并且达到以下标准的必须进行招标：

（1）施工单项合同估算价在 400 万元人民币以上的；

（2）重要设备、材料等货物的采购，单项合同估算在 200 万元人民币以上的；

（3）勘察、设计、监理等服务的采购，单项合同估算价在 100 万元人民币以上的。

第六步：施工阶段

施工单位和建设单位签订施工合同，到城建部门办理施工许可证，施工单位编制施工预算。

第七步：生产或交付使用前的准备

工程施工完成后，要及时做好交付使用前的竣工验收准备工作。

第八步：竣工验收

工程完工后，建设单位组织规划、建管、设计、施工、监理、消防、环保等部门进行质量、消防等方面的竣工验收。

任务2　了解工程量清单计价

一、工程量清单的定义

根据《建设工程工程量清单计价规范》（GB 50500—2013）的定义，工程量清单是载明建设工程分部分项工程项目、措施项目、其他项目的名称和相应数量以及规费、税金项目等内容的明细清单。

分部分项工程：是分部工程和分项工程的总称，分部工程是单项或单位工程的组成部分，是按结构部位、路段长度及施工特点或施工任务将单项或单位工程划分为若干分部的工程。分项工程是分部工程的组成部分，是按不同的施工方法、材料、工序及路段长度等分部工程划分为若干个分项或项目的工程。

措施项目：是为完成工程项目施工，发生于该工程施工准备和施工过程中的技术、安全、环境保护等方面的项目。

其他项目：是指暂列金额、暂估价、计日工和总承包服务费等。

规费：根据国家法律、法规规定，由省级政府或省级有关权力部门规定施工企业必须缴纳的，应计入建筑安装工程造价的费用。

税金：国家税法规定的应计入建筑安装工程造价内的增值税，其中甲供材料、甲供设备不作为增值税计税基础。

二、工程量清单的分类

工程量清单在建设工程发承包及实施过程中的不同阶段，又可分别称为招标工程量清单和已标价工程量清单。

招标工程量清单：是招标阶段招标人提供给投标人报价的工程量清单，是对工程量清单的进一步具体化，是招标人根据国家标准、招标文件、设计文件以及施工现场实际情况编制的，随招标文件发布供投标人报价的工程量清单，包括说明和表格。

已标价工程量清单：是投标人对招标工程量清单已标明价格，如果招标工程量清单有错误已经修正，并且承包人已经确认，已标价工程量清单构成合同文件的组成部分，包括说明和表格。

三、工程量清单计价规范的适用范围

《建设工程工程量清单计价规范》（GB 50500—2013）规定，使用国有资金投资的建设工程建设发承包，必须采用工程量清单计价。国有资金投资的工程建设项目包括使用国有资金投资和国家融资投资的工程建设项目。

1. 使用国有资金投资项目的范围

（1）使用各级财政预算资金的项目。

（2）使用纳入财政管理的各种政府性专项建设基金的项目。

（3）使用国有企事业单位自有资金，并且国有资产投资者实际拥有控制权的项目。

2. 国家融资项目的范围

（1）使用国家发行债券所筹资金的项目。

（2）使用国家对外借款或者担保所筹资金的项目。

（3）使用国家政策性贷款的项目。

（4）国家授权投资主体融资的项目。

（5）国家特许融资的项目。

四、工程量清单的作用

1. 工程量清单为投标人提供一个公开、公平、公正的竞争环境

由于工程量清单是由招标人统一提供的，避免了由于各个投标人计算工程量不准确、项目划分不一致等人为因素所造成的不公平影响，从而创造了一个公平的竞争环境。招标人在发送招标档时必须将工程量清单作为招标档的组成部分发送给所有潜在的投标人。

2. 工程量清单是工程量清单计价的基础，应作为编制招标控制价的编制依据之一

招标控制价是招标人根据国家或省级、行业建设主管部门颁发的有关计价依据和办法，按设计施工图纸计算的，对招标工程限定的最高工程造价。投标人的投标价高于招标控制价的，其投标应予以拒绝。

3. 工程量清单是投标人报价的依据之一

投标人在编制投标书时，必须按照招标人提供的工程量清单数量进行报价，不得自己另行编制工程量清单明细表。当投标人发现招标人提供的工程量清单有重大疏漏时，应通知招标人，由招标人决定是否对工程量清单数量进行变动；工程量清单数量发生变动后，招标人应及时书面通知所有潜在的投标人。

4. 工程量清单是施工过程中计算工程量、支付工程进度款的依据

在工程建造施工过程中，要及时进行工程量的计量，计量时要注意工程量清单中各个项目的工作内容和项目特征，不能有重复或遗漏，为支付工程进度款提供准确的依据。

5. 工程量清单及清单计价是调整合同价款、办理工程竣工结算和处理工程索赔的重要依据

在施工过程中，发生工程量变动、工程设计变更是不可避免的，随之而来的则是工程索赔，所以要求造价人员对招标档的工程量清单中规定的工作内容和项目特征，一定要非常熟悉，对承包商投标报价的组成也要进行深入的研究，从而维护双方的合法权益。

任务3　学习工程预算的基本理论

一、建筑产品的特点

由于建筑产品都是每个建设单位根据自身发展需要，经设计单位按照建设单位要求设计图纸，再由施工单位根据图纸在指定地点建造而成，建筑产品所用材料种类繁多，其平面与空间组合变化多样，这就构成了建筑产品的特殊性。

建筑产品也是商品，与其他工业与农业产品一样，有商品的属性。但从其产品及生产的特点来看，建筑产品却具有与一般商品不同的特点，具体表现在五个方面。

1. 建筑产品的固定性

工程项目都是根据需要和特定条件由建设单位选址建造的，施工单位在建设地点按设计的施工图纸建造建筑产品。当建筑产品全部完成后，施工单位将产品就地不动地移交给使用单位。一方面，产品的固定性决定了生产的流定性，劳动者不但要在施工工程各个部位移动工作，而且随着施工任务的完成又将转向另一个新的工程；另一方面，产品的固定性，又使工程建设地点的气象、工程地质、水文地质和技术经济条件直接影响工程的设计、施工和成本。

2. 建筑产品的单件性

建筑产品的固定性，导致了建筑产品必须单件设计、单件施工、单独定价。建筑产品是根据它们各自的功能和建设单位的特定要求，在特定要求下单独设计的，因而建筑产品形式多样、各具特色，每项工程都有不同的规模、结构、造型、等级和装饰，需要选用不同的材料和设备；即使同一类工程，各个单件也有差别。由于建造地点和设计的不同，必须采用不同的施工方法，单独组织施工。因此，每个工程项目的劳动力、材料、施工机械和动力燃料消耗各不相同，工程成本会有很大差异，必须单独定价。

3. 工程建设露天作业

建筑产品具有固定性，加之体形庞大，因此其生产一般是露天进行，受自然条件、季节性影响较大。这会引起产品设计的某些内容和施工方法的变动，也会造成防雨、防寒等费用的增加，影响到工程的造价。

4. 建筑产品生产周期长

建筑产品生产过程要经过勘察、设计、施工、安装等很多环节，涉及面广，协作关系复杂，施工企业建造建筑产品时，要进行多工种综合作业，工序繁多，往往需要长期大量地投入人力、物力、财力，因而建筑产品生产周期长。由于建筑产品价格受时间的制约，周期长，价格因素变化大，如国家经济体制改革出现的一些新的费用项目，材料设备价格的调整等，都会直接影响建筑产品的价格。

5. 建筑产品施工的流动性

建筑产品的固定性，是产生建筑产品施工流动性的根本原因。流动性是指施工企业必须分别在不同的建设地点组织施工。每个建设地点由于建设资源的不同、运输条件的不同、地区经济发展水平不同，都会直接影响到建筑产品的价格。

总之，上述特点决定了建筑产品不宜简单地规定统一价格，而必须借助编制工程概预算和招标标底、投标报价等特殊的计价程序给每个建筑产品单独定价，以确定它的合理价格。

二、建设项目的划分

为了计算建筑产品的价格，设想将整个建设项目根据其组成进行科学的分解，划分为若干个单项工程、单位工程、分部工程、分项工程、子项工程。

建设项目划分

1. 建设项目

一个具体的基本建设项目，通常就是一个建设项目，一般是指在一个场地或几个场地上，按照一个设计意图，在一个总体设计或初步设计范围内，进行施工的各个项目的综合。例如，在工业建筑中，建设一个工厂或一个工业园就是一个建设项目；在民用建筑中，一般以一个学校、一所医院、一个住宅小区等为一个建设项目。

建筑产品在其初步设计阶段以建设项目为对象编制总概算，竣工验收后编制竣工决算。

2. 单项工程

单项工程是指在一个建设项目中，具有独立的设计文件，竣工后可以独立发挥生产能力或效益的工程，它是建设项目的组成部分。如工业建筑中的各个生产车间、辅助车间、仓库等；民用建筑中，如学校的教学楼、图书楼、实验楼、食堂等，分别为一个单项工程。

3. 单位工程

单位工程竣工后一般不能单独发挥生产能力或效益，但具有独立的设计，可以独立组织施工的过程，它是单项工程的组成部分。例如，一个生产车间的土建工程、电气照明工程、机械设备安装工程、给水排水工程，都是生产车间这个单项工程的组成部分；住宅建筑中的土建、给水排水、电气照明等工程分别为一个单位工程。

建筑工程一般以单位工程为对象编制施工图预算，竣工结算和进行工程成本核算。

4. 分部工程

分部工程是单位工程的组成部分，一般按工种来划分，例如，土石方工程、砌筑工程、混凝土及钢筋混凝土工程、门窗及木结构工程、金属结构工程、装饰工程等。

5. 分项工程

分项工程是分部工程的组成部分，按照不同的施工方法、不同材料、不同内容，可将一个分部工程分解成若干个分项工程，如门窗工程（分部工程）可分为木门窗、铝合金门窗等分项工程。

6. 子项工程

子项工程（子目）是分项工程的组成部分，是工程中最小单元体。如砖墙分项工程可分为 240 砖墙、365 砖墙等。子项工程是计算工、料、机械及资金消耗的最基本的构造要素。单位估计表中的单价大多是以子项工程为对象计算的。

建设项目划分示意，如图 1-1 所示。

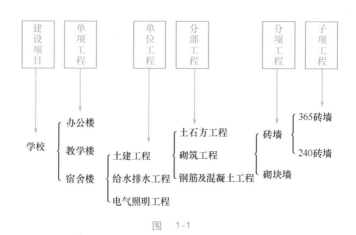

图　1-1

三、建筑工程预算的基本理论

1. 确定建筑工程造价的两个前提

要计算建筑工程的造价，必须将一个构造复杂的建筑物层层分解为建筑物最小最基本的构造要素——分项（子项）工程，以及确定分项（子项）工程的人工、材料、机械台班消耗量及费用的定额，这两个前提缺一不可。

（1）将建筑工程分解为分项（子项）工程。将体积庞大、构造复杂的建筑工程按照化整为零的方法进行合理的层层分解，一直到分项（子项）工程为止。

例如：办公楼——土建工程——屋面工程——防水工程——改性沥青卷材。

（2）编制建筑工程预算定额。将最基本的分项（子项）工程作为假定产品，以完成单位合格的分项（子项）工程产品所需的人工、材料、机械台班消耗量为标准编制出预算定额。

2．编制工程预算的基本理论

（1）将建筑工程合理地分解为分项（子项）工程，依据预算定额计算出各分项（子项）工程的成本，然后汇总成分部分项工程费。

（2）在工程的分部分项工程费中人工费的基础上，再计算出企业管理费和利润等，这样就可以最终计算出整个建筑工程的造价。

任务4　掌握学习建筑工程预算的方法

建筑工程预算是一门综合性很强的科目，它和建筑识图与制图、建筑构造、建筑施工技术等学科有着密切联系。学习预算，除了掌握预算的规则方法以外，还必须看懂图纸，弄清工程的详细构造、工程施工的方法、顺序，只有这样才能编写出工程预算书。对于初学者而言，学习预算应做到以下几点：

一、多读

（1）仔细阅读建筑施工图纸，并注意设计说明、材料做法等部分。阅读图样时应注意前后联系，并查阅与图样配套的图集，从而掌握工程的细部构造及做法。

（2）全面详细地阅读建筑工程预算定额、补充定额、补充规定，阅读近期发布的工程造价文件，阅读定额注意说明及附注部分。

（3）精读消耗量定额中项目表具体内容，遇到相近的定额项目，要从工作内容、材料消耗种类、数量和使用机械中找出差别，分析它们各自的使用范围，以便正确套用定额项目。

二、多看

（1）要经常到工地参观，观察建筑工程的细部构造，观察工程的施工方法、施工的内容，把它们和定额项目表中的工作内容联系起来。

（2）到工地参观时，遇到不懂的问题要勤于思考，查阅资料，向老师或有经验的预算员请教，并及时做好笔记。

三、多练

（1）做练习时，在识懂图纸的基础上，弄清计算的工程内容，查阅定额说明及计算规则，然后计算工程量，再套用相应内容的定额项目。

（2）熟练掌握本教材中所列举的工程实例。

（3）搜集一套完整的工程施工图纸，编制工程预算书。

1. 何谓基本建设？它包括哪些内容？
2. 举例说明建设项目的划分。
3. 分小组讨论预算的基本原理。
4. 说一说你打算如何学好预算？

工匠驿站：

　　鲁班，春秋时期鲁国人，出身于世代工匠的家庭，从小就跟随家人参与土木建筑工程劳动，逐渐掌握了生产劳动的技能，积累了丰富的实践经验。两千多年以来，他的名字和有关故事，一直在广大人民群众中流传，我国的土木工匠们都尊称他为祖师。

　　鲁班是建筑人的榜样，学习建筑工程预算这门课，只要坚持认真学，勤思考，亲自做，仔细算，就一定能学好！

编制建筑工程定额

学习目标

了解建筑工程定额的概念、作用、种类。

了解企业定额的分类及应用。

掌握预算定额的构成、作用及编制原则。

熟悉预算定额计量单位。

任务1 了解建筑工程定额

一、定额的概念

在工程建设中，为了完成某单位合格产品，就要消耗一定数量的人工、材料、机械台班和资金。这些消耗是随着生产力的发展、生产技术的不断变化而变化的，它应反映出一定时期的社会劳动生产力水平。

工程定额是指在一定时期内，在正常的施工条件、先进合理的施工工艺和施工组织的条件下，采用科学的方法制定每完成一定计量单位的质量合格产品所必须消耗的人工、材料、机械设备及其价值的数量标准。

实行定额的目的，是为了力求用最少的人力、物力和财力的消耗，生产出符合质量标准的合格建筑产品，取得最好的经济效益。定额既是使建筑安装活动中的计划、设计、施工、安装各项工作取得最佳经济效益的有效工具和杠杆，又是衡量、考核上述工作经济效益的尺度。

二、定额的作用和意义

1. 定额是政府宏观调控和监督的依据

在社会主义初级阶段，市场经济还不成熟，有许多不规范的行为。政府调控和监管的基本目标是使市场价格大体上反映价值，在价值的范围内上下浮动，以体现价值规律。政府的有关计价规则，虽不一定对某具体工程的定价产生直接作用，但它是一只无形的手，在影响、指导、规范着市场总体价格的水平。

2. 定额是政府管理建设市场、实行工程价格监督的依据

合理确定工程价格、保证工程质量、保证项目资金安全使用、促进建设市场的健康发展

是我们的目标和方向。反对价格欺诈，防止不正当竞争和挤占、挪用建设资金，是规范市场的具体要求。在工程价格监督检查中，对于不正当竞争的价格、不平衡报价，其认定的基础应当是政府发布的有关定额和各个阶段的计价依据。

3. 定额是对建设项目进行评价、控制和确定造价的依据

建设项目法人（建设单位）或其招标代理机构在确定和控制工程造价、进行经济评价和评判报价是否合理时，必然以定额作依据；定额是项目筛选、进行经济比较的依据；定额也是确定项目造价的基础。实施中，概预算是建设单位筹措资金、发包工程、控制造价的依据和目标，也是自我约束、衡量建设管理水平的标准。

4. 定额是建筑施工企业参与竞争、投标报价、进行成本核算的重要参考

企业施工定额是企业生产水平和管理水平的个体反映，是编制投标报价、施工组织设计和作业计划的依据。其目的是激发企业职工或承包体的积极性和创造性，最大限度地提高管理水平和生产效率，增强企业参与社会竞争的能力。由于体制和企业管理水平、深度的原因，许多企业没有自己的内部定额（企业定额），投标报价和成本核算主要依靠现行预算定额，只是在预算定额基础上作一定幅度的调整。企业定额已经成了许多企业难以解决而又急于解决的一个棘手问题，随着企业改制和现代企业制度的创建，企业施工定额将会伴随着企业管理的深化而解决。

5. 定额是权衡项目管理、企业管理水平的杠杆

由定额消耗量确定的一些量化指标，是考核项目法人、项目经理及各分项负责人项目管理的经济参数，是评判其投资控制和项目运作及廉政建设的依据，也可以评判其管理水平的高低。

6. 定额是衡量劳动生产率的尺度，是总结、分析和改进施工方法的重要手段

定额在企业管理中占有十分重要的地位，当前建筑业正在进行全面改革，改革的关键是改进施工方法，提高劳动生产率。

三、定额的分类

建设工程定额的种类很多，按其内容、范围、用途等不同，可以作如图 2-1 所示的分类。

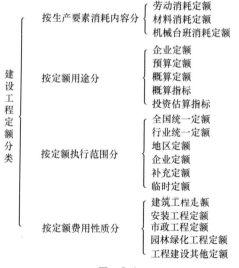

图　2-1

任务2　编制企业定额

一、概述

企业定额是在正常的施工条件下，按照规定的施工过程完成单位合格产品所需消耗的人工、材料、机械台班的数量标准。企业定额也可以称为施工定额，但与施工定额在作用上有所区别。

施工定额是施工企业内部管理的工具，是给施工班组下达施工任务、限额领料和进行"两算"对比的依据。而企业定额除了上述作用外，主要用于企业快速投标报价，力求在报价中反映企业的优势和能力。在《中华人民共和国招标投标法》中明文规定："投标人不得以低于成本的报价竞标"，由此可以看出成本价是中标价的下限。

预算定额确定的工程成本，是该行业的社会成本，企业定额确定的工程成本，是企业的个别成本。因而，企业定额的水平与本企业的生产技术水平和管理水平相一致，具有个别性。

为了计算和确定企业的个别成本，在工程投标中占据有利位置，必须研究企业定额的编制。施工企业为了提高本企业的劳动生产率，降低材料消耗，取得良好的经济效益，制定企业定额时，定额的水平要以本企业的"平均先进"水平为准。

企业定额一般由劳动定额、材料消耗量定额和机械台班定额组成。

二、劳动定额

劳动定额亦称人工定额，它有两种表现形式：时间定额和产量定额。

劳动定额的时间以"工日"为单位，每一工日按8h计算。

1. 时间定额

时间定额是指在正常的施工条件下某工种、某技术等级工人小组或个人，完成单位合格产品所必须消耗的劳动时间。

$$单位产品的时间定额（工日）=\frac{1}{每工产量}$$

$$单位产品的时间定额（工日）=\frac{小组成员工日数的总和}{台班产量（班组完成产品数量）}$$

时间定额常用的单位是：工日/m^3、工日/m^2、工日/m、工日/个、工日/t。

例如：砌$1m^3$一砖厚实心砖墙的时间定额为1.272工日。

2. 产量定额

产量定额是指在正常的施工条件下某工种、某技术等级工人小组或个人，在单位时间内完成合格产品的数量。

$$产量定额=\frac{1}{单位产品时间定额（工日）}$$

$$台班产量=\frac{小组成员工日数的总和}{单位产品时间定额（工日）}$$

产量定额常用的单位是：m^3/工日、m^2/工日、m/工日、个/工日、t/工日。

例如：在砖墙上抹水泥砂浆的产量定额为 7.34m³/工日。

3. 时间定额与产量定额的关系

时间定额与产量定额互为倒数关系，即

$$时间定额 = \frac{1}{产量定额}$$

或

$$产量定额 = \frac{1}{时间定额}$$

$$时间定额 \times 产量定额 = 1$$

例如：若采用搅拌机现场搅拌，机械振捣，塔式起重机运输混凝土，浇筑周长 1.6m 以内的矩形柱子 1m³ 混凝土的时间定额为 1.68 工日/m³，那么产量定额为 1/1.68 = 0.60（m³/工日）。

4. 劳动定额的应用实例

劳动定额的表现形式一般为

$$\frac{时间定额}{产量定额} \quad 或 \quad \frac{时间定额}{台班产量}$$

某企业编制的劳动定额摘录见表 2-1。

表 2-1　双（单）轮车运输每 100 块的劳动定额（摘录）

编号	项目	运距(m 以内)						
		≤30	≤60	≤90	≤120	≤160	≤200	≤500
17	标准砖	$\frac{0.036}{27.78}$	$\frac{0.037}{27.03}$	$\frac{0.04}{24.8}$	$\frac{0.042}{23.81}$	$\frac{0.046}{21.73}$	$\frac{0.05}{20.0}$	$\frac{0.076}{13.16}$
18	耐火砖	$\frac{0.049}{20.5}$	$\frac{0.051}{19.61}$	$\frac{0.054}{18.52}$	$\frac{0.058}{17.2}$	$\frac{0.065}{15.4}$	$\frac{0.068}{14.71}$	$\frac{0.111}{9.01}$
19	水泥空心砌块	$\frac{0.263}{3.81}$	$\frac{0.281}{3.56}$	$\frac{0.301}{3.321}$	$\frac{0.322}{3.11}$	$\frac{0.345}{2.91}$	$\frac{0.369}{2.72}$	$\frac{0.485}{2.06}$
20	煤渣空心砌块	$\frac{0.155}{6.45}$	$\frac{0.165}{6.05}$	$\frac{0.176}{5.68}$	$\frac{0.189}{5.29}$	$\frac{0.204}{4.90}$	$\frac{0.218}{4.58}$	$\frac{0.287}{3.48}$

[例 2-1]　某工程开工前需要盖 5 间平房，作为工地临时办公室和工人临时宿舍，采用旧楼拆下的普通标准砖砌筑，经计算这 5 间平房共需 34185 块砖，现砖堆放地点距平房施工地点约 160m。该企业劳动定额见表 2-1。

（1）施工员准备安排 4 人用双轮车运砖，请问需多长时间运完？

（2）若 2 天必须全部运完，施工员需安排几人？

解：查表 2-1 知，该工程时间定额为 0.046 工日/（100 块砖），产量定额为 21.73（100 块砖）/工日。

（1）完成工程所需劳动量 = 34185÷100×0.046 = 15.73（工日）

需要施工的天数 = 15.73÷4 = 4（工日）

（2）完成工程所需劳动量 = 34185÷（21.73×100）= 15.73（工日）

该工程每天需要的人数 = 15.73÷2 = 8（人）

附 录 二

附录C 《山东省建筑工程消耗量定额》 (SD 01-31—2016)（摘录）

第一章 土石方工程

工作内容：挖土，弃土于5m以内或装土，清底修边。　　　　　　　　　　计量单位：10m³

定额编号			1-2-1	1-2-3	1-2-5	1-2-6
项目名称			人工挖一般土方（基深）			人工挖沟槽土方（槽深）
			普通土	坚土		普通土
			≤2m	≤2m	≤6m	≤2m
名称		单位	消耗量			
人工	综合工日	工日	2.47	4.73	2.17	3.52

工作内容：挖土，弃土于5m以内或装土，清底修边。　　　　　　　　　　计量单位：10m³

定额编号			1-2-8	1-2-11	1-2-13
项目名称			人工挖沟槽土方（槽深）	人工挖地坑土方（坑深）	
			坚土	普通土	坚土
			≤2m	≤2m	≤2m
名称		单位	消耗量		
人工	综合工日	工日	7.08	3.73	7.52

工作内容：1. 人工装车，装车清理车下余土。
　　　　　2. 挖土，弃土于5m以内（装土）；清理机下余土。　　　　　计量单位：10m³

定额编号			1-2-25	1-2-40	1-2-41	1-2-42
项目名称			人工装车	挖掘机挖一般土方	挖掘机挖装一般土方	
			土方	坚土	普通土	坚土
名称		单位	消耗量			
人工	综合工日	工日	1.43	0.06	0.09	0.09
机械	履带式单斗挖掘机（液压）1m³	台班	—	0.0210	0.0230	0.0270
	履带式推土机 75kW	台班	—	0.0020	0.0210	0.0240

工作内容：挖土，弃土于槽边（装土）；清理机下余土。　　　　　　　　　计量单位：10m³

定额编号			1-2-43	1-2-44	1-2-47	1-2-48
项 目 名 称			挖掘机挖槽坑土方		小型挖掘机挖槽坑土方	
			普通土	坚土	普通土	坚土
名称		单位	消 耗 量			
人工	综合工日	工日	0.06	0.06	0.06	0.06
机械	履带式单斗挖掘机（液压）1m³	台班	0.0200	0.0230	—	—
	履带式推土机 75kW	台班	0.0020	0.0020	0.0040	0.0050
	轮胎式单斗挖掘机（液压）0.4m³	台班	—	—	0.0380	0.0470

工作内容：1. 装土，清理机下余土。
　　　　　2. 运土，弃土；维护行驶道路。　　　　　　　　　　　　　　　计量单位：10m³

定额编号			1-2-52	1-2-53	1-2-58	1-2-59
项 目 名 称			装载机装车	挖掘机装车	自卸汽车运土方	
			土方		运距≤1km	每增运 1km
名称		单位	消 耗 量			
人工	综合工日	工日	0.09	0.09	0.03	
材料	水	m³	—	—	0.1200	
机械	轮胎式装载机 1.5m³	台班	0.0220			
	履带式推土机 75kW	台班		0.0140		
	履带式单斗挖掘机（液压）1m³	台班		0.0150		
	自卸汽车 15t	台班			0.0580	0.0140
	洒水车 4000L	台班			0.0060	

工作内容：1. 就地挖、填、平整。
　　　　　2. 垃圾清理、场内运输和场内集中堆放。
　　　　　3. 钎孔布置、打钎、拔钎、灌砂堵眼。　　　　　　　　　　　　计量单位：分示

定额编号			1-4-1	1-4-2	1-4-3	1-4-4
项 目 名 称			平整场地		竣工清理	基底钎探
			人工	机械		
			10m²		10m³	10m²
名称		单位	消 耗 量			
人工	综合工日	工日	0.42	0.01	0.22	0.42
材料	钢钎 φ22~25	kg	—	—	—	0.8170
	中砂	m³	—	—	—	0.0250
	水	m³	—	—	—	0.0050
	烧结煤矸石普通砖 240×115×53	千块	—	—	—	0.0030
机械	履带式推土机 75kW	台班		0.0150		
	轻便钎探器	台班				0.0800

工作内容：1m内就地取土，分层填土，洒水，打夯，平整。　　　　　　　　　计量单位：10m²

定额编号			1-4-10	1-4-11	1-4-12	1-4-13
项　目　名　称			夯填土			
			人工		机械	
			地坪	槽坑	地坪	槽坑
名称		单位	消　耗　量			
人工	综合工日	工日	1.53	2.01	0.77	1.00
材料	水	m³	0.1550	0.1550	—	—
机械	电动夯实机 250N·m	台班	—	—	0.7300	0.9550

第二章　地基处理与边坡支护工程

工作内容：1. 拌和、铺设、找平、夯实。
　　　　　2. 铺设、捣固、找平、养护。
　　　　　3. 机具准备、按设计要求布置锤位线、夯击、夯锤位移、施工场地平整、资料记载。
　　　　　　　　　　　　　　　　　　　　　　　　　　　　　　　　　计量单位：10m³

定额编号			2-1-1	2-1-7	2-1-28	2-1-53
项　目　名　称			3:7灰土垫层	碎石灌浆	无筋混凝土垫层	低锤满拍
			机械振动			
名称		单位	消　耗　量			
人工	综合工日	工日	6.88	9.25	8.30	0.58
材料	3:7灰土	m³	10.2000	—	—	—
	碎石	m³	—	11.0160	—	—
	C15 现浇混凝土碎石<40	m³	—	—	10.1000	—
	水泥抹灰砂浆	m³	—	2.8864	—	—
	水	m³	—	1.0000	3.7500	—
机械	电动夯实机 250N·m	台班	0.4600	0.2700	—	—
	混凝土振捣器　平板式	台班	—	—	0.8260	—
	强夯机械 2000KN·m	台班	—	—	—	0.0519
	灰浆搅拌机 200L	台班	—	0.4900	—	—
	履带式推土机 135kW	台班	—	—	—	0.0363

工作内容：机具准备、按设计要求布置锤位线、夯击、夯锤位移、施工场地平整、资料记载。
　　　　　　　　　　　　　　　　　　　　　　　　　　　　　　　　　计量单位：10m³

定额编号			2-1-56	2-1-57	2-1-61	2-1-62
项　目　名　称			夯击能≤3000kN·m		夯击能≤3000kN·m	
			≤4夯点			
			4击	每增减1击	4击	每增减1击
名称		单位	消　耗　量			
人工	综合工日	工日	0.24	0.03	0.35	0.05
机械	强夯机械 3000N·m	台班	0.0204	0.0039	—	—
	强夯机械 4000kN·m	台班	—	—	0.0390	0.0082
	履带式推土机 135kW	台班	0.0143	0.0027	0.273	0.0057

工作内容：1. 挡土板制作、运输、安装及拆卸。

2. 井点装配成型，地面试管铺总管，装水泵、水箱，冲水沉管，连接试抽，拆管，清洗整理，堆放。

3. 抽水、值班、井管堵漏。

计量单位：分示

定额编号			2-2-3	2-3-12	2-3-13
项 目 名 称			木挡土板	轻型井点（深7m）降水	
			密板木撑	井管安装、拆除	设备使用
				10 根	每套每天
名称		单位	消 耗 量		
人工	综合工日	工日	2.04	14.95	2.87
材料	锯成材	m³	0.0460	—	—
	圆木	m³	0.0230	—	—
	扒钉	kg	2.6780	—	—
	铁丝 10#	kg	0.6500	—	—
	水	m³	—	53.3600	—
	白麻绳	m	—	8.2600	—
	黄砂（过筛中砂）	m³	—	1.1000	—
	轻型井点井管 D7	根	—	0.0300	0.1800
	轻型井点总管 D108	m	—	0.0100	0.0600
机械	电动多级离心清水泵 φ150<180mm	台班	—	0.5700	—
	履带式起重机 5t	台班	—	1.0500	—
	污水泵 100mm	台班	—	0.5700	—
	单级射流泵	台班	—	—	6.0000

第三章 桩基础工程

工作内容：准备打桩机具，探桩位，行走打桩机，吊装定位，安卸桩垫、桩帽，校正，打桩。

计量单位：分示

定额编号			3-1-2	3-1-10	3-1-11
项 目 名 称			打预制钢筋混凝土方桩	大预应力钢筋混凝土土管桩	
			桩长≤25m	桩径≤500mm	桩径≤600mm
			10m³	10m	
名称		单位	消 耗 量		
人工	综合工日	工日	6.62	0.83	0.86
材料	预制钢筋混凝土方桩	m³	（10.1000）	—	
	预应力钢筋混凝土管桩	m	—	（10.1000）	（10.1000）
	白棕绳	kg	0.9000	0.1300	0.1300
	草纸	kg	2.5000	0.3618	0.3618
	垫木	m³	0.0300	0.0050	0.0070
	金属周转材料	kg	2.4200	0.4000	0.5800
机械	履带式柴油打桩机 5t	台班	0.6300	0.1090	
	履带式柴油打桩机 7t				0.1120
	履带式起重机 15t	台班	0.3800	0.0650	
	履带式起重机 15t				0.0670

工作内容：1. 定位、切割、桩头运至50m内堆放。

2. 桩头混凝土凿除，钢筋截断。

3. 桩头钢筋梳理整形。 计量单位：分示

定额编号			3-1-42	3-1-44	3-1-46
项 目 名 称			打预制钢筋混凝土截桩	凿桩头	桩头钢筋整理
			方桩	预制钢筋混凝土桩	10 根
			10 根	10 m³	
	名称	单位		消 耗 量	
人工	综合工日	工日	4.47	27.19	0.79
材料	石料切割锯片	片	10.0000	—	—
机械	岩石切割机 3kW	台班	2.1200	—	—
	电动空气压缩机 1m³/min	台班	—	5.0050	—
	手持式风动凿岩机	台班	—	5.0050	—

工作内容：1. 准备机具，移动桩机，钻孔，测量，校正，清理钻孔泥土，就地弃土5m以内。

2. 混凝土灌注；安、拆导管及漏斗。 计量单位：10m³

定额编号			3-2-24	3-2-25	3-2-30
项 目 名 称			螺旋钻机钻孔（桩长 m）		螺旋钻孔
			≤12	>12	
	名称	单位		消 耗 量	
人工	综合工日	工日	17.48	15.40	3.41
材料	C30 现浇混凝土碎石<31.5	m³	—	—	12.1200
	电焊条	kg	1.1520	1.0080	—
	金属周转材料	kg	3.5370	3.5370	3.8000
机械	回旋钻机 600mm	台班	1.8500	1.6300	—
	交流弧焊机 32kV·A	台班	0.1920	0.1680	—

第四章 砌 筑 工 程

工作内容：1. 清理基槽坑，调、运、铺砂浆，运、砌砖等。

2. 调、运、铺砂浆，运、砌砖，立门窗框，安放木砖、垫块等。 计量单位：10m³

定额编号			4-1-1	4-1-7	4-1-13
项 目 名 称			砖基础	实心砖墙（墙厚240mm）	多孔砖墙（墙厚240mm）
	名称	单位		消 耗 量	
人工	综合工日	工日	10.97	12.72	11.52
材料	烧结煤矸石普通砖 240×115×53	千块	5.3032	5.3833	—
	烧结煤矸石多孔砖 240×115×90	千块	—	—	3.4166
	水泥砂浆 M5.0	m³	2.3985	—	—
	混合砂浆 M5.0	m³	—	2.3165	1.8920
	水	m³	1.0606	1.0767	1.1958
机械	灰土搅拌机 200L	台班	0.3000	0.2900	0.2370

工作内容：1. 调、运、铺砂浆，运、砌砖，立门窗框、垫块等。
　　　　　2. 调、运、铺砂浆，运、砌石，墙角洞口处石料加工等。　　　　　计量单位：10m³

定额编号			4-2-1	4-3-1	4-3-4
项 目 名 称			加气混凝土砌块墙	毛石基础	毛石挡土墙
名称		单位	消 耗 量		
人工	综合工日	工日	15.43	9.06	9.49
材料	毛石	m³	—	11.220	11.220
	蒸压粉煤灰加气混凝土砌块 600×200×240	m³	9.4640	—	—
	烧结煤矸石普通砖 240×115×53	m³	0.4340	—	—
	水泥砂浆 M5.0	m³	—	3.9862	—
	混合砂浆 M5.0	m³	1.0190	—	3.9870
	石料切割锯片	片	—	1.7200	1.7200
	水	m³	1.4850	0.7850	0.8640
机械	灰土搅拌机 200L	台班	0.1270	0.4983	0.4984
	石料切割机	台班	8.2400	—	8.2400

第五章　钢筋及混凝土工程

工作内容：1. 混凝土浇筑、振捣、养护等。
　　　　　2. 毛石场内运输、铺设等。　　　　　计量单位：10m³

定额编号			5-1-3	5-1-4	5-1-6	5-1-14
项 目 名 称			带型基础		独立基础	矩形柱
			毛石混凝土	混凝土	混凝土	
名称		单位	消 耗 量			
人工	综合工日	工日	7.11	6.73	6.25	17.22
材料	C30 现浇混凝土碎石<40	m³	8.5850	10.1000	10.1000	—
	C30 现浇混凝土碎石<31.5		—	—	—	9.8691
	塑料薄膜	m²	12.0120	12.6315	16.3905	5.0000
	水泥抹灰砂浆 1∶2		—	—	—	0.2343
	阻燃毛毡	m²	2.3900	2.5200	3.2600	1.0000
	水	m³	0.8600	0.8800	0.9826	0.7913
	毛石	m³	2.7540	—	—	—
机械	混凝土振捣器　插入式	台班	0.4906	0.5771	0.5771	0.6767
	灰浆搅拌机 200L	台班	—	—	—	0.0400

建筑工程预算 第4版

工作内容：混凝土浇筑、振捣、养护等。 计量单位：10m³

定额编号			5-1-17	5-1-19	5-1-20	5-1-21	5-1-22
项 目 名 称			构造柱	框架梁连续梁	单梁、斜亮、异形梁、拱形梁	圈梁及压顶	过梁
名称		单位	消 耗 量				
人工	综合工日	工日	29.79	9.32	9.20	25.60	30.24
材料	C30 现浇混凝土碎石<31.5	m³	—	10.1000	10.1000	—	—
	C20 现浇混凝土碎石<31.5	m³	9.8691	—	—	—	—
	C20 现浇混凝土碎石<20	m³	—	—	—	10.100	10.100
	水泥抹灰砂浆 1:2	m³	0.2343	—	—	—	—
	塑料薄膜	m²	5.1500	29.7500	36.7080	42.7455	94.2585
	阻燃毛毡	m²	1.0300	5.9500	9.9800	8.2600	18.5700
	水	m³	0.6000	1.7500	0.9913	1.4522	4.3217
机械	混凝土振捣器 插入式	台班	—	0.6700	0.6700	0.6700	0.6700
	灰浆搅拌机 200L	台班	0.0400				

工作内容：混凝土浇筑、振捣、养护等。 计量单位：10m³

定额编号			5-1-31	5-1-32	5-1-33	5-1-49
项 目 名 称			有梁板	无梁板	平板	挑檐、天沟
名称		单位	消 耗 量			
人工	综合工日	工日	5.90	5.47	6.78	23.74
材料	C30 现浇混凝土碎石<20	m³	10.1000	10.1000	10.1000	10.1000
	塑料薄膜	m²	49.9590	52.7520	71.4105	85.5645
	阻燃毛毡	m²	10.9900	10.5100	14.2200	17.0400
	水	m³	2.9739	3.0174	4.1044	5.2435
机械	混凝土振捣器 插入式	台班	0.3500	0.3500	0.3500	2.0000
	混凝土振捣器 平板式	台班	0.3500	0.3500	0.3500	

工作内容：1. 混凝土浇筑、振捣、养护，构件归堆。
    2. 筛洗 碎石、砂、石，水泥后台上料，混凝土搅拌。 计量单位：10m³

定额编号			5-2-1	5-3-1	5-3-2	5-3-3
项 目 名 称			预制混凝土	现场搅拌机搅拌混凝土		
			矩形柱	基础	柱、墙、梁、板	其他
名称		单位	消 耗 量			
人工	综合工日	工日	6.80	1.86	1.86	1.86
材料	C30 现浇混凝土碎石<20	m³	10.2210	—	—	—
	塑料薄膜	m³	38.7320	—	—	—
	水	m³	1.8320	8.1800	8.1800	8.1800
机械	混凝土振捣器 插入式	台班	0.6780	—	—	—
	机动翻斗车 1t	台班	0.6380	—	—	—
	涡浆式混凝土搅拌机 350L	台班	—	0.3900	0.6300	1.0000

工作内容：钢筋制作、绑扎、安装。　　　　　　　　　　　　　　　　　　　　计量单位：t

定额编号		5-4-1	5-4-2	5-4-3	5-4-7
项　目　名　称		现浇构件钢筋HPB300			现浇构件钢筋HRB335（HRB400）
		≤φ10	≤φ18	≤φ25	≤φ25
	名称 单位	消　耗　量			
人工	综合工日　工日	15.78	9.02	6.27	6.26
材料	钢筋HPB300≤φ10　t	1.0200	—	—	—
	钢筋HPB300≤φ18　t	—	1.0400	—	—
	钢筋HPB300≤φ25　t	—	—	1.0400	—
	钢筋HRB335≤φ25　t	—	—	—	1.0400
	镀锌低碳钢丝22#　kg	10.0367	2.6780	2.3957	—
	电焊条 E4303 φ3.2　kg	—	7.8000	8.9143	—
	水　m³	—	0.1430	0.0930	0.0930
机械	电动单筒慢速卷扬机 50kN　台班	0.2730	0.1670	0.1160	0.1408
	对焊机 75kV·N　台班	—	0.0810	0.0580	—
	钢筋切断机 40mm　台班	0.3253	0.0770	0.0870	0.0968
	钢筋弯曲机 40mm　台班	0.2770	0.1860	0.1520	0.1520
	交流弧焊机 32kV·A　台班	—	0.3580	0.3330	—

工作内容：钢筋制作、绑扎、安装。　　　　　　　　　　　　　　　　　　　　计量单位：t

定额编号		5-4-30	5-4-67
项　目　名　称		现浇构件箍筋	砌体加固筋
		≤φ10	≤φ6.5
	名称 单位	消　耗　量	
人工	综合工日　工日	21.22	12.67
材料	电焊条 E4303 φ3.2　t	—	21.8100
	箍筋≤φ10　t	1.0200	—
	钢筋φ6.5　t	—	1.0200
	镀锌低碳钢丝22#　kg	10.0370	—
机械	电动单筒慢速卷扬机 50kN　台班	0.2730	0.3060
	钢筋切断机 40mm　台班	0.1350	0.0900
	交流弧焊机 32kV·A　台班	—	2.8200
	钢筋弯曲机 40mm　台班	0.8600	—

第六章　金属结构工程

工作内容：放样、划线、截料、平直、钻孔、拼装、焊接、成品矫正、除锈、刷防锈漆一遍及成品编号堆放。　　　　　　　　　　　　　　　　　　　　　　　计量单位：t

定额编号		6-1-5	6-1-17	6-1-22
项 目 名 称		轻钢屋架	柱间钢支撑	钢挡风架
名称	单位	消 耗 量		
人工	综合工日	工日	19.73	15.13	12.36

	名称	单位	消耗量		
人工	综合工日	工日	19.73	15.13	12.36
材料	角钢 L（70~80）×（4~10）	t	0.8050	0.0570	0.3340
	角钢 L（100~140）×（80~90）×（6~14）	t	0.0610	0.7730	—
	槽钢 5#~16#	t	—	—	0.7200
	中厚钢板 δ（8~10）	t	0.1940	0.2300	0.0060
	垫木	m³	0.0100	0.0100	0.0100
	电焊条 E4303φ3.2	kg	62.7300	24.9900	24.9900
	环氧富锌（底漆）	kg	5.4400	5.4400	5.4400
	螺栓	kg	1.7400	1.7400	1.7400
	木脚手板	m³	0.0300	0.0300	0.0300
	汽油	kg	3.0000	3.0000	3.0000
	氧气	m³	6.2900	6.2900	6.2900
	乙炔气	m³	2.7300	2.7300	2.7300
	钢丸	kg	15.0000	15.0000	15.0000
机械	电动空气压缩机 10 m³/min	台班	0.0800	0.0800	0.0800
	电焊条恒温箱	台班	0.8900	0.8900	0.8900
	电焊条烘干箱 600×500×750	台班	0.8900	0.8900	0.8900
	钢板校平机 30×2600	台班	0.0200	0.0200	0.0200
	轨道平车 10t	台班	0.2800	0.2800	0.2800
	剪板机 40×3100	台班	0.0200	0.0200	0.0200
	交流弧焊机 42kV·A	台班	4.5500	2.5200	1.4400
	门式起重机 10t	台班	0.4500	0.4500	0.4500
	门式起重机 20t	台班	0.1700	0.1700	0.1700
	刨边机 1200mm	台班	0.0300	0.0300	—
	型钢剪断机 500mm	台班	0.1100	0.1100	0.1100
	型钢矫正机 60×800	台班	0.1100	0.1100	0.1100
	摇臂钻床 500mm	台班	0.1400	0.1400	0.1400
	抛丸除锈机 500mm	台班	0.2000	0.2000	0.2000
	汽车式起重机 25t	台班	0.1000	0.1000	0.1000

工作内容：砌筑平台基础、铺设、固定平台钢板，完成拼装后拆除平台。 计量单位：t

定额编号			6-4-1	6-5-3	6-5-14
项 目 名 称			钢屋架、托架、天窗架（平台摊销）≤1.5t	轻钢屋架安装	柱间钢支撑安装
名 称		单位	消 耗 量		
人工	综合工日	工日	3.47	8.35	4.03
材料	轻钢屋架	t	—	(1.0000)	—
	垫木	m³	—	0.0070	0.0010
	垫铁	kg	—	6.3500	—
	镀锌低碳钢丝 8#	kg	—	2.2300	0.1900
	二等板方材	m³	—	0.0010	0.0010
	方撑木	m³	—	0.0030	—
	麻袋	条	—	0.2600	—
	氧气	m³	—	0.5000	—
	乙炔气	m³	—	0.2100	—
	圆木	m³	—	0.0020	0.0040
	柱间钢支撑	t	—	—	(1.0000)
	混合砂浆 M10.0	m³	0.1800	—	—
	普通钢板 δ10	kg	5.0500	—	—
	电焊条 E4303φ3.2	kg	0.1400	2.4600	17.3900
	烧结煤矸石普通砖 240×115×53	千块	0.0800	—	—
	水	m³	0.0800	—	—
机械	交流弧焊机 42kV·A	台班	0.0400	—	—
	轮胎式起重机 8t	台班	0.1100	—	—
	载重汽车 4t	台班	0.1100	—	—
	交流弧焊机 32kV·A	台班	—	2.3000	0.6400
	轮胎式起重机 20t	台班	—	0.4600	0.2800

第七章　木结构工程

工作内容：1. 屋架制作，拼装，安装，装配钢铁件，锚定，梁端刷防酸腐油。
　　　　　2. 制作安装檩木、檩木托（或垫木），伸入墙内部分及垫木刷防腐油。

计量单位：10m³

定额编号			7-1-1	7-1-2	7-3-2
项 目 名 称			圆木人字屋架制作安装（跨度 m）		圆木檩木
			≤10	>10	
名称		单位	消 耗 量		
人工	综合工日	工日	64.02	54.83	22.82
材料	垫木	m³	—	—	1.0500
	圆木	m³	12.0100	11.6400	10.5000
	锯成材	m³	0.1800	0.0900	—
	钢拉杆	kg	169.900	223.3000	—
	螺栓	kg	241.3000	158.3000	—
	螺母	kg	39.8000	28.9000	—

（续）

定额编号		7-1-1	7-1-2	7-3-2
项 目 名 称		圆木人字屋架制作安装（跨度 m）		圆木檩木
		≤10	>10	
名称	单位		消 耗 量	
材料	钢垫板夹板	kg	1348.6000	942.9000	—
	铸铁垫板	kg	33.7000	42.9000	—
	扒钉	kg	53.2000	48.0000	—
	预制混凝土块	m³	1.5000	0.9000	—
	石油沥青油毡 350#	m³	4.9000	2.9000	—
	调和漆	kg	16.9000	13.0000	—
	防锈漆	kg	8.3000	6.4000	—
	油漆溶剂油	kg	1.3000	1.0000	—
	防腐油	kg	4.3000	2.7000	28.5000
	园钉	kg	—	—	33.8000

第八章　门　窗　工　程

工作内容：1. 现场搬运，刷防腐油，制作、安装门框。
　　　　　2. 现场搬运，安装成品门（纱）扇，装配小五金。　　　　　计量单位：分示

定额编号		8-1-1	8-1-2	8-1-3	8-1-5
项 目 名 称		单独木门框制作安装	成品木门框安装	普通成品门扇安装	纱门扇安装
		10m		10m² 扇面积	
名称	单位		消 耗 量		
人工	综合工日	工日	1.01	0.47	1.45	0.73
材料	成品木门框	m³	—	10.2000	—	—
	普通成品木门	m³	—	—	10.0000	—
	木质防火门	m²	—	—	—	—
	纱门扇	m²	—	—	—	10.0000
	门窗材	m³	0.0755	0.0106	—	—
	水泥抹灰砂浆 1：3	m³	0.0110	0.0110	—	—
	防腐油	kg	0.6710	0.6710	—	—
	园钉	kg	0.1040	0.1040	—	0.1645
机械	木工单面压刨床 600mm	台班	0.0600	—	—	—
	木工圆锯机 500mm	台班	0.0110	—	—	—

工作内容：现场搬运、安装成品框扇、校正、安装配件、周边塞口、清理等。　　计量单位：10m²

定 额 编 号		8-2-1	8-2-2
项 目 名 称		铝合金	
		推拉门	平开门
名称	单位	消 耗 量	
人工 综合工日	工日	2.04	3.00
材料 铝合金推拉门	m²	9.4800	—
铝合金平开门	m²	—	9.6200
玻璃胶 310g	支	5.9480	5.9480
地脚	个	72.400	72.4000
膨胀螺栓 M8	套	72.400	72.4000
发泡剂 750mL	支	2.1000	1.3120
密封油膏	kg	5.2510	5.2510

工作内容：现场搬运、安装窗扇及小五金。　　计量单位：10m²

定 额 编 号		8-6-1	8-6-3	8-6-4
项 目 名 称		成品窗扇	纱窗扇	百叶扇
		10m² 扇面积		
名称	单位	消 耗 量		
人工 综合工日	工日	3.33	1.96	1.98
材料 成品窗扇	m²	10.0000	—	—
纱窗扇	m²	—	10.0000	—
百叶窗	m²	—	—	10.0000
油灰（桶装）	kg	7.4650	—	—
圆钉	kg	0.0450	0.1678	0.4290
清油	kg	0.1520	—	—
门窗材	m³	—	—	0.0604

工作内容：现场搬运、安装成品框扇、校正、安装配件、周边塞口、清理等。　　计量单位：分示

定 额 编 号		8-7-1	8-7-5	8-7-6	8-7-10
项 目 名 称		铝合金		塑钢	
		推拉窗	纱窗扇	推拉窗	纱窗扇
		10m²	10m² 扇面积	10m²	10m² 扇面积
名称	单位	消 耗 量			
人工 综合工日	工日	2.04	0.54	2.25	0.54
材料 铝合金推拉窗	m²	9.4640	—	—	—
塑钢推拉窗	m²	—	—	9.4640	—
塑钢纱窗扇	m²	—	—	—	10.0000
玻璃胶 310g	支	5.0200	—	5.5220	—
地脚	个	49.8000	—	45.6900	—
膨胀螺栓 M8	套	49.8000	—	45.6900	—
螺钉	100 个	—	—	9.4270	—
发泡剂 750mL	支	2.1000	—	2.1000	—
密封油膏	kg	5.2510	—	3.66700	—
铝合金纱窗扇	m²	—	10.000	—	—

工作内容：打眼剔洞、框扇安装校正，焊接、周边塞缝、清理等。　　　　　　　　　　　计量单位：10m²

定 额 编 号			8-7-16	8-7-17
项 目 名 称			防盗格栅窗	
			圆钢	不锈钢
名称		单位	消 耗 量	
人工	综合工日	工日	1.88	1.73
材料	圆钢防盗格栅窗	m²	10.0000	—
	不锈钢防盗格栅窗	m²	—	10.0000
	膨胀螺丝 M6	套	31.5068	8.1190
	铁件	kg	6.8020	—
	电焊条 E4303 φ3.2	kg	0.9690	—
机械	交流弧焊机 21kV·A	台班	0.0410	

第九章　屋面及防水工程

工作内容：1. 檩条上铺钉苇箔，铺泥挂瓦，调制砂浆、安脊瓦、檐口梢头坐灰。
　　　　　2. 调制砂浆，铺瓦，修界瓦边，安脊瓦、檐口桥头坐灰，固定，清扫瓦面。
　　　　　3. 截料，制作安装铁件，吊装安装屋面板，安装防水堵头、屋脊板。

计量单位：分示

定 额 编 号			9-1-2	9-1-10	9-1-11
项 目 名 称			普通黏土瓦钢、混凝土檩条上铺钉苇箔三层铺泥挂瓦	英红瓦屋面	英红瓦正斜脊
			10m²		10m
名称		单位	消 耗 量		
人工	综合工日	工日	1.81	2.34	2.25
材料	水泥抹灰砂浆 1:2	m³		0.4613	0.0923
	水泥石灰抹灰砂浆 1:0.2:2	m³	0.0115		
	板条 1000×30×8	100 根	0.2120		
	麦秸	kg	5.8980		
	苇箔	m²	32.1000		
	黏土	m³	0.3120		
	黏土平瓦 387×218	千块	0.1805		
	黏土脊瓦 155×195	块	2.8188		
	装修圆钉	kg	0.4800		
	英红主瓦 420×332	块		106.8050	
	英红脊瓦	块		—	29.7250
	水	m³	0.1974	0.3200	0.2000
机械	灰浆搅拌机　200L	台班		0.0400	0.2000

工作内容：清理基层，刷基底处理剂，收头钉压条等全部操作过程。　　　　　　　　计量单位：10m²

定 额 编 号			9-2-10	9-2-11	9-2-12	9-2-13
项 目 名 称			改性沥青卷材热熔法			
			一层		每增一层	
			平面	立面	平面	立面
名称		单位	消 耗 量			
人工	综合工日	工日	0.24	0.42	0.21	0.36
材料	SBS 防水卷材	m²	11.5635	11.5635	11.5635	11.5635
	改性沥青缝嵌油膏	kg	0.5977	0.5977	0.5165	0.5165
	液化石油气	kg	2.6992	2.6992	3.0128	3.0128
	SBS 弹性沥青防水胶	kg	2.8920	2.8920	—	—

工作内容：清理基层，刷基底处理剂，收头钉压条等全部操作过程。　　　　　　　　计量单位：10m²

定 额 编 号			9-2-14	9-2-15	9-2-16	9-2-17
项 目 名 称			改性沥青卷材冷粘法			
			一层		每增一层	
			平面	立面	平面	立面
名称		单位	消 耗 量			
人工	综合工日	工日	0.22	0.39	0.19	0.33
材料	SBS 防水卷材	m²	11.5635	11.5635	11.5635	11.5635
	改性沥青镶嵌油膏	kg	0.5977	0.5977	0.5165	0.5165
	聚丁胶粘合剂	kg	5.3743	5.3743	5.9987	5.9987
	SBS 弹性沥青防水胶	kg	2.8920	2.8920	—	—

工作内容：1. 清理基层，刷基底处理剂，收头钉压条等全部操作过程。

　　　　　　2. 基层清理，铺设防水层，收口、压条等全部操作。　　　　　　　　计量单位：10m²

定 额 编 号			9-2-18	9-2-19	9-2-20	9-2-21	9-2-35
项 目 名 称			高聚物改性沥青自粘卷材自粘法				聚合物复合改性沥青防水涂料（平面）
			一层		每增一层		
			平面	立面	平面	立面	厚 2mm
名称		单位	消 耗 量				
人工	综合工日	工日	0.20	0.35	0.17	0.30	0.25
材料	高聚物改性沥青自粘卷材	m²	11.5635	11.5635	11.5635	11.5635	—
	聚合物复合改性沥青防水涂料		—	—	—	—	23.1000
	冷底子油 30：70	kg	4.8000	4.8000			

工作内容：理基层，调配及涂刷涂料、冷底子油。　　　　　　　　　　　　　　　　计量单位：10m²

定额编号		9-2-47	9-2-48	9-2-59	9-2-60
项目名称		聚氨酯防水涂膜厚2mm		冷底子油	
		平面	立面	第一遍	第二遍
名称	单位	消耗量			
人工　综合工日	工日	0.28	0.45	0.12	0.06
材料　二甲苯	kg	1.2600	1.2600	—	—
聚氨酯甲乙料	kg	27.0680	29.8130	—	—
冷底子油30∶70	kg	—	—	4.8480	3.6360
木柴	kg	—	—	1.5750	1.9950

工作内容：1. 清理基层、调制砂浆、铺混凝土或者砂浆，压实、抹光。
　　　　　2. 清理基层、调配砂浆，抹水泥砂浆。　　　　　　　　　　　　　　　计量单位：10m²

定额编号		9-2-65	9-2-66	9-2-69	9-2-70
项目名称		细石混凝土		防水砂浆掺防水粉	
		厚40mm	每增减10mm	厚20mm	每增减10mm
名称	单位	消耗量			
人工　综合工日	工日	0.95	0.14	0.83	0.14
材料　C20细石混凝土	m³	0.4040	0.1010	—	—
素水泥浆	m³	—	—	0.0100	—
锯成材	m³	0.0069	0.0010	—	—
水	m³	0.9640	0.0200	—	—
防水粉	kg	—	—	6.6300	3.3150
水泥抹灰砂浆1∶2	m³	—	—	0.2050	0.1025
机械　灰浆搅拌机200L	台班	—	—	0.0350	0.0130
混凝土振捣器 平板式	台班	0.0240	0.0040	—	—

工作内容：1. 清理基层、调制砂浆、抹水泥砂浆。
　　　　　2. 清理基层、做分格缝，灌缝膏。　　　　　　　　　　　　　　　　　计量单位：10m²

定额编号		9-2-71	9-2-72	9-2-77	9-2-78
项目名称		防水砂浆掺防水剂		分格缝	
				细石混凝土面	水泥砂浆面层
		厚20mm	每增减10mm	厚40mm	厚25mm
名称	单位	消耗量			
人工　综合工日	工日	0.83	0.14	0.51	0.43
材料　水泥抹灰砂浆1∶3	m³	0.2050	0.1025	—	—
素水泥浆	m³	0.0100		—	—
建筑油膏	kg	—	—	6.7320	3.3660
防水剂	kg	13.2600	6.6300	—	—
机械　灰浆搅拌机200L	台班	0.0350	0.0130		

工作内容：1. 埋设管卡，成品水管安装。

　　　　　2. 排水零件制作、安装。

计量单位：分示

定额编号		9-3-10	9-3-13	9-3-14
项 目 名 称		塑料管排水		
		雨水管 $\phi \leqslant 110mm$	雨水斗	弯头雨水口
名称	单位	消 耗 量		
人工	综合工日	工日	0.39	0.48	0.48
材料	塑料雨水管（成品）$\phi \leqslant 110mm$	m	10.5000	—	—
	塑料管卡子	个	6.1200	—	—
	伸缩节 $\phi \leqslant 110mm$	个	2.7000	—	—
	塑料弯头 $45° \phi \leqslant 110mm$（成品）	个	1.0000	—	—
	铁件	kg	3.1700	5.7600	—
	塑料弯头雨水口（成品）	个	—	—	10.1000
	锯成材	m³	—	—	0.0360
	石油沥青玛蹄脂	m³	—	—	0.0700
	塑料雨水斗（成品）	个	—	10.2000	—
	塑料管卡子 110	个	—	10.0000	—

第十章　保温、隔热、防腐工程

工作内容：1. 清理基层，铺砌，平整。

　　　　　2. 清理基层，调制砂浆或混凝土，摊铺浇捣，找平，养护。

　　　　　3. 清理基层，板材切割，弹线、铺砌、平整等。

计量单位：分示

定额编号		10-1-2	10-1-3	10-1-11	10-1-16
项 目 名 称		憎水珍珠岩块	加气混凝土块	现浇水泥珍珠岩	干铺聚苯保温板
名称	单位	消 耗 量			
人工	综合工日	工日	14.72	3.69	9.33	0.31
材料	憎水珍珠岩块	m³	10.2000	—	—	—
	SG-791 胶砂浆	m³	3.8581	—	—	—
	加气混凝土 585×120×240	m³	—	10.500	—	—
	水泥珍珠岩 1:10	m³	—	—	10.2000	—
	水	m	—	—	7.0000	—
	聚苯乙烯泡沫板 δ100	m³	—	—	—	10.2000
机械	灰浆搅拌机 200L	台班	0.4800	—	—	—

工作内容：1. 基层清理，调运砂浆，砌支承砖，铺砌块料、填缝。

　　　　　2. 清理基层，刷界面砂浆，调运保温层材料，分层抹平、压实等。　计量单位：分示

定额编号		10-1-30	10-1-55	10-1-56
项 目 名 称		架空隔热层	胶粉聚苯颗粒保温	
		预制混凝土板	厚度 30mm	厚度每增减 5mm
名称	单位	消 耗 量		
人工	综合工日	工日	1.02	1.96	0.29
材料	水泥抹灰砂浆 1:2	m³	0.0117	—	—
	混合砂浆 M5.0	m³	0.0250	—	—

（续）

定 额 编 号		10-1-30	10-1-55	10-1-56
项 目 名 称		架空隔热层	胶粉聚苯颗粒保温	
		预制混凝土板	厚度30mm	厚度每增减5mm
名 称	单位	消 耗 量		
材料	烧结煤矸石普通砖 240×115×53	千块	0.0687	—	—
	水	m³	0.1800	0.1800	0.0300
	钢筋混凝土预制板	m³	0.2990	—	—
	普通硅酸盐水泥 42.5Mpa	kg	—	6.0000	—
	黄砂（过筛中砂）	m³	—	0.0050	—
	乳液界面剂	kg	—	4.0000	—
	聚苯乙烯颗粒	kg	—	4.7260	0.7880
	浇料粉	kg	—	52.9200	8.8200
机械	灰浆搅拌机 200L	台班	0.0050	0.0380	0.0060

工作内容：1. 清扫基层，调运胶泥、砂浆或混凝土，涂刷，摊铺，压实。

2. 清扫基层，调运砂浆，摊铺，压实。　　　　　　　　计量单位：10m²

定 额 编 号		10-2-1	10-2-2	10-2-10	10-2-11
项 目 名 称		耐酸沥青砂浆		钢屑砂浆	
		厚度30mm	厚度每增减5mm	厚度20mm	零星抹灰
名 称	单位	消 耗 量			
人工	综合工日	工日	1.64	0.25	1.97	1.61
材料	耐酸沥青砂浆 1.3∶2.6∶7.4	m³	0.3075	0.0500	—	—
	耐酸沥青胶泥 1∶1∶0.05	m³	0.0200	—	—	—
	冷底子油	kg	4.800	—	—	—
	木柴	kg	180.5000	30.0894	—	—
	素水泥浆	m³	—	—	0.0100	0.0100
	铁屑砂浆 1∶0.3∶1.5	m³	—	—	0.2050	0.2121
	水	m³	—	—	0.8400	0.8400

工作内容：清理基层，调运胶泥，涂刷，铺砌，养护。　　　　　　计量单位：10m²

定 额 编 号		10-2-26	10-2-27
项 目 名 称		耐酸沥青胶泥平面铺砌	
		沥青浸渍砖	
		厚度115mm	厚度53mm
名 称	单位	消 耗 量	
人工	综合工日	工日	20.58	15.84
材料	耐酸沥青胶泥 1∶1∶0.5	m³	0.2030	0.1140
	烧结煤矸石普通砖 240×115×53	千块	0.7389	0.3571
	石油沥青 10#	kg	297.9000	144.0000
	木柴	kg	323.4000	164.5000
机械	轴流通风机 7.5kW	台班	0.2000	0.2000

第十一章 楼地面装饰工程

工作内容：调运砂浆，抹平，压实。 计量单位：10m²

定额编号			11-1-1	11-1-2	11-1-3	11-1-4	11-1-5
项 目 名 称			水泥砂浆			细石混凝土	
			在混凝土或硬基层上	在填充材料	每增减 5mm	40mm	每增减 5mm
			20mm				
名称		单位	消 耗 量				
人工	综合工日	工日	0.76	0.82	0.08	0.72	0.08
材料	水泥抹灰砂浆 1:3	m³	0.2050	0.2563	0.0513	—	—
	素水泥浆	m³	0.0101	0.0101	—	0.0101	—
	C20 细石混凝土	m³	—	—	—	0.4040	0.0505
	水	m³	0.0600	0.0600	—	0.0600	—
机械	灰浆搅拌机 200L	台班	0.0256	0.0320	0.0064	—	—
	混凝土振捣器 平板式	台班	—	—	—	0.0240	0.0040

工作内容：清理基层，刷素水泥浆一道，调运砂浆，抹面，压光，养护。 计量单位：分示

定额编号			11-2-1	11-2-2	11-2-5	11-2-6
项 目 名 称			水泥砂浆		水泥砂浆踢脚线	
			楼地面 20mm	楼梯 20mm	12mm	18mm
			10m²		10m	
名称		单位	消 耗 量			
人工	综合工日	工日	0.99	3.98	0.45	0.46
材料	水泥抹灰砂浆 1:2	m³	0.2050	0.2727	0.0092	0.0092
	素水泥浆	m³	0.0101	0.0134	—	—
	草袋	m³	—	2.9260	—	—
	塑料薄膜	m²	11.5500	—	—	—
	水	m³	0.0600	0.5050	0.0570	0.0570
	水泥抹灰砂浆 1:3	m³	—	—	0.0092	0.0185
机械	灰浆搅拌机 200L	台班	0.0256	0.0341	0.0023	0.0035

工作内容：清理基层、调运砂浆、刷素水泥浆一道、选砖、切砖、磨砖、贴砖、擦缝、清理净面等。

计量单位：10m²

定额编号			11-3-30	11-3-37	11-3-38
项 目 名 称			楼地面水泥砂浆（周长 mm）	楼地面干硬性水泥砂浆（周长 mm）	
			≤2400	≤3200	≤4000
名称		单位	消 耗 量		
人工	综合工日	工日	2.76	2.77	2.90
材料	水泥抹灰砂浆 1:2.5	m³	0.2050	—	—
	素水泥浆	m³	0.0101	0.0101	0.0101

（续）

定额编号		11-3-30	11-3-37	11-3-38
项 目 名 称		楼地面水泥砂浆（周长 mm）	楼地面干硬性水泥砂浆（周长 mm）	
		≤2400	≤3200	≤4000
名称	单位	消 耗 量		
材料	白水泥	kg	1.0300	1.0300	1.0300
	锯末	m³	0.0600	0.0600	0.0600
	棉砂	kg	0.1000	0.1000	0.1000
	水	m³	0.2600	0.2600	0.2600
	石料切割锯片	片	0.0320	0.0320	0.0320
	地板砖 600×600	m²	10.2500	—	—
	地板砖 800×800	m²	—	10.3000	—
	地板砖 1000×1000	m²	—	—	11.0000
	水泥抹灰砂浆 1∶3	m³	—	0.2050	0.2050
机械	石料切割机	台班	0.1510	0.1510	0.1510
	灰浆搅拌机 200L	台班	0.0256		

工作内容：1. 清理基层、调运砂浆、刷素水泥一道、切砖、磨砖、贴地砖踢脚、擦缝、清理净面等。
2. 清理基层、调运砂浆及胶黏剂、切砖、磨砖、贴地砖踢脚、擦缝、清理净面等。
3. 调运砂浆，抹平，压实。　　　　　　　　　　　　　　　　　　　　　　　　计量单位：10m²

定额编号		11-3-45	11-3-46	11-3-73
项 目 名 称		踢脚板		干硬性水泥砂浆
		直线形		每增减 5mm
		水泥砂浆	胶黏剂	
名称	单位	消 耗 量		
人工	综合工日	工日	5.43	6.14	0.08
材料	地板砖 600×600	m²	10.2000	10.1500	—
	水泥抹灰砂浆 1∶1	m³	0.0410	—	—
	水泥抹灰砂浆 1∶2	m³	0.0615	0.0615	—
	水泥抹灰砂浆 1∶3	m³	0.0923	0.0923	—
	干粉型胶黏剂	kg	—	40.0000	—
	素水泥浆	m³	0.0101	—	—
	白水泥	kg	1.4000	1.4000	—
	棉纱	kg	0.1500	0.1500	—
	石料切割锯片	片	0.0360	0.0360	—
	108 胶	kg	60.0000	—	—
	水	m³	0.3000	0.3000	—
	干硬性水泥砂浆 1∶3	m³	—	—	0.0513
机械	灰浆搅拌机 200L	台班	0.0243	0.0192	0.0064
	石料切割机	台班	0.1510	0.1510	—

第十二章　墙、柱面装饰与隔断、幕墙工程

工作内容：1. 修补、湿润基层表面、堵墙眼，调运砂浆、清扫落地灰；分层抹灰找平、刷浆、洒水湿润、罩面压光。

　　　　　2. 剔缝、洗刷、调运砂浆、勾缝、修补等。　　　　　　　　　　　　计量单位：10m²

定额编号		12-1-1	12-1-3	12-1-9	12-1-18
项 目 名 称		麻刀灰	水泥砂浆	混合砂浆	砖墙
		厚(7+7+3)mm	厚(9+6)mm		
		墙面	砖墙	砖墙	勾缝
名称	单位	消 耗 量			
人工	综合工日	工日	1.17	1.37	1.23	0.79
材料	麻刀石灰浆	m³	0.0331	—	—	—
	水泥石灰膏砂浆 1∶1∶6	m³	0.0812	—	—	—
	水泥石灰膏砂浆 2∶1∶8	m³	0.0812	—	—	—
	水泥抹灰砂浆 1∶1	m³	—	—	—	0.0089
	水泥抹灰砂浆 1∶2	m³	0.0025	0.0696	—	—
	水泥抹灰砂浆 1∶3	m³	—	0.1044	—	—
	水泥石灰抹灰砂浆 1∶1∶6	m³	—	—	0.1044	—
	水泥石灰抹灰砂浆 1∶0.5∶3	m³	—	—	0.0696	—
	水	m³	0.0650	0.0620	0.0620	0.0410
机械	灰浆搅拌机 200L	台班	0.0250	0.0220	0.0220	0.0010

工作内容：1. 剔缝、洗刷、调运砂浆、勾缝、修补等。

　　　　　2. 清理水泥砂浆修补基层表面、打底抹灰、砂浆找平、运料、抹结合层砂浆、贴块料、擦缝、清理表面。　　　　　　　　　　　　计量单位：分示

定额编号		12-1-25	12-2-18	12-2-40	12-2-46
项 目 名 称		塑料条	水泥砂浆粘贴	水泥砂浆粘贴 194×194(灰缝宽度 mm)	水泥砂浆粘贴 60×240(灰缝宽度 mm)
		水泥粘贴	零星项目	≤10	≤10
		10m	10m²		
名称	单位	消 耗 量			
人工	综合工日	工日	0.79	9.23	5.28	5.28
材料	瓷质外墙砖 240×60	m³	—	—	—	8.4750
	素水泥浆	m³	—	0.0112	0.0101	0.0101
	白水泥	kg	—	2.8000	—	—
	棉纱	kg	—	0.1000	0.1000	0.1000
	石料切割锯片	片	—	—	0.0750	0.0750

（续）

定额编号		12-1-25	12-2-18	12-2-40	12-2-46
项 目 名 称		塑料条	水泥砂浆粘贴	水泥砂浆粘贴 194×194（灰缝宽度 mm）	水泥砂浆粘贴 60×240（灰缝宽度 mm）
		水泥粘贴	零星项目	≤10	≤10
		10m	10m²		
名称	单位	消 耗 量			
材料	水泥抹灰砂浆 1:1	m³	0.0089	0.0495	0.0200	0.0220
	水泥抹灰砂浆 1:2	m³	—	—	0.0558	0.0558
	水泥抹灰砂浆 1:3	m³	—	0.1114	0.1673	0.1673
	陶瓷锦砖（马赛克）	m²	—	11.3220	—	—
	瓷质外墙砖 194×94	m²	—	—	8.7450	—
	108 胶	kg	—	2.0090	—	—
	水	m³	0.0410	00620	0.0700	0.0710
机械	灰浆搅拌机 200L	台班	0.0010	0.0220	0.0300	0.0310
	石料切割机	台班	—	—	0.1160	0.1160

第十三章 天 棚 工 程

工作内容：清理修补基层表层，堵眼、调运砂浆，清扫落地灰；抹灰找平，罩面及压光及小圆角抹。

计量单位：10m²

定额编号			13-1-1	13-1-2	13-1-3
项 目 名 称			混凝土面天棚		
			麻刀灰（厚度 6mm+3mm）	水泥砂浆（厚度 5mm+3mm）	混合砂浆（厚度 5mm+3mm）
名称		单位	消 耗 量		
人工	综合工日	工日	1.06	1.31	1.31
材料	麻刀石灰浆	m³	0.0323	—	—
	水泥石膏砂浆 1:3:9	m³	0.0899	—	—
	水泥抹灰砂浆 1:2	m³	—	0.0564	—
	水泥抹灰砂浆 1:3	m³	—	0.0558	—
	水泥石灰抹灰砂浆 1:0.5:3	m³	—	—	0.0564
	水泥石灰抹灰砂浆 1:1:4	m³	—	—	0.0558
	素水泥浆	m³	0.0101	—	—
	水	m³	0.0570	0.0540	0.0540
机械	灰浆搅拌机 200L	台班	0.0170	0.0140	0.0140

第十四章 油漆、涂料及裱糊工程

工作内容：1. 清扫、磨砂纸、点漆片、刮腻子、刷底油一遍、调和漆二遍等。
        2. 刷调和漆一遍。
        3. 除锈、清扫、清洗、刷漆等。   计量单位：10m²

定额编号		14-1-1	14-1-2	14-1-21	14-2-31
		调和漆刷底油一遍，调和漆二遍		每增一遍	红丹防锈漆一遍
		单层木门	单层木窗	单层木门	金属面
名称	单位		消 耗 量		
人工	综合工日	工日	2.10	2.10	0.59	0.28
材料	白布	m²	0.0250	0.0250	—	—
	催干剂	kg	0.1030	0.0860	0.0430	—
	砂布	张	—	—	—	2.7000
	红丹防锈漆	kg	—	—	—	1.6520
	工业酒精99.5%	kg	0.0430	0.0360	—	—
	漆片	kg	0.0070	0.0060	—	—
	清油	kg	0.1750	0.1460	—	—
	砂纸	张	4.2000	3.5000	0.6000	—
	石膏粉	kg	0.5040	0.4200	—	—
	熟桐油	kg	0.4250	0.3540	—	—
	无光调和漆	kg	4.6742	3.8952	2.4847	—
	油漆溶剂油	kg	1.1140	0.9280	0.1250	0.1720

工作内容：1. 除锈、清扫、清洗、刷漆等。
        2. 清理基层、刷涂料等。
        3. 清理基层、磨砂纸、刮仿瓷涂料等。   计量单位：10m²

定额编号		14-2-33	14-3-9	14-3-21	14-3-22
项 目 名 称		银粉漆二遍	室内乳胶漆二遍	仿瓷涂料二遍	
		金属面	天棚	内墙	天棚
名称	单位		消 耗 量		
人工	综合工日	工日	0.84	0.47	0.27	0.28
材料	油漆溶剂油	kg	2.7580	—	—	—
	仿瓷涂料	kg	—	—	8.0000	8.2400
	乳胶漆	kg	—	2.9200	—	—
	清油	kg	1.0340	—	—	—
	银粉	kg	0.2550	—	—	—
	催干剂	kg	0.0660	—	—	—
	白布	m²	0.0160	0.0070	—	—
	砂纸	张	0.8000	0.8000	3.0000	3.0000

工作内容：清理、磨砂纸、刷涂料等。 计量单位：10m²

定额编号			14-3-29	14-4-5	14-4-9	14-4-11
项 目 名 称			外墙面丙烯酸外墙涂料(一底二涂)	满刮调制腻子	满刮成品腻子	
				外墙抹灰面	内墙抹灰面	天棚抹灰面
			光面	二遍		
	名称	单位	消 耗 量			
人工	综合工日	工日	0.54	0.38	0.33	0.37
材料	108胶	kg	—	1.8000	—	—
	丙烯乳胶漆	kg	4.2000	—	—	—
	丙烯酸清漆	kg	1.2000	—	—	—
	白乳胶	kg	—	0.2500	—	—
	砂纸	张	—	6.0000	6.0000	6.0000
	白水泥	kg	—	5.0000	—	—
	成品腻子	kg	—	—	11.4000	11.4000

第十五章 其他装饰工程

工作内容：定位、弹线、安装成品、线条、清理净面。 计量单位：10m

定额编号			15-2-24	15-2-25
项 目 名 称			石膏阴阳角线(宽度mm)	
			≤100	≤150
	名称	单位	消 耗 量	
人工	综合工日	工日	0.47	0.55
材料	石膏阴阳角线150	m	—	10.6000
	气动排钉F10	100个	0.8000	0.8000
	快粘粉	kg	6.1200	9.1800
	石膏阴阳角线100	m	10.6000	—
	水	m³	0.0040	0.0057
机械	电动空气压缩机 0.6m³/min	台班	0.0080	0.0080

第十六章 构筑物及其他工程

工作内容：1. 运砂浆、砍砖、砌筑、原浆勾缝、支模出檐、安爬梯、烟囱帽抹灰等。
 2. 混凝土浇捣随打随抹，留设伸缩缝并嵌缝等。 计量单位：分示

定额编号			16-1-5	16-5-1	16-5-4
项 目 名 称			砖烟囱(筒身高度≤200m)	混凝土整体路面(厚80mm)	沥青混凝土路面(厚100mm)
			10m³	10m²	
	名称	单位	消 耗 量		
人工	综合工日	工日	25.64	0.55	22.60
材料	烧结煤矸石普通砖 240×115×53	千块	6.2056	—	—
	混合砂浆 M5.0	m³	2.5010	—	—
	水	m³	1.2800	0.4000	—

（续）

定额编号		16-1-5	16-5-1	16-5-4
项 目 名 称		砖烟囱（筒身高度≤200m）	混凝土整体路面（厚80mm）	沥青混凝土路面（厚100mm）
		10m³	10m²	
名称	单位	消 耗 量		
材料	C25 现浇混凝土碎石<40	m³	—	0.8080	—
	沥青砂浆 1：2：7	m³	—	0.0033	—
	模板材	m³	—	0.0022	—
	塑料薄膜	m³	—	11.5500	—
	中粒式沥青混凝土	m³	—	—	6.0600
	细粒式沥青混凝土	m³	—	—	4.0400
	木柴	kg	—	—	82.9500
	石油沥青 10#	kg	—	—	184.8000
机械	灰浆搅拌机 200L	台班	0.3130	—	—
	混凝土振捣器 平板式	台班	—	0.0640	—
	钢轮振动压路机 15t	台班	—	—	0.0290
	沥青混凝土摊铺机 8t	台班	—	—	0.0070

工作内容：制作、安装、拆除模板，制作绑扎钢筋；混凝土浇捣、养护、抹灰；构件运输、安装，搭拆脚手架等操作过程。

计量单位：座

定额编号		16-6-1	16-6-2	16-6-25
项 目 名 称		钢筋混凝土化粪池1号		砖砌化粪池2号
		无地下水	有地下水	无地下水
名称	单位	消 耗 量		
人工	综合工日	工日	35.09	37.62	42.24
材料	C15 现浇混凝土碎石<40	m³	0.6343	0.6343	—
	C30 现浇混凝土碎石<40	m³	5.0298	5.0298	—
	模板材	m³	0.0401	0.0401	0.0442
	粗砂	m³	—	0.1804	—
	混凝土垫块	m³	0.0031	0.0031	—
	电焊条 E4030 φ3.2	kg	0.2350	0.2350	4.0014
	油漆溶剂油	kg	0.0512	0.0512	0.1030
	石油沥青 10#	kg	—	72.1829	—
	防水剂	kg	29.3682	56.1004	107.2336
	冷底子油	kg	—	9.7736	—
	圆钉	kg	2.2280	2.2280	7.4546
	镀锌低碳钢丝 8#	kg	6.0122	6.0122	19.0875
	木柴	kg	—	29.4235	—
	复合木模板	m²	2.6794	2.6794	7.5182
	水泥抹灰砂浆 1：2	m³	0.4475	0.8547	1.6347
	塑料薄膜	m²	12.9504	12.9504	18.5258
	红丹防锈漆	kg	0.4468	0.4468	0.8991

（续）

定额编号		16-6-1	16-6-2	16-6-25
项 目 名 称		钢筋混凝土化粪池1号		砖砌化粪池2号
		无地下水	有地下水	无地下水
名称	单位	消 耗 量		
材料	隔离剂	kg	0.4740	0.4740	2.2430
	水	m³	1.2010	1.2010	2.3064
	木脚手板	m³	0.0008	0.0008	0.0013
	底座	个	0.0682	0.0682	0.1361
	碎石	m³	—	0.6918	—
	素水砂浆	m³	0.0221	0.0221	—
	零星卡具	kg	0.4608	0.4608	0.5982
	直角扣件	个	0.7331	0.7331	1.4756
	对接扣件	个	0.0802	0.0802	0.1618
	回转扣件	个	0.0357	0.0357	0.0721
	草板纸 80#	张	0.6720	0.6720	4.8225
	嵌缝料	kg	0.1380	0.1380	0.1095
	镀锌低碳钢丝 22#	kg	9.8238	9.8238	1.5703
	木脚手板 $\Delta=5cm$	m³	0.0306	0.0306	0.0619
	钢管 $\phi48.3\times3.6$	m	1.3244	1.3244	2.6653
	锯成材	m³	0.0638	0.0638	0.1794
	钢筋 HPB300≤ϕ10	t	0.9886	0.9886	0.0165
	钢筋 HPB335≤ϕ18	t	0.0313	0.0313	0.5335
	阻燃毛毡	m²	1.5972	1.5972	1.9411
	C30 现浇混凝土碎石<20	m³	0.5848	0.5848	—
	烧结煤矸石普通砖 340×115×53	千块	—	—	4.9489
	混凝土垫块	m³	—	—	0.0040
	水泥砂浆 M5.0	m³	—	—	2.2714
	C25 预制混凝土碎石<20	m³	—	—	2.6188
	C15 预制混凝土碎石<40	m³	—	—	1.0302
	C25 现浇混凝土碎石<20	m³	—	—	1.9190
	素水泥浆	m³	—	—	0.0809
机械	电动夯实机 250N·m	台班	—	0.0170	—
	载重汽车 6t	台班	0.0837	0.0837	0.1617
	电动单筒慢速卷扬机 50kN	台班	0.3368	0.3368	0.1111
	灰浆搅拌机 200L	台班	0.0775	0.1481	0.5666
	混凝土振捣器 插入式	台班	1.0354	1.0354	0.1713
	混凝土振捣器 平板式	台班	0.0519	0.0519	0.2514
	钢筋切割机 40mm	台班	0.3895	0.3895	0.0507
	钢筋弯曲机 40mm	台班	0.3402	0.3402	0.1233
	木工圆锯机 500mm	台班	0.0355	0.0355	0.0844
	木工双面压刨床 600mm	台班	0.0036	0.0036	0.0126
	对焊机 75kV·A	台班	0.0037	0.0037	0.0520
	交流弧焊机 32kV·A	台班	0.0156	0.0156	0.2296
	机动翻斗车 1t	台班	0.0216	0.0216	0.0153
	木工单面压刨床 600mm	台班	—	—	0.0010

工作内容：铺设垫层，砌砖，抹灰，安装盖板。　　　　　　　　　　　　　　计量单位：座

定额编号			16-6-71	16-6-72
项　目　名　称			圆形给水阀门井 DN≤65	
			φ1000	
			无地下水 1.1m 深	无地下水每增加 0.1m
	名称	单位	消　耗　量	
人工	综合工日	工日	5.70	0.31
材料	烧结煤矸石普通砖 240×115×53	千块	1.2304	0.0849
	粗砂	m³	0.0172	—
	铸铁盖板(带座)	套	1.0100	—
	混合砂浆 M7.5	m³	0.0284	—
	C30 现浇混凝土碎石<20	m³	0.4088	—
	塑料薄膜	m²	3.2586	—
	水	m³	0.4429	0.0176
	碎石	kg	0.0661	—
	煤焦油沥青漆 L01-17	kg	0.4920	—
	铸铁脚踏	个	2.0000	0.2857
机械	电动夯实机 250N·m	台班	0.0016	—
	灰浆搅拌机	台班	0.0725	0.0048
	混凝土振捣器 插入式	台班	0.0231	—
	机动翻斗车 1t	台班	0.0255	—

工作内容：清理基层、夯实、铺设垫层；调制砂浆，混凝土浇捣、养护；灌缝、抹面。

计量单位：10m²

定额编号			16-6-80	16-6-81	16-6-83
项　目　名　称			混凝土散水	细石混凝土散水	水泥砂浆(带碴渣)坡道
			3：7 灰土垫层		混凝土 60 厚
	名称	单位	消　耗　量		
人工	综合工日	工日	2.01	2.44	4.24
材料	石料切割锯片	片	—	—	0.6060
	锯末	m³	—	—	0.0513
	C20 现浇混凝土碎石<40	m³	0.6060	—	0.2050
	水泥	kg	—	32.4105	3.0600
	黄砂(过筛中砂)	m³	—	0.0105	23.1000
	C20 细石混凝土	m³	—	0.4040	0.3450
	3：7 灰土	m³	1.5300	1.5300	3.0600
	塑料薄膜	m²	—	11.5500	—
	水	m³	0.2250	0.0600	—
	白水泥	kg	—	—	—
	耐酸沥青胶泥 1：2：0.05	m³	0.0073	0.0048	—
	木柴	kg	2.8690	2.8690	—
	水泥抹灰砂浆 1：1	m³	—	—	0.0513
	水泥抹灰砂浆 1：2	m³	—	—	0.2050

（续）

定额编号		16-6-80	16-6-81	16-6-83
项 目 名 称		混凝土散水	细石混凝土散水	水泥砂浆（带碴渣）坡道
		3：7灰土垫层		混凝土60厚
名称	单位	消 耗 量		
材料	水泥抹灰砂浆 1：2	m³	—	—	0.2050
机械	电动夯实机 250N·m	台班	0.1410	0.1410	0.2100
	灰浆搅拌机 200L	台班	—	0.0026	0.0320
	混凝土振捣器 平板式	台班	0.0496	0.0330	0.0496

工作内容：基底夯实、铺设基层、砌筑、嵌缝。　　　　　　　　　　　　　　　　计量单位：10m

定额编号		16-6-92	16-6-93
项 目 名 称		铺预制混凝土路沿	铺料石路沿
名称	单位	消 耗 量	
人工	综合工日	工日	0.90	0.23
材料	石灰抹灰砂浆 1：3	m³	0.0205	0.0123
	水泥抹灰砂浆 1：3	m³	0.0031	0.0092
	3：7灰土	m³	1.0812	0.2326
	水	m³	0.0060	0.0036
	素水泥浆	m³	0.0010	0.0006
	预制混凝土沿石 495×300×100	块	20.2000	—
	料石路沿石 495×150×60	块	—	20.2000
机械	电动夯实机 250N·m	台班	0.0488	0.0105
	灰浆搅拌机 200L	台班	0.0026	0.0015

第十七章　脚手架工程

工作内容：平土、挖坑、安底座、材料场内运输、塔拆脚手架、上料平台、挡脚板、护身栏杆、上下翻板子和拆除后的材料堆放、整理外运等。　　　　　计量单位：10m²

定额编号		17-1-2	17-1-6	17-1-8	17-1-9
项 目 名 称		外脚手架木架	外脚手架钢管架		
		双排	单排	单排	双排
		≤6m	≤6m	≤10m	≤15m
名称	单位	消 耗 量			
人工	综合工日	工日		0.46	0.58	0.82
材料	钢管 φ48.3×3.6	m	—	0.6477	0.9608	1.8825
	对接扣件	个	—	0.0395	0.0870	0.1882
	直角扣件	个	—	0.3588	0.6371	1.4501

（续）

定额编号		17-1-2	17-1-6	17-1-8	17-1-9
项 目 名 称		外脚手架木架	外脚手架钢管架		
		双排	单排	单排	双排
		≤6m	≤6m	≤10m	≤15m
名称	单位	消 耗 量			
材料	回转扣件	个	—	0.017	0.0949	0.1612
	木脚手杆 φ100	m³	0.0378	—	—	—
	木脚手板 Δ=5cm	m³	0.0044	0.0152	0.0169	0.0202
	底座	个		0.0322	0.0354	0.0603
	红丹防锈漆	kg	—	0.2184	0.6658	0.6579
	油漆溶剂油	kg		0.0250	0.0382	0.0748
	铁件	kg	—	—	1.3333	1.3187
	镀锌低碳钢丝 8#	kg	5.0690	1.7666	1.3546	1.0802
	圆钉	kg	0.0610	0.1714	0.1173	0.1051
机械	载重汽车 6t	台班	0.0360	0.0340	0.0340	0.0390

工作内容：平土、挖坑、安底座、材料场内运输、塔拆脚手架、上料平台、挡脚板、护身栏杆、上下翻板子和拆除后的材料堆放、整理外运等。　　　　　　　　　　　　　　　计量单位：10m²

定额编号		17-1-10	17-1-12
项 目 名 称		外脚手架钢架管	
		双排	
		≤24m	≤50m
名称	单位	消 耗 量	
人工	综合工日	工日	1.07	1.33
材料	钢管 φ48.3×3.6	m	2.2517	3.6380
	对接扣件	个	0.2470	0.4462
	直角扣件	个	1.6042	2.3059
	回转扣件	个	0.2683	0.4815
	木脚手板 Δ=5cm	m³	0.0202	0.0263
	底座	个	0.0385	0.0333
	红丹防锈漆	kg	0.7870	1.2715
	油漆溶剂油	kg	0.0894	0.1445
	铁件	kg	1.3189	0.7706
	镀锌低碳钢丝 8#	kg	0.9392	0.7303
	圆钉	kg	0.0903	0.0734
机械	载重汽车 6t	台班	0.0380	0.0350

工作内容：安底座、材料场内外运输、搭拆脚手架、上料平台、挡脚架、护身栏杆、上下翻板子和拆除后的材料堆放、整理外运等，平台下料、制作、固定、钢缆绳加固等。

计量单位：10m²

定额编号		17-1-15	17-1-16	17-1-17
项 目 名 称		型钢平台外挑双排钢管脚手架		
		≤60m	≤80m	≤100m
名称	单位	消 耗 量		
人工 综合工日	工日	1.76	2.12	2.60
材料 工字钢 18#	kg	6.6041	8.4385	9.9061
铁件	kg	9.6068	9.6068	9.6068
钢丝绳 φ17.5	kg	0.8073	1.0316	1.2110
花篮螺栓 COM14×150	套	0.1753	0.2240	0.2629
钢丝绳夹 18M16	个	1.0832	1.3840	1.6247
电焊条 E4303φ3.2	kg	0.7409	0.7409	0.6949
钢管 φ48.3×3.6	m	5.5752	7.1063	8.3296
对接扣件	个	0.6393	0.8029	0.9325
直角扣件	个	4.1573	5.3059	6.2242
回转扣件	个	0.5577	0.7126	0.8365
木脚手板	m³	0.0511	0.0647	0.0753
底座	个	0.0060	0.0058	0.0110
镀锌低碳钢丝 8#	kg	0.9252	0.9183	0.9141
圆钉	kg	0.0929	0.0929	0.0929
红丹防锈漆	kg	2.3158	2.9529	3.4621
油漆溶剂油	kg	0.2632	0.3356	0.3935
机械 交流弧焊机 32kN·A	台班	0.0150	0.0150	0.0150
载重汽车 6t	台班	0.0430	0.0420	0.0420

工作内容：平土、挖坑、安底座、选料、材料场内外运输、搭拆架子、脚手板、拆除后材料堆放、外运等。

计量单位：10m²

定额编号		17-2-5	17-2-6	17-3-3	17-3-4
项 目 名 称		里脚手架钢管架		满堂脚手架钢管架	
		单排	双排	基本层	增加层 1.2m
		≤3.6m			
名称	单位	消 耗 量			
人工 综合工日	工日	0.44	0.62	0.93	0.19
材料 钢管 φ48.3×3.6	m	0.0268	0.0519	0.2600	0.0870
对接扣件	个	0.0009	0.0018	0.0437	0.0146
直角扣件	个	0.0141	0.0281	0.1518	0.0510
木脚手板	m³	0.0012	0.0012	—	—
底座	个	0.0047	0.0094	—	—
红丹防锈漆	kg	0.0094	0.0182	0.0870	0.0290
油漆溶剂油	kg	0.0011	0.0021	0.0100	0.0030
镀锌低碳钢丝 8#	kg	0.4530	0.4530	2.9340	—

（续）

定额编号			17-2-5	17-2-6	17-3-3	17-3-4
项　目　名　称			里脚手架钢管架		满堂脚手架钢管架	
			单排	双排	基本层	增加层 1.2m
			≤3.6m			
名称		单位	消　耗　量			
材料	圆钉	kg	0.0658	0.0658	0.2850	—
	木脚手板 Δ=5cm	m³	—	—	0.0152	—
	回转扣件	个	—	—	0.0478	0.0156
机械	载重汽车 6t	台班	0.0220	0.0320	0.0740	0.0100

工作内容：支撑、挂网、翻网绳、阴阳角挂绳、拆除等。　　　　　　　　计量单位：10m²

定额编号			17-6-1	17-6-6
项　目　名　称			安全网　立挂式	建筑物垂直封闭
				密目网
名称		单位	消　耗　量	
人工	综合工日	工日	0.02	0.20
材料	安全网	m²	3.2080	—
	镀锌低碳钢丝 8#	kg	0.9690	1.0998
	密目网	m²	—	11.9175

第十八章　模　板　工　程

工作内容：模板制作、安装、拆除、整理堆放及场内运输，清理模板粘接物及模内杂物、刷隔离剂
等。　　　　　　　　　　　　　　　　　　　　　　　　　　　　　　计量单位：10m²

定额编号			18-1-1	18-1-5	18-1-12	18-1-34
项　目　名　称			混凝土基础垫层木模板	无梁式带型基础	独立基础	矩形柱
				无筋混凝土		
				复合木模板	组合钢模板	
				木支撑		钢支撑
名称		单位	消　耗　量			
人工	综合工日	工日	1.05	2.21	2.76	3.04
材料	水泥抹灰砂浆 1:2	m³	0.0012	0.0012	0.0012	—
	镀锌低碳钢丝 22#	kg	0.0180	0.0180	0.0180	—
	模板材	m³	0.1445	—	—	—
	隔离剂	kg	1.0000	1.0000	1.0000	1.0000
	圆钉	kg	1.9730	2.9269	1.1880	0.1800
	草板纸 80#	张	—	3.0000	3.0000	3.0000
	镀锌低碳钢丝 8#	kg	—	—	4.8540	—

（续）

定额编号		18-1-1	18-1-5	18-1-12	18-1-34
项 目 名 称		混凝土基础垫层木模板	无梁式带型基础	独立基础	矩形柱
			无筋混凝土		
			复合木模板	组合钢模板	
			木支撑		钢支撑
名称	单位	消 耗 量			
复合木模板	m²	—	11.9616	—	—
组合钢模板	kg	—	—	7.2130	8.4280
材料 零星卡具	kg	—	—	2.6060	9.1790
锯成材	m³	—	0.2799	0.0697	0.0246
支撑钢管及扣件	kg	—	—	—	4.5940
机械 木工圆锯机 500mm	台班	0.0160	0.0910	0.0060	0.0060
木工双面压刨机 600mm	台班	—	0.0160	—	—

工作内容：复合木模板制作、模板安装、拆除、整理堆放及场内运输，清理模板粘接物及模内杂物、刷隔离剂等。
计量单位：10m²

定额编号		18-1-41	18-1-59	18-1-60	18-1-61
项 目 名 称		构造柱	异形梁	圈梁 直形	
		复合木模板		组合钢模板	复合木模板
		木支撑			
名称	单位	消 耗 量			
人工 综合工日	工日	2.96	3.50	3.15	2.34
草板纸 80#	张	3.0000	—	3.0000	3.0000
镀锌低碳钢丝 8#	kg	27.0000	—	6.4540	6.4540
复合木模板	m²	3.3618	3.0681	—	3.0681
组合钢模板	kg	—	—	8.2560	—
支撑钢管及扣件	kg	—	—	—	0.4593
材料 锯成材	m³	0.1514	0.1741	0.0123	0.0763
圆钉	kg	0.3470	6.4998	3.6040	3.7448
隔离剂	kg	1.0000	1.0000	1.0000	1.0000
水泥抹灰砂浆 1:2	m³	—	0.0003	—	0.0003
镀锌低碳钢丝 22#	kg	—	0.0180	0.0180	0.0180
机械 木工圆锯机 500mm	台班	0.0310	0.0610	0.0010	0.0330
木工双面压刨机 600mm	台班	0.0050	0.0060	—	0.0060

工作内容：复合木模板制作、模板安装、拆除、整理堆放及场内运输，清理模板粘接物及模内杂物、刷隔离剂等。　　　　　　　　　　　　　　　　　　　　　　　计量单位：10 m²

定额编号		18-1-64	18-1-65	18-1-90	18-1-100
项　目　名　称		过梁		有梁板	平板
		组合钢模板	复合木模板	组合钢模板	复合木模板
		木支撑		钢支撑	
名称	单位	消　耗　量			
人工　综合工日	工日	4.94	3.59	2.49	2.41
材料　草板纸80#	张	3.0000	3.0000	3.0000	3.0000
组合钢模板	kg	7.9650	—	7.7760	—
镀锌低碳钢丝8#	kg	1.2040	1.2040	2.2140	6.4540
复合木模板	m²	—	3.0681	—	2.8316
支撑钢管及扣件	kg	—	—	5.8040	4.8010
锯成材	m³	0.1028	0.1489	0.0259	0.0683
圆钉	kg	6.3160	6.3158	0.1700	0.4914
隔离剂	kg	1.0000	1.0000	1.0000	1.0000
水泥抹灰砂浆1:2	m³	0.0012	0.0012	0.0007	0.0003
镀锌低碳钢丝22#	kg	0.0180	0.0180	0.0180	0.0180
零星卡具	kg	1.2960	—	3.8010	—
梁卡具模板用	kg	—	—	0.5890	—
机械　木工圆锯机500mm	台班	0.0010	0.0770	0.0040	0.0360
木工双面压刨机600mm	台班	—	0.0060	—	0.0050

工作内容：木模板制作、安装、拆除、整理堆放及场内运输，清理模板粘接物及模内杂物、刷隔离剂等。　　　　　　　　　　　　　　　　　　　　　　　计量单位：10 m²

定额编号		18-1-106	18-1-107	18-1-108	18-1-110	18-1-113
项　目　名　称		栏板	天沟、挑檐	雨篷、悬挑板、阳台板（直形）	楼梯直形	小型池槽
		木模板支撑				
名称	单位	消　耗　量				
人工　综合工日	工日	3.72	4.45	6.66	9.55	45.14
材料　锯成材	m³	0.1776	0.0387	0.2110	0.1680	0.3400
圆钉	kg	2.5930	4.2040	11.6000	10.6800	45.1000
隔离剂	kg	1.0000	1.0000	1.5500	2.0400	7.3000
模板材	m³	0.1169	0.0841	0.1020	0.1780	1.3200
嵌缝料	kg	1.0000	1.0000	1.5500	2.0400	7.3000
机械　木工圆锯机500mm	台班	0.0930	0.2060	0.3500	0.5000	0.7600

附录 D 《山东省建筑工程价目表》(2017)(摘录)

定额编号	项目名称	定额单位	增值税(简易计税)				增值税(一般计税)			
			单价(含税)	人工费	材料费(含税)	机械费(含税)	单价(除税)	人工费	材料费(除税)	机械费(除税)
1-2-1	人工挖一般土方 基深≤2m 普通土	10m³	234.65	234.65	—	—	234.65	234.65	—	—
1-2-3	人工挖一般土方 基深≤2m 坚土	10m³	449.35	449.35	—	—	449.35	449.35	—	—
1-2-5	人工挖一般土方 基深≤6m 坚土	10m³	681.15	681.15	—	—	681.15	681.15	—	—
1-2-6	人工挖沟槽土方 槽深≤2m 普通土	10m³	334.40	334.40	—	—	334.40	334.40	—	—
1-2-7	人工挖沟槽土方 槽深>2m 普通土	10m³	371.45	371.45	—	—	371.45	371.45	—	—
1-2-8	人工挖沟槽土方 槽深≤2m 坚土	10m³	672.60	672.60	—	—	672.60	672.60	—	—
1-2-11	人工挖地坑土方 坑深≤2m 普通土	10m³	354.35	354.35	—	—	354.35	354.35	—	—
1-2-13	人工挖地坑土方 坑深≤2m 坚土	10m³	714.40	714.40	—	—	714.40	714.40	—	—
1-2-25	人工装车 土方	10m³	135.85	135.85	—	—	135.85	135.85	—	—
1-2-40	挖掘机挖一般土方 坚土	10m³	32.30	5.7	—	26.60	29.38	5.70	—	23.68
1-2-41	挖掘机挖装一般土方 普通土	10m³	54.05	8.55	—	45.50	49.37	8.55	—	40.82
1-2-42	挖掘机挖装一般土方 坚土	10m³	61.40	8.55	—	52.85	55.96	8.55	—	47.41
1-2-43	挖掘机挖槽坑土方 普通土	10m³	31.12	5.70	—	25.42	28.33	5.70	—	22.63
1-2-44	挖掘机挖槽坑土方 坚土	10m³	34.67	5.70	—	28.97	31.49	5.70	—	25.79
1-2-47	小型挖掘机挖槽坑土方 普通土	10m³	27.49	5.70	—	21.79	25.46	5.70	—	19.76
1-2-48	小型挖掘机挖槽坑土方 坚土	10m³	32.70	5.70	—	27.00	30.18	5.70	—	24.48
1-2-52	装载机装车 土方	10m³	23.66	8.55	—	15.11	22.02	8.55	—	13.47
1-2-53	挖掘机装车 土方	10m³	38.49	8.55	—	29.94	35.41	8.55	—	26.86
1-2-58	自卸汽车运土方 运距≤1km	10m³	62.78	2.85	0.53	59.40	56.69	2.85	0.51	53.33

（续）

定额编号	项目名称	定额单位	增值税（简易计税）				增值税（一般计税）			
			单价（含税）	人工费	材料费（含税）	机械费（含税）	单价（除税）	人工费	材料费（除税）	机械费（除税）
1-2-59	自卸汽车运土方　每增运 1km	10m³	13.65	—	—	13.65	12.26	—		12.26
1-4-1	平整场地　人工	10m³	39.90	39.90	—		39.90	39.90		
1-4-2	平整场地　机械	10m³	14.00	0.95	—	13.05	12.82	0.95		11.87
1-4-3	竣工清理	10m³	20.90	20.90	—		20.90	20.90		
1-4-4	基底钎探	10m³	61.74	39.90	7.34	14.50	60.97	39.90	6.70	14.37
1-4-10	夯填土　人工　地坪	10m³	146.03	145.35	0.68		146.01	145.35	0.66	
1-4-11	夯填土　人工　槽坑	10m³	191.63	190.95	0.68		191.61	190.95	0.66	
1-4-12	夯填土　机械　地坪	10m³	95.66	73.15	—	22.51	93.42	73.15	—	20.27
1-4-13	夯填土　机械　槽坑	10m³	124.45	95.00	—	29.45	121.52	95.00	—	26.52
2-1-1	3:7 灰土垫层　机械振动	10m³	1823.14	653.60	1155.35	14.19	1788.06	653.60	1121.69	12.77
2-1-7	碎石灌浆	10m³	2806.71	878.75	1841.15	86.42	2689.10	878.75	1725.57	84.78
2-1-28	C15 混凝土垫层　无筋	10m³	3943.07	788.50	3147.50	7.07	3850.59	788.50	3055.81	6.28
2-1-53	夯击能≤2000kN·m　低锤满拍	10m²	162.35	55.10	—	107.25	150.55	55.10	—	95.45
2-1-56	夯击能≤3000kN·m≤4 夯点 4 击	10m²	71.64	22.80	—	48.84	66.07	22.80	—	43.27
2-1-57	夯击能≤3000kN·m≤4 夯点 每增减 1 击	10m²	12.15	2.85	—	9.30	11.09	2.85	—	8.24
2-1-61	夯击能≤4000kN·m≤4 夯点 4 击	10m²	135.28	33.25	—	102.03	123.43	33.25	—	90.18
2-1-62	夯击能≤4000kN·m≤4 夯点 每增减 1 击	10m²	26.15	4.75	—	21.40	23.67	4.75	—	18.92
2-2-3	木挡土板　密板木撑	10m²	437.87	193.80	244.07	—	403.64	193.80	209.84	
2-3-12	轻型井点（深 7m）降水　井管安装、拆除	10 根	2581.99	1420.25	403.74	758.00	2496.23	1420.25	387.59	688.39
2-3-13	轻型井点（深 7m）降水　设备使用	每套每天	787.57	272.65	74.52	440.40	725.02	272.65	63.69	388.68
3-1-2	打预制钢筋混凝土方桩　桩长≤25m	10m³	2283.67	628.90	109.75	1545.02	2078.98	628.90	93.79	1356.29
3-1-10	打预制钢筋混凝土管桩　桩径≤500mm	10m	363.47	78.85	17.86	266.76	328.28	78.85	15.27	234.16
3-1-42	预制钢筋混凝土桩截 方桩	10 根	1490.57	424.65	950.00	115.92	1338.98	424.65	812.00	102.33

（续）

定额编号	项目名称	定额单位	增值税（简易计税）				增值税（一般计税）			
			单价（含税）	人工费	材料费（含税）	机械费（含税）	单价（除税）	人工费	材料费（除税）	机械费（除税）
3-1-44	凿桩头　预制钢筋混凝土桩	10m³	2947.56	2583.05	—	364.51	2914.33	2583.05	—	331.18
3-1-46	桩头钢筋整理	10根	75.05	75.05	—	—	75.05	75.05	—	—
3-2-24	螺旋钻机钻孔　桩长≤12m	10m³	2923.73	1660.60	20.44	1242.69	2830.59	1660.60	17.46	1152.53
3-2-25	螺旋钻机钻孔　桩长>12m	10m³	2577.23	1463.00	19.44	1094.78	2494.97	1463.00	16.60	1015.37
3-2-30	螺旋钻孔	10m³	4821.65	323.95	4497.70	—	4689.06	323.95	4365.11	—
4-1-1	M5.0水泥砂浆砖基础	10m³	3587.58	1042.15	2497.62	47.81	3493.09	1042.15	2403.63	47.31
4-1-7	M5.0混合砂浆实心砖墙　墙厚240mm	10m³	3825.30	1208.40	2570.68	46.22	3730.41	1208.40	2476.27	45.74
4-1-13	M5.0混合砂浆多孔砖墙　墙厚240mm	10m³	3202.34	1094.40	2070.17	37.77	3125.71	1094.40	1993.93	37.38
4-2-1	M5.0混合砂浆加气混凝土砌块墙	10m³	4200.33	1465.85	2714.24	20.24	4112.49	1465.85	2626.61	20.03
4-3-1	M5.0水泥砂浆毛石基础	10m³	3020.59	860.70	1634.03	525.86	2865.39	860.70	1532.15	472.54
4-3-4	M5.0混合砂浆毛石挡土墙	10m³	3163.30	901.55	1735.88	525.87	3006.82	901.55	1632.71	472.56
5-1-3	C30带形基础　毛石混凝土	10m³	4162.64	675.45	3482.81	4.38	4044.75	675.45	3365.43	3.87
5-1-4	C30带形基础　混凝土	10m³	4530.11	639.35	3885.61	5.15	4399.54	639.35	3755.64	4.55
5-1-6	C30独立基础　混凝土	10m³	4527.56	593.75	3928.66	5.15	4390.81	593.75	3792.51	4.55
5-1-14	C30矩形柱	10m³	5451.28	1635.90	3802.97	12.41	5326.18	1635.90	3678.64	11.64
5-1-17	C20现浇混凝土　构造柱	10m³	6256.58	2830.05	3409.09	17.44	6142.21	2830.05	3296.08	16.08
5-1-19	C30框架梁、连续梁	10m³	4977.67	885.40	4086.29	5.98	4818.36	885.40	3927.68	5.28
5-1-20	C30单梁、斜梁、异形梁、拱形梁	10m³	5167.51	874.00	4287.53	5.98	4978.60	874.00	4099.32	5.28
5-1-21	C20圈梁及压顶	10m³	6254.51	2432.00	3816.53	5.98	6087.42	2432.00	3650.14	5.28
5-1-22	过梁	10m³	7299.76	2872.80	4420.98	5.98	7046.52	2872.80	4168.44	5.28
5-1-31	C30有梁板	10m³	4937.51	560.50	4370.89	6.12	4737.56	560.50	4171.64	5.42
5-1-32	C30无梁板	10m³	4879.84	519.65	4354.07	6.12	4682.36	519.65	4157.29	5.42
5-1-33	C30平板	10m³	5222.28	644.10	4572.06	6.12	4993.77	644.10	4344.25	5.42
5-1-49	C30挑檐、天沟	10m³	7012.22	2255.30	4739.08	17.84	6758.70	2255.30	4487.64	15.76
5-2-1	C30预制混凝土　矩形柱	10m³	4640.10	646.00	3868.46	125.64	4511.99	646.00	3746.80	119.19
5-3-1	现场搅拌机搅拌混凝土　基础	10m³	312.10	176.70	35.99	99.41	305.46	176.70	34.93	93.83
5-3-2	现场搅拌机搅拌混凝土　柱、墙、梁、板	10m³	373.28	176.70	35.99	160.59	363.21	176.70	34.93	151.58

（续）

定额编号	项目名称	定额单位	增值税（简易计税）				增值税（一般计税）			
			单价（含税）	人工费	材料费（含税）	机械费（含税）	单价（除税）	人工费	材料费（除税）	机械费（除税）
5-3-3	现场搅拌机搅拌混凝土　其他	10m³	467.59	176.70	35.99	254.90	452.23	176.70	34.93	240.60
5-4-1	现浇构件钢筋 HPB300≤φ10	t	5341.31	1499.10	3770.26	71.95	4789.35	1499.10	3222.47	67.78
5-4-2	现浇构件钢筋 HPB300≤φ18	t	4670.53	856.90	3726.65	86.98	4121.08	856.90	3185.23	78.95
5-4-3	现浇构件钢筋 HPB300≤φ25	t	4619.57	595.65	3952.09	71.83	4038.42	595.65	3377.89	64.88
5-4-7	现浇构件钢筋 HRB335（HRB400）≤φ25	t	4892.98	594.70	4264.41	33.87	4271.61	594.70	3644.84	32.07
5-4-30	现浇构件箍筋≤φ10	t	5141.63	2015.90	3046.06	79.67	4694.37	2015.90	2603.50	74.97
5-4-67	砌体加固筋焊接≤φ6.5	t	5120.29	1203.65	3562.59	354.35	4563.21	1203.65	3044.64	314.92
6-1-5	轻钢屋架	t	7822.43	1874.35	4545.15	1402.93	7007.66	1874.35	3886.65	1246.66
6-1-17	柱间钢支撑	t	6767.87	1437.35	4226.55	1103.97	6038.41	1437.35	3614.43	986.63
6-1-22	钢挡风架	t	6237.15	1174.20	4135.11	927.84	5543.42	1174.20	3536.28	832.94
6-4-1	钢屋架、托架、天窗架（平台推销）≤1.5t	t	554.31	329.65	94.67	129.99	535.36	329.65	87.51	118.20
6-5-3	轻钢屋架安装	t	1604.94	793.25	108.39	703.30	1509.86	793.25	92.91	623.70
6-5-14	柱间钢支撑安装	t	901.00	382.85	169.81	348.34	838.01	382.85	145.31	309.85
7-1-1	圆木人字屋架制作安装　跨度≤10m	10m³	37864.13	6081.90	31782.23	—	33878.92	6081.90	27797.02	—
7-1-2	圆木人字屋架制作安装　跨度>10m	10m³	33484.13	5208.85	28275.28	—	29990.03	5208.85	24781.18	—
7-3-2	圆木檩条	10m³竣工木料	23681.94	2167.90	21514.04	—	21111.89	2167.90	18943.99	—
8-1-1	单独木门框制作安装	10m	270.14	95.95	171.51	2.68	245.06	95.95	146.78	2.33
8-1-2	成品木门框安装	10m	154.98	44.65	110.33	—	139.16	44.65	94.51	—
8-1-3	普通成品门扇安装	10m²扇面积	4637.75	137.75	4500.00	—	3983.95	137.75	3826.20	—
8-1-5	纱门扇安装	10m²扇面积	220.34	69.35	150.99	—	198.39	69.35	129.04	—
8-2-1	铝合金　推拉门	10m²	3270.47	193.80	3076.67	—	2823.57	193.80	2629.77	—

（续）

定额编号	项目名称	定额单位	增值税（简易计税）				增值税（一般计税）			
			单价（含税）	人工费	材料费（含税）	机械费（含税）	单价（除税）	人工费	材料费（除税）	机械费（除税）
8-2-2	铝合金　平开门	10m²	3577.94	285.00	3292.94	—	3099.58	285.00	2814.58	—
8-6-1	成品窗扇	10m²扇面积	929.64	316.35	613.29	—	840.54	316.35	524.19	—
8-6-2	木橱窗	10m²框外围面积	622.45	109.25	513.20	—	547.93	109.25	438.68	—
8-6-3	纱窗扇	10m²扇面积	487.21	186.20	301.01	—	443.46	186.20	257.26	—
8-6-4	百叶窗	10m²扇面积	1623.55	188.10	1435.45	—	1414.97	188.10	1226.87	—
8-7-1	铝合金　推拉窗	10m²	3216.99	193.80	3023.19	—	2777.82	193.80	2584.02	—
8-7-5	铝合金　纱窗扇	10m²扇面积	251.30	51.30	200.00	—	222.20	51.30	170.90	—
8-7-6	塑钢　推拉窗	10m²	2233.61	213.75	2019.86	—	1940.22	213.75	1726.47	—
8-7-10	塑钢　纱窗扇	10m²扇面积	751.30	51.30	700.00	—	649.60	51.30	598.30	—
8-7-16	防盗格栅窗　圆钢	10m²	879.86	178.60	698.35	2.91	778.08	178.60	596.91	2.57
8-7-17	防盗格栅窗　不锈钢	10m²	2265.97	164.35	2101.62	—	1960.63	164.35	1796.28	—
9-1-2	普通黏土瓦　钢、混凝土檩条上铺钉苇箔三层铺泥挂瓦	10m²	354.45	171.95	182.50	—	329.18	171.95	157.23	—
9-1-10	英红瓦屋面	10m²	1476.34	222.30	1247.67	6.37	1302.62	222.30	1074.01	6.31
9-1-11	英红瓦正斜脊	10m	476.41	213.75	259.47	3.19	440.20	213.75	223.30	3.15
9-2-10	改性沥青卷材热熔法一层平面	10m²	580.36	22.80	557.56	—	499.71	22.80	476.91	—
9-2-11	改性沥青卷材热熔法一层立面	10m²	597.46	39.90	557.56	—	516.81	39.90	476.91	—
9-2-12	改性沥青卷材热熔法　每增一层　平面	10m²	477.05	19.95	457.10	—	411.06	19.95	391.11	—
9-2-13	改性沥青卷材热熔法　每增一层　立面	10m²	491.30	34.20	457.10	—	425.31	34.20	391.11	—

（续）

定额编号	项目名称	定额单位	增值税（简易计税）				增值税（一般计税）			
			单价（含税）	人工费	材料费（含税）	机械费（含税）	单价（除税）	人工费	材料费（除税）	机械费（除税）
9-2-14	改性沥青卷材冷粘法 一层 平面	10m²	619.20	20.90	598.30	—	532.27	20.90	511.37	—
9-2-15	改性沥青卷材冷粘法 一层 立面	10m²	635.35	37.05	598.30	—	548.42	37.05	511.37	—
9-2-16	改性沥青卷材冷粘法 每增一层 平面	10m²	520.62	18.05	502.57	—	447.61	18.05	429.56	—
9-2-17	改性沥青卷材冷粘法 每增一层 立面	10m²	533.92	31.35	502.57	—	460.91	31.35	429.56	—
9-2-18	高聚物改性沥青自粘卷材自粘法 一层 平面	10m²	492.01	19.00	473.01	—	423.29	19.00	404.29	—
9-2-19	高聚物改性沥青自粘卷材自粘法 一层 立面	10m²	506.26	33.25	473.01	—	437.54	33.25	404.29	—
9-2-20	高聚物改性沥青自粘卷材自粘法 每增一层 平面	10m²	455.56	16.15	439.41	—	391.73	16.15	375.58	—
9-2-21	高聚物改性沥青自粘卷材自粘法 每增一层 立面	10m²	467.91	28.50	439.41	—	404.08	28.50	375.58	—
9-2-35	聚合物复合改性沥青防水涂料厚2mm 平面	10m²	416.45	23.75	392.70	—	359.39	23.75	335.24	—
9-2-47	聚氨酯防水涂膜厚2mm 平面	10m²	525.28	26.60	498.68	—	452.70	26.60	426.10	—
9-2-48	聚氨酯防水涂膜厚2mm 立面	10m²	590.84	42.75	548.09	—	511.06	42.75	468.31	—
9-2-59	冷底子油 第一遍	10m²	46.28	11.40	34.88	—	41.19	11.40	29.79	—
9-2-60	冷底子油 第二遍	10m²	32.35	5.70	26.65	—	28.46	5.70	22.76	—
9-2-65	细石混凝土 厚40mm	10m²	264.58	90.25	174.12	0.21	256.17	90.25	165.74	0.18
9-2-66	细石混凝土 每增减10mm	10m²	52.89	13.30	39.56	0.03	51.26	13.30	37.93	0.03
9-2-69	防水砂浆掺防水粉 厚20mm	10m²	181.82	78.85	97.39	5.58	170.76	78.85	86.39	5.52
9-2-70	防水砂浆掺防水粉 每增减10mm	10m²	60.60	13.30	45.23	2.07	55.59	13.30	40.24	2.05
9-2-71	防水砂浆掺防水剂 厚20mm	10m²	195.74	78.85	111.31	5.58	182.63	78.85	98.26	5.52
9-2-72	防水砂浆掺防水剂 每增减10mm	10m²	67.56	13.30	52.19	2.07	61.52	13.30	46.17	2.05
9-2-77	分隔缝 细石混凝土面厚40mm	10m²	72.01	48.45	23.56	—	68.58	48.45	20.13	—
9-2-78	分隔缝 水泥砂浆面层厚25mm	10m	52.63	40.85	11.78	—	50.91	40.85	10.06	—

（续）

定额编号	项目名称	定额单位	增值税（简易计税）				增值税（一般计税）			
			单价（含税）	人工费	材料费（含税）	机械费（含税）	单价（除税）	人工费	材料费（除税）	机械费（除税）
9-3-10	塑料管排水　雨水管 φ≤110mm	10m	230.21	37.05	193.16	—	202.18	37.05	165.13	—
9-3-13	塑料管排水　雨水斗	10个	262.02	45.60	216.42	—	230.56	45.06	184.96	—
9-3-14	塑料管排水　弯头雨水口	10个	449.18	45.60	403.58	—	403.12	45.60	357.52	—
10-1-2	憎水珍珠岩块	10m³	5730.70	1398.40	4255.80	76.50	5111.56	1398.40	3637.46	75.70
10-1-3	加气混凝土块	10m³	3133.05	350.55	2782.50	—	2728.80	350.55	2378.25	—
10-1-11	现浇水泥珍珠岩	10m³	3111.58	886.35	2225.23	—	2793.86	886.35	1907.51	—
10-1-16	干铺聚苯保温板	10m²	274.25	29.45	244.80	—	238.65	29.45	209.20	—
10-1-30	架空隔热层　预制混凝土板	10m²	314.13	96.90	216.43	0.80	286.42	96.90	188.73	0.79
10-1-55	胶粉聚苯颗粒保温　厚度30mm	10m²	338.51	186.20	146.25	6.06	317.24	186.20	125.05	5.99
10-1-56	胶粉聚苯颗粒保温　厚度每增减5mm	10m²	50.94	27.55	22.43	0.96	47.67	27.55	19.17	0.95
10-2-1	耐酸沥青砂浆　厚度30mm	10m²	859.64	155.80	703.84	—	784.52	155.80	628.72	—
10-2-2	耐酸沥青砂浆　厚度每增减5mm	10m²	123.45	23.75	99.70	—	113.26	23.75	89.51	—
10-2-10	钢屑砂浆　厚度20mm	10m²	477.95	187.15	290.80	—	437.77	187.15	250.62	—
11-1-1	水泥砂浆　在混凝土或硬基层上　20mm	10m²	157.50	78.28	75.14	4.08	150.04	78.28	67.72	4.04
11-1-2	水泥砂浆　在填充材料上　20mm	10m²	181.69	84.46	92.13	5.10	172.61	84.46	83.10	5.05
11-1-3	水泥砂浆　每增减5mm	10m²	26.25	8.24	16.99	1.02	24.64	8.24	15.39	1.01
11-1-4	细石混凝土　40mm	10m²	223.03	74.16	148.66	0.21	217.86	74.16	143.52	0.18
11-1-5	细石混凝土　每增减5mm	10m²	25.95	8.24	17.68	0.03	25.43	8.24	17.16	0.03
11-2-1	水泥砂浆　楼地面20mm	10m²	215.95	101.97	109.90	4.08	203.20	101.97	97.19	4.04
11-2-2	水泥砂浆　楼梯20mm	10m²	547.70	409.94	132.33	5.43	532.90	409.94	117.58	5.38
11-2-5	水泥砂浆踢脚线　12mm	10m²	53.57	46.35	6.85	0.37	52.89	46.35	6.18	0.36
11-2-6	水泥砂浆踢脚线　18mm	10m²	57.87	47.38	9.93	0.56	56.90	47.38	8.97	0.55
11-3-30	楼地面水泥砂浆　周长≤2400mm	10m²	1103.23	284.28	806.69	12.26	988.62	284.28	693.08	11.26
11-3-37	楼地面干硬性水泥砂浆　周长≤3200mm	10m²	1610.86	285.31	1317.37	8.18	1422.02	285.31	1129.49	7.22
11-3-38	楼地面干硬性水泥砂浆　周长≤4000mm	10m²	1983.25	298.70	1676.37	8.18	1742.27	298.70	1436.35	7.22

（续）

定额编号	项目名称	定额单位	增值税（简易计税）				增值税（一般计税）			
			单价（含税）	人工费	材料费（含税）	机械费（含税）	单价（除税）	人工费	材料费（除税）	机械费（除税）
11-3-45	踢脚板 直线形 水泥砂浆	10m²	1456.61	559.29	885.27	12.05	1329.88	559.29	756.54	11.05
11-3-46	踢脚板 直线形 胶粘剂	10m²	2213.15	632.42	1569.49	11.24	1986.74	632.42	1344.07	10.25
11-3-73	干硬性水泥砂浆 每增减 5mm	10m²	26.20	8.24	16.94	1.02	24.59	8.24	15.34	1.01
12-1-1	麻刀灰（厚 7mm＋7mm＋3mm）墙面	10m²	185.06	120.51	60.57	3.98	180.81	120.51	56.36	3.94
12-1-3	水泥砂浆（厚 9mm＋6mm）砖墙	10m²	206.35	141.11	61.73	3.51	200.22	141.11	55.64	3.47
12-1-9	混合砂浆（厚 9mm＋6mm）砖墙	10m²	182.26	126.69	52.06	3.51	178.21	126.69	48.05	3.47
12-1-18	砖墙 勾缝	10m²	85.64	81.37	4.11	0.16	85.16	81.37	3.63	0.16
12-1-25	塑料条 水泥粘贴	10m²	72.49	59.74	12.75	—	70.65	59.74	10.91	—
12-2-2	挂贴石材块料（灌缝砂浆 50mm 厚）柱面	10m²	3036.82	715.85	2278.52	42.45	2936.51	715.85	2181.90	38.76
12-2-18	水泥砂浆粘贴 零星项目	10m²	1649.07	950.69	694.87	3.51	1550.52	950.69	596.36	3.47
12-2-40	水泥砂浆粘贴 194×94 灰缝宽度 ≤10mm	10m²	1093.02	543.84	538.11	11.07	1018.03	543.84	463.91	10.28
12-2-46	水泥砂浆粘贴 60×240 灰缝宽度 ≤10mm	10m²	1080.57	543.84	525.50	11.23	1007.42	543.84	453.15	10.43
13-1-1	混凝土面天棚 马刀灰（厚度 6mm＋3mm）	10m²	154.72	109.18	42.83	2.71	151.84	109.18	39.98	2.68
13-1-2	混凝土面天棚 水泥砂浆（厚度 5mm＋3mm）	10m²	177.66	134.93	40.50	2.23	173.60	134.93	36.46	2.21
13-1-3	混凝土面天棚 混合砂浆（厚度 5mm＋3mm）	10m²	173.33	134.93	36.17	2.23	170.32	134.93	33.18	2.21
14-1-1	调和漆 刷底油一遍、调和漆二遍 单层木门	10m²	303.51	216.30	87.21	—	290.88	216.30	74.58	—
14-1-21	调和漆 每增一遍 单层木门	10m²	99.23	60.77	38.46	—	93.64	60.77	32.87	—
14-2-31	红丹防锈漆一遍 金属面	10m²	57.39	28.84	28.55	—	53.25	28.84	24.41	—
14-2-33	银粉漆二遍 金属面	10m²	129.02	86.52	42.50	—	122.85	86.52	36.33	—
14-3-9	室内乳胶漆二遍 天棚	10m²	101.46	48.41	53.05	—	93.74	48.41	45.33	—
14-3-21	仿瓷涂料二遍 内墙	10m²	45.46	27.81	17.65	—	42.90	27.81	15.09	—
14-3-22	仿瓷涂料二遍 天棚	10m²	46.97	28.84	18.13	—	44.34	28.84	15.50	—
14-3-29	外墙面丙烯酸外墙涂料（一底二涂）光面	10m²	163.62	55.62	108.00	—	147.91	55.62	92.29	—

（续）

定额编号	项目名称	定额单位	增值税（简易计税）				增值税（一般计税）			
			单价（含税）	人工费（含税）	材料费（含税）	机械费（含税）	单价（除税）	人工费（除税）	材料费（除税）	机械费（除税）
14-4-5	满刮调制腻子 外墙抹灰面 二遍	10m²	49.97	39.14	10.83	—	48.38	39.14	9.24	—
14-4-9	满刮成品腻子 内墙抹灰层 二遍	10m²	208.29	33.99	174.30	—	182.96	33.99	148.97	—
14-4-11	满刮成品腻子 天棚抹灰面 每增一遍	10m²	212.41	38.11	174.30	—	187.08	38.11	148.97	—
15-2-24	石膏装饰线、灯盘及角花（成品）石膏阴阳脚线 宽度≤100mm	10m	131.88	48.41	83.13	0.34	119.79	48.81	71.06	0.32
15-2-25	石膏装饰线、灯盘及角花（成品）石膏阴阳脚线 宽度≤150mm	10m	153.38	56.65	96.39	0.34	139.39	56.65	82.42	0.32
16-1-5	砖烟囱 筒身高度≤40m	10m³	4902.80	2008.30	2842.23	52.27	4797.35	2008.30	2737.32	51.73
16-5-1	混凝土整体路面 80mm厚	10m²	369.14	52.25	316.34	0.55	356.29	52.25	303.55	0.49
16-5-4	沥青混凝土路面 100mm厚	10m²	7191.45	2147.00	5004.33	40.12	6967.33	2147.00	4784.78	35.55
16-6-1	钢筋混凝土化粪池1号 无地下水	座	10479.37	3333.55	6990.60	155.22	9724.77	3333.55	6246.53	144.69
16-6-2	钢筋混凝土化粪池1号 有地下水	座	11293.20	3573.90	7552.30	167.00	10471.83	3573.90	6741.63	156.30
16-6-25	砖砌化粪池2号 无地下水	座	12974.80	4012.80	8732.51	229.49	12190.60	4012.80	7962.33	215.47
16-6-71	圆形给水阀门井 DN≤65 φ1000 无地下水 1.1m深	座	1515.63	541.50	957.54	16.59	1457.44	541.50	899.73	16.21
16-6-72	圆形给水阀门井 DN≤65 φ1000 无地下水 每增加0.1m	座	71.51	29.45	41.30	0.76	69.81	29.45	39.60	0.76
16-6-80	混凝土散水 3:7灰土垫层	10m²	590.34	190.95	394.62	4.77	576.39	190.95	381.15	4.29
16-6-81	细石混凝土散水 3:7灰土垫层	10m²	602.81	231.80	365.96	5.05	586.06	231.80	349.68	4.58
16-6-83	水泥砂浆（带碴渣）坡道3:7灰土垫层混凝土60mm厚	10m²	1118.62	402.80	703.82	12.00	1083.13	402.80	669.07	11.26
16-6-92	铺预制混凝土路沿	10m²	620.10	85.50	532.68	1.92	557.27	85.50	470.00	1.77
16-6-93	铺料石路沿	10m²	761.91	21.85	739.50	0.56	657.87	21.85	635.49	0.53
17-1-2	木架 双排≤6m	10m²	229.69	51.30	156.86	21.53	204.83	51.30	134.05	19.48
17-1-6	钢管架 单排≤6m	10m²	118.93	43.70	59.98	15.25	108.76	43.70	51.26	13.80
17-1-8	钢管架 单排≤10m	10m²	145.30	55.10	74.95	15.25	132.96	55.10	64.06	13.80
17-1-9	钢管架 双排≤15m	10m²	198.69	77.90	103.53	17.50	182.26	77.90	88.53	15.83
17-1-10	钢管架 双排≤24m	10m²	230.33	101.65	111.63	17.05	212.48	101.65	95.41	15.42
17-1-12	钢管架 双排≤50m	10m²	295.53	126.35	153.48	15.70	271.72	126.35	131.17	14.20

（续）

定额编号	项目名称	定额单位	增值税（简易计税）			增值税（一般计税）			
			单价（含税）	人工费	材料费（含税）	机械费（含税）	单价（除税）	人工费	材料费（除税）	机械费（除税）
17-1-15	型钢平台外挑双排钢管脚手架≤60m	10m²	536.98	167.20	348.92	20.86	484.25	167.20	298.22	18.83
17-1-16	型钢平台外挑双排钢管脚手架≤80m	10m²	648.83	201.40	427.01	20.42	584.78	201.40	364.96	18.42
17-1-17	型钢平台外挑双排钢管脚手架≤100m	10m²	755.95	247.00	488.53	20.42	682.96	247.00	417.54	18.42
17-2-5	钢管架　单排≤3.6m	10m²	58.70	41.80	7.03	9.87	56.74	41.80	6.01	8.93
17-2-6	钢管架　单排≤3.6m	10m²	80.92	58.90	7.66	14.36	78.44	58.90	6.55	12.99
17-3-3	钢管架　基本层	10m²	182.63	88.35	61.08	33.20	170.58	88.35	52.20	30.03
17-3-4	钢管架　增加层1.2m	10m²	24.77	18.05	2.23	4.49	24.02	18.05	1.91	4.06
17-6-1	立挂式	10m²	51.52	1.90	49.62	—	44.30	1.90	42.40	—
17-6-6	建筑物垂直封闭　密目网	10m²	123.33	19.00	104.33	—	108.19	19.00	89.19	—
18-1-1	混凝土基础垫层木模板	10m²	359.34	99.75	259.09	0.50	321.66	99.75	221.47	0.44
18-1-5	带形基础（无梁式）无筋混凝土　复合木模板木支撑	10m²	1809.77	209.95	1596.02	3.80	1577.43	209.95	1364.13	3.35
18-1-12	独立基础　无筋混凝土组合钢模板　木支撑	10m²	673.75	262.20	411.36	0.19	613.97	262.20	315.61	0.16
18-1-34	矩形柱　组合钢模板　钢支撑	10m²	530.29	288.80	241.30	0.19	495.23	288.80	206.27	0.16
18-1-41	构造柱　复合木模板　木支撑	10m²	1260.30	281.20	977.83	1.27	1117.98	281.20	835.66	1.12
18-1-59	异形梁　复合木模板　木支撑	10m²	1199.58	332.50	864.82	2.26	1073.68	332.50	739.18	2.00
18-1-60	圈梁　直形组合木模板　木支撑	10m²	490.43	299.25	191.15	0.03	462.65	299.25	163.37	0.03
18-1-61	圈梁　直形　复合木模板木支撑	10m²	734.45	222.30	510.76	1.39	660.05	222.30	436.52	1.23
18-1-64	过梁　组合钢模板　木支撑	10m²	1014.22	469.30	544.89	0.03	935.08	469.30	465.75	0.03
18-1-65	过梁　复合木模板　木支撑	10m²	1127.03	341.05	783.23	2.75	1012.92	341.05	669.44	2.43
18-1-90	有梁板复合木模板　钢支撑	10m²	486.01	236.55	249.34	0.12	449.79	236.55	213.13	0.11
18-1-100	平板　复合木模板　钢支撑	10m²	654.23	228.95	423.86	1.42	592.46	228.95	362.26	1.25
18-1-106	栏板　木模板木支撑	10m²	1307.76	353.40	951.48	2.88	1169.20	353.40	813.24	2.56
18-1-107	天沟、挑檐　木模板木支撑	10m²	761.74	422.75	332.61	6.38	712.70	422.75	284.29	5.66
18-1-108	雨篷、悬挑梁、阳台板　直形　木模板木支撑	10m²	1764.92	632.70	1121.38	10.84	1600.78	632.70	958.46	9.62
18-1-110	楼梯　直形　木模板支撑	10m²	1992.22	907.25	1069.49	15.48	1835.11	907.25	914.11	13.75
18-1-113										

附录E 《山东省人工、材料、机械台班单价表》（2017）（摘录）

序号	编码	名称	单位	单价（含税）	参考增值税率	单价（除税）
1441	03110143	石料切割锯片	片	95.00	17.00%	81.20
1921	04090047	黏土	m³	28.00	3.00%	27.18
2177	07000011	地板砖 1000mm×1000mm	m²	145.00	17.00%	123.93
5418	80010001	混合砂浆 M5.0	m³	224.60	—	209.63
5423	80010011	水泥砂浆 M5.0	m³	199.18	—	184.53
5458	80050009	水泥抹灰砂浆 1:2	m³	386.32	—	345.67
5459	80050011	水泥抹灰砂浆 1:2.5	m³	368.42	—	331.76
5460	80050013	水泥抹灰砂浆 1:3	m³	331.16	—	299.92
5511	80210003	C15 现浇混凝土碎石<40	m³	310.00	3.00%	300.97
5513	80210007	C20 现浇混凝土碎石<20	m³	330.00	3.00%	320.39
5514	80210009	C20 现浇混凝土碎石<31.5	m³	330.00	3.00%	320.39
5515	80210011	C20 现浇混凝土碎石<40	m³	330.00	3.00%	320.39
5517	80210015	C25 现浇混凝土碎石<20	m³	350.00	3.00%	339.81
5518	80210017	C25 现浇混凝土碎石<31.5	m³	350.00	3.00%	339.81
5519	80210019	C25 现浇混凝土碎石<40	m³	350.00	3.00%	339.81
5520	80210021	C30 现浇混凝土碎石<20	m³	370.00	3.00%	359.22
5521	80210023	C30 现浇混凝土碎石<31.5	m³	370.00	3.00%	359.22
5522	80210025	C30 现浇混凝土碎石<40	m³	370.00	3.00%	359.22
6035	990774610	石料切割机	台班	54.18	—	47.81

附录F 灰土配合比表

计量单位：m³

定额编号		53	54
项 目		2：8灰土	3：7灰土
名称	单位	数 量	
石灰	t	0.1620	0.2430
黏土	m³	1.3100	1.1500
水	m³	0.2000	0.2000

材料

三、材料消耗量定额

1. 材料消耗量定额的概念

材料消耗量定额是指在先进合理的施工条件和合理使用材料的情况下，生产质量合格的单位产品所必须消耗的建筑材料的数量标准。

2. 消耗量定额材料消耗内容

（1）直接用于建筑工程上的材料——材料的净用量。

（2）不可避免产生的施工废料——工艺性损耗。

（3）不可避免的材料施工操作损耗（如场内运输、堆放损耗）——施工操作损耗。

其中工艺性损耗及施工操作损耗之和统称为材料损耗量，其数量用材料的损耗率来计算。

$$材料的损耗率 = \frac{材料损耗量}{材料净用量} \times 100\%$$

或

$$材料损耗量 = 材料净用量 \times 材料的损耗率$$

材料的损耗率是通过观测、试验和统计方法得到的，某企业砌砖项目损耗率见表2-2。

表2-2 砌砖项目损耗率

序号	项目	厚度	砖损耗率（%）	砂浆损耗率（%）
1	实砌砖墙	0.5砖	1.4	1.04
2	（砖规格 240mm×115mm×53mm）	1砖	1.2	1.04
3		1.5砖	1	1.01

$$材料消耗量 = 材料净用量 + 材料损耗量$$

通常简化为：

$$材料消耗量 = 材料净用量 \times (1 + 材料损耗率)$$

3. 制定消耗量定额的方法

（1）现场技术测定法：在节约和合理使用材料的条件下，在施工现场通过采用先进的施工技术来测定材料的消耗量。

（2）试验法：试验法是指在实验室中进行试验和测定，确定材料消耗量定额的方法。如：混凝土、沥青、砂浆材料的消耗。

（3）统计法：统计法是通过现场用料的大量统计资料进行分析计算，来确定材料消耗量定额的方法。

（4）计算法：根据典型的施工图纸，运用一定的计算公式，通过理论计算确定材料消耗量定额。如：砖块、面砖等块体材料的消耗。

4. 材料用量计算

用计算法确定材料用量比较简单，下面以块料面层为例作简要介绍。

$$10m^2 块料面层用量 = \frac{10}{(块长+拼缝) \times (块宽+拼缝)} \times (1+损耗率)$$

[例2-2] 某外墙面贴瓷质外墙砖，砖规格为194mm×94mm，瓷砖拼缝宽度10mm，其损耗率为3.5%，计算10m²墙面需用外墙砖的块数。

解： $10m^2$ 外墙瓷砖消耗量 $= \frac{10}{(0.194+0.01) \times (0.094+0.01)} \times (1+3.5\%) = 488$（块）

四、机械台班定额

1. 机械台班定额的概念

机械台班定额是指在正常施工、合理的劳动组织和合理使用机械条件下，由熟练工人或小组合理、均衡地组织劳动和使用机械时，该机械在单位时间内的生产效率。

按其表现形式不同，机械台班定额可分为机械台班时间定额和机械台班产量定额两种。

2. 机械台班时间定额

机械台班时间定额是指在正常施工、合理的劳动组织和合理使用机械条件下，生产某一单位合格产品所必须消耗的机械台班数量，计算单位是：台班/t（m^3，m^2）。

工人使用一台机械、工作一个班次（8h）称为一个台班，它既包括机械本身的工作，又包括使用该机械的工人的工作。

3. 机械台班产量定额

机械台班产量定额是指在正常施工、合理的劳动组织和合理使用机械条件下，单位时间（台班）内完成合格产品的数量，单位是 t（m^3，m^2）/台班。

机械台班时间定额与机械台班产量定额互为倒数关系，即

$$机械台班时间定额 = \frac{1}{机械台班产量定额}$$

或

$$机械台班产量定额 = \frac{1}{机械台班时间定额}$$

由于机械通常由工人小组配合，所以定额中所列出的时间定额值一般为工人小组（所有工人）的时间定额，也就是小组每位成员的时间定额之和，即

$$工人小组机械台班时间定额 = \frac{小组成员总人数}{机械台班产量定额}$$

或

$$机械台班产量定额 = \frac{小组成员总人数}{工人小组机械台班时间定额}$$

4. 机械台班定额应用实例

机械台班定额的表现形式一般为：$\frac{人工时间定额}{机械台班产量定额}$。某施工企业机械台班定额（部分）见表2-3。

表2-3　吊装每一块混凝土大型空心板定额

工作内容：构件运输、起吊、就位、校正、固定等。

施工项目		空心板（t以内）					
		0.25	0.5	0.75	1	1.5	3
吊装空心板	轮胎式起重机	$\frac{0.085}{142}$	$\frac{0.098}{122}$	$\frac{0.108}{111}$	$\frac{0.118}{102}$	$\frac{0.138}{87}$	$\frac{0.152}{79}$
	塔式起重机	$\frac{0.062}{193}$	$\frac{0.075}{161}$	$\frac{0.079}{151}$	$\frac{0.086}{139}$	$\frac{0.107}{112}$	$\frac{0.154}{78}$
编号		275	276	277	278	279	280

注：吊装工人小组共由12人组成。

[例2-3]　某施工企业现需吊装空心板275块，每块空心板重量为0.71t，吊装小组共12人，采用轮胎式起重机，该企业的企业定额见表2-3。试问若采用一辆轮胎式起重机，需用多长时间起吊完毕？

解：据已知条件查表2-3得知，该工程机械台班时间定额为0.108台班/块，机械台班产量定额为111块/台班。

第一种方法：吊装小组劳动工程量(块)×时间定额(工日/块)

$$=275×0.108=29.7（工日）$$

因吊装小组共12人配合协作，故吊装时间为：29.7÷12=2.48（工日）

第二种方法：吊装小组工程量(块)/产量定额(块/台班)

$$=275÷111=2.48（台班）$$

因为一台机械工作8个小时为一个台班，所以采用一辆轮胎式起重机用2.48工日可吊装全部空心板。

任务3　编制预算定额

一、概述

预算定额是规定完成一定计量单位的合格产品，所消耗的人工、材料、机械台班和单价(货币量)的数量标准。

预算定额是由国家或其授权单位统一组织编制和颁发的一种法令性指标。预算定额中的各项指标是国家允许建筑业在完成工程任务时工料消耗的最高限额，也是国家提供的物质资料和建设资金的最高限额，从而使建筑工程有一个统一的核算尺度，对基本建设实行计划管理和有效的经济监督，也是保证建筑工程施工质量的重要手段。

预算定额反映一段时期内社会的平均消耗水平，是一种综合性定额，它适合一般的设计和施工情况。当设计、施工与定额不同，并且影响工程造价较大时，预算定额规定可以根据设计和施工的具体情况进行换算，使定额在统一的原则下具有必要的灵活性。

二、预算定额的构成和作用

1. 预算定额的构成

预算定额反映一定计量单位分部分项工程的人工、材料、机械消耗标准及其货币价值，因此预算定额既反映实物量又反映货币量。通常情况下，我们习惯上将《山东省建筑工程消耗量定额》《山东省建筑工程价目表》《山东省建筑工程量计算规则》《山东省建筑工程费用及计算规则》《山东省建筑工程消耗量定额综合解释》《山东省建筑工程费用项目构成及计算规则》、各地市价目表及有关工程造价的各种补充定额及解释文件统称为山东省预算定额。

2. 预算定额的作用

(1) 预算定额是编制建筑工程预算、确定工程造价、进行工程拨款及竣工结算的依据。

（2）预算定额是编制招标标底、投标报价的基础资料。

（3）预算定额是编制地区单位估价表和概算定额的基础。

（4）预算定额是设计单位对设计方案进行技术经济分析比较的依据。

（5）预算定额是建筑企业实行经济核算，进行"两算"对比的依据。

3. "两算"的区别

"两算"是指施工预算和施工图预算，虽仅一字之差，但区别较大。

（1）编制的依据不同。施工预算的编制以企业（施工）定额为主要依据；施工图预算的编制以预算定额为主要依据。企业（施工）定额比预算定额划分得更详细、更具体，并对其中包括的内容，如质量要求、施工方法以及所需劳动工日、材料品种、规格型号等均有较详细的规定或要求。

（2）适用的范围不同。施工预算是施工企业内部管理用的一种文件，与建设单位无直接关系；而施工图预算既适用于建设单位，又适用于施工单位。

（3）发挥的作用不同。施工预算是施工企业组织生产、编制施工计划、准备现场材料、签发任务书、考核工效、进行经济核算的依据，也是施工企业改善经营管理、降低生产成本和推行内部经营承包责任制的重要手段；而施工图预算则是投标报价的主要依据。

三、预算定额的编制原则

预算定额的编制工作，实质上是一种标准的制定。编制时应遵循价值规律的要求，按建筑生产该产品的社会必要劳动量来确定其消耗量。

1. 定额水平"平均合理"

"平均合理"水平，就是在正常施工条件下，在平均的劳动强度、平均的技术熟练程度、平均的技术装备条件下，完成单位合格产品所需要的人工、材料、机械及货币的消耗量水平。

2. 内容形式"简明适用"

预算定额的内容和形式，既要满足多方面的用途，又要简单明了，易于掌握和应用。预算定额的编制项目划分的粗细程度要在齐全、适用的基础上力求简明。

四、预算定额计量单位的确定

编制预算定额时，计量单位的选择与定额项目的多少、定额是否准确以及消耗量定额的繁简有很大关系。

1. 计量单位的确定要考虑的原则

（1）能确切反映单位产品的工料消耗量，保证定额的准确性。

（2）有利于减少定额项目。

（3）能简化工程量计算和整个预算编制工作，保证预算的及时性。

2. 定额计量单位的确定

由于各分项工程和结构构件的形式不同，应结合上述原则并按照它们的形体特征和变化规律确定。

（1）凡物体的界面均有一定形状和大小，只是长度有变化（如木扶手、装饰线等），应以延长米为计量单位。

（2）当物体的厚度一定，只是长和宽有变化（如楼地面、墙面、门窗等）时，应以 m² （投影面积或展开面积）为计量单位。

（3）如果物体的长、宽、高都变化不定时（如土石方、混凝土工程等），应以 m³ 为计量单位。

（4）有的分项工程虽然体积、面积相同，但重量和价格的差异很大（如金属结构构件的制作、运输与安装等），应以 t 或 kg 为计量单位。

（5）有时还可以采用个、根、组、套等为计量单位。如雨水斗、塑料雨篷排水短管等。

定额计量单位按国际单位制执行。通常情况下，长度用 m 或 km；面积用 m²；体积用 m³；重量用 kg、t 等。在 m、m²、m³ 等单位中，以 m 为单位计算最简单。在保证定额准确性的前提下，应尽量简化。定额单位确定以后，在列定额表时，一般都采用扩大单位，以 10、100 等为倍数，以利于提高定额编制精确度。

3. 工、料、机械计量单位及小数位数的取定

定额单位以自然单位和物理单位为准，小数点后的位数保留，有规定时按规定执行，没有规定时按以下方法取定。

（1）人工以工日为单位，取两位小数。

（2）机械以台班为单位，取两位小数。

（3）主要材料及半成品：木材以 m³ 为单位，取三位小数；红砖以千块为单位，取三位小数；钢材以 t 为单位，取三位小数；水泥以 kg 为单位，取整数，以 t 为单位取三位小数；砂浆、混凝土等半成品，以 m³ 为单位，取两位小数；其余材料一般取两位小数。

（4）其他材料费及机械费以元为单位，取两位小数。

五、预算定额的内容

《山东省建筑工程消耗量定额》主要由总说明、目录、分部工程说明、工程量计算规则、定额子目表及有关附录组成。

1. 总说明

主要阐述定额编制水平、编制依据、适用范围、作用及材料、机械说明等。

2. 分部工程说明

包括分部工程所包含内容的说明，定额编制中有关问题的说明，执行中的有关规定，应用时如何换算及特殊情况的处理办法等。它是定额的重要部分，必须全面掌握。

3. 工程量计算规则

具体规定分部分项工程中各种建筑构件工程量的计算方法，施工措施项目、运输、超高等工程量的计算办法。

4. 定额子目表

定额子目表是定额的主要内容，一般由工作内容、定额单位、子目表和附注等组成。子目表又由定额编号、项目名称、人工、材料、机械消耗量构成。表2-4为3∶7灰土垫层定额子目表。

表 2-4　3：7 灰土垫层定额子目表

工作内容：拌和、铺设、找平、夯实（压实）。　　　　　　　　　　　计量单位：10m³

定额编号		2-1-1	2-1-2
项目名称		3：7 灰土垫层	
		机械振动	机械碾压
名称	单位	消耗量	
人工　综合工日	工日	6.88	3.35
材料　3：7 灰土	m³	10.2000	10.2000
机械　电动夯实机 250N·m	台班	0.4600	—
钢轮内燃机压路机 15t	台班	—	0.1500
履带式推土机 75kW	台班	—	0.0950
平地机 120kW	台班	—	0.0470

注：在原土上打夯（碾压）者应另按土方工程中的原土夯实（碾压）定额执行。

六、预算定额的应用

（一）预算定额的直接套用

当施工图设计要求与预算定额项目内容一致时，可以直接套用预算定额，大多数工程项目可以直接套用预算定额，套用定额时注意以下几点：

（1）根据施工图的设计说明和做法说明，选择定额项目。

（2）要从工程内容、技术特征、施工方法等方面仔细核对定额项目中的工作内容、机械和材料，才能较准确地确定相应的子目。

（3）分项工程名称、单位要与预算定额相对应的内容一致。

（4）定额表中加（　）的数量是作为换算调整的数值，该项目的定额单价未列入其内。

（二）预算定额的换算套用

当施工图设计工程项目与预算定额内容不一致且对价格影响较大时，不能直接套用定额，这时应将定额单价换算后套用。为保持定额水平，应按照预算定额中规定的方法进行换算。一般换算包括：

1. 强度等级换算

在预算定额中对砂浆、混凝土等半成品均列出了强度等级，当设计与定额不同时，可以换算。其换算公式为

换算后定额单价＝换算前定额单价－换算材料定额用量×（换算前材料单价－换算后材料单价）

2. 用量换算

在预算定额中，某些材料规格和用量与定额不同时，允许调整其用量。如屋面工程中，屋面瓦材设计使用规格与定额不同时，可以调整；彩钢压型板屋面檩条，定额按间距 1～1.2m 编制，设计与定额不同时，檩条数量可以换算，其他不变。换算时，不要忘记损耗量，因定额已经考虑了损耗，换算要与定额水平保持一致。

3. 系数换算

在预算定额中，由于施工难易程度和方法不同，某些项目可以乘以系数换算调整。如门窗工程中，木门窗制作安装定额以一、二类木种为准；如采用三、四类木种时，制作项目人工和机械乘以系数 1.3，安装项目人工和机械乘以系数 1.35。

4. 运距换算

在预算定额中，对各种运输定额项目，一般分为基本项目和增加项目，超过基本运距，就需调整换算。如：推土机推土基本运距 20m 以内，超过的另按 100m 以内每增运 20m 计算。

5. 其他换算

定额的换算方法很多，如：楼地面找平层厚度换算调整，墙体柱面抹灰厚度换算，屋面卷材防水换算等。

1. 何谓工程定额？它分为哪几类？
2. 企业定额分为哪几类？
3. 举例说明预算定额的计量单位是如何确定的。
4. 对照消耗量定额项目表，指出它由哪几部分组成。
5. 某施工企业的砖墙定额见表 2-5。该企业承接了一幢仿古建筑，其中实心砖墙 $182m^3$，墙厚 240mm，采用塔式起重机运输施工材料，施工现场安排 8 名工人砌筑。请问完成该工程需多少天？并分析各种工序用工时间。

表 2-5　实砌砖墙劳动定额

工作内容：（1）调制砂浆，铺砂浆运砖。
　　　　　（2）砌砖时包括阳台、虎头砖、腰线、门窗套、安装木砖、铁件等。

（单位：$10m^3$）

项目		实心砖墙			
		115	180	240	365
综合	塔式起重机	1.32 / 0.258	1.30 / 0.269	1.04 / 0.962	1.02 / 0.980
	机吊	1.51 / 0.662	1.48 / 0.676	1.42 / 0.704	1.38 / 0.725
运输	砌砖	0.951 / 1.052	0.907 / 1.103	0.63 / 1.587	0.560 / 1.786
	塔式起重机	0.297 / 3.367	0.314 / 3.185	0.325 / 3.082	0.363 / 2.755
	机吊	0.487 / 2.053	0.494 / 2.024	0.705 / 1.418	0.723 / 1.383
调制砂浆		0.072 / 13.889	0.079 / 12.658	0.085 / 11.765	0.097 / 10.309
编号		17	18	19	20

注：机吊运输指采用卷扬机作垂直运输。

工匠驿站：

李春，我国隋代著名桥梁工匠，举世闻名的赵州桥便是他的杰作。这座桥梁是我们中华人民智慧结晶的标志性桥梁，开创了我国桥梁建造的崭新局面，在设计和施工中创下许多技术成就，把我国古代建筑技术提高到了一个全新的水平。

今天，我们恰逢中华民族伟大复兴的时代，作为一名建筑人，让我们撸起袖子加油干！

项目3

学习建筑工程费用构成和计算原理

学习目标

了解建筑工程费用的构成。

学会确定建筑工程的类别及费率。

熟练运用建筑工程计算程序。

任务1　学习建筑工程费用构成

建设工程费按照费用构成要素划分为人工费、材料费（设备费）、施工机具使用费、企业管理费、利润、规费和税金，如图 3-1 所示。

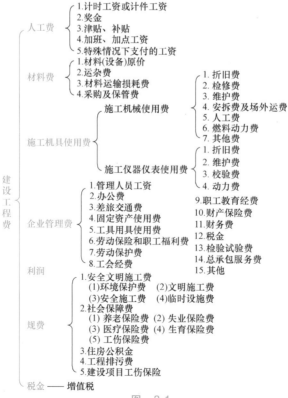

图　3-1

一、人工费

人工费是指按工资总额构成规定，支付给从事建筑安装工程施工的生产工人和附属生产单位工人的各项费用。内容包括：

（1）计时工资或计件工资：是指按计时工资标准和工作时间或对已做工作按计件单价支付给个人的劳动报酬。

（2）奖金：是指对超额劳动和增收节支支付给个人的劳动报酬。如节约奖、劳动竞赛奖等。

（3）津贴、补贴：是指为了补偿职工特殊或额外的劳动消耗和因其他特殊原因支付给个人的津贴，以及为了保证职工工资水平不受物价影响支付给个人的物价补贴。如流动施工津贴、特殊地区施工津贴、高温（寒）作业临时津贴、高空津贴等。

（4）加班、加点工资：是指按规定支付的在法定节假日工作的加班工资和在法定工作日时间外延时工作的加点工资。

（5）特殊情况下支付的工资：是指根据国家法律、法规和政策规定，因病、工伤、产假、计划生育假、婚丧假、事假、探亲假、定期休假、停工学习、执行国家或社会义务等原因按计时工资标准或计时工资标准的一定比例支付的工资。

二、材料费、设备费

材料费是指施工过程中耗费的原材料、辅助材料、构配件、零件、半成品或成品的费用。

设备费是指构成或计划构成永久工程一部分的机电设备、金属结构设备、仪器装置及其他类似的设备和装置的费用。

1. 材料费（设备费）的内容

（1）材料（设备）原价：是指材料、设备的出厂价格或商家供应价格。

（2）运杂费：是指材料、设备自来源地运至工地仓库或指定堆放地点所发生的全部费用。

（3）材料运输损耗费：是指材料在运输装卸过程中不可避免的损耗费用。

（4）采购及保管费：是指采购、供应和保管材料、设备过程中所需要的各项费用。包括采购费、仓储费、工地保管费、仓储损耗费。

2. 材料（设备）的单价计算公式

$$材料（设备）单价 = \{[材料（设备）原价+运杂费]×(1+材料运输损耗率)\}×(1+采购保管费率)$$

三、施工机具使用费

施工机具使用费是指施工作业所发生的施工机械、施工仪器仪表的使用费或其租赁费。

1. 施工机械台班单价（由下列七项费用组成）

（1）折旧费：是指施工机械在规定的耐用总台班内，陆续回收其原值的费用。

（2）检修费：是指施工机械在规定的耐用总台班内，按规定的检修间隔进行必要的检修，以恢复其正常功能所需的费用。

（3）维修费：是指施工机械在规定的耐用总台班内，按规定的维修间隔进行各级维护和临时故障排除所需的费用。

维修费包括：保障机械正常运转所需替换设备与随机配备工具附具的摊销费用，机械运转及日常维护所需润滑与擦拭的材料费用及机械停滞期间的维护费用等。

（4）安拆费及场外运费。

安拆费：是指施工机械在现场进行安装与拆卸所需的人工、材料、机械和试运转费用以及机械辅助设施的折旧、搭设、拆除等费用。

场外运费：是指施工机械整体或分体自停放地点至施工现场或由一施工地点运至另一施工地点的运输、装卸、辅助材料等费用。

（5）人工费：是指机上司机（司炉）和其他操作人员的人工费。

（6）燃料动力费：是指施工机械在运转作业中所耗用的燃料及水、电等费用。

（7）其他费：是指施工机械按照国家规定应缴纳的车船税、保险费及检测费等。

2．施工仪器仪表台班单价（由下列四项费用组成）

（1）折旧费：是指施工仪器仪表在耐用总台班内，陆续收回其原值的费用。

（2）维护费：是指施工仪器仪表各级维护、临时故障排除所需的费用及保证仪器仪表正常使用所需备件（备品）的维护费用。

（3）校验费：是指按国家与地方政府规定的标定与检验的费用。

（4）动力费：是指施工仪器仪表在使用过程中所耗用的电费。

四、企业管理费

企业管理费是指施工企业组织施工生产和经营管理所需的费用。内容包括：

（1）管理人员工资：是指按规定支付给管理人员的计时工资、奖金、津贴补贴、加班加点工资及特殊情况下支付的工资等。

（2）办公费：是指企业管理办公用的文具、纸张、账表、印刷、邮电、书报、办公软件、现场监控、会议、水电、烧水和集体取暖降温（包括现场临时宿舍取暖降温）等费用。

（3）差旅交通费：是指职工因公出差、调动工作的差旅费、住勤补助费、市内交通费和误餐补助费、职工探亲路费、劳动力招募费、职工退休、退职一次性路费、工伤人员就医路费、工地转移费以及管理部门使用的交通工具的油料、燃料等费用。

（4）固定资产使用费：是指管理和试验部门及附属生产单位使用的属于固定资产的房屋、设备、仪器等的折旧、大修、维修或租赁费。

（5）工具用具使用费：是指企业施工生产和管理使用的不属于固定资产的工具、器具、家具、交通工具和检验、试验、测绘、消防用具等的购置、维修和摊销费。

（6）劳动保险和职工福利费：是指由企业支付的职工退职金、按规定支付给离休干部的经费、集体福利费、夏季防暑降温、冬季取暖补贴、上下班交通补贴等。

（7）劳动保护费：是指企业按规定发放的劳动保护用品的支出。如工作服、手套、防暑降温饮料以及在有碍身体健康的环境中施工的保健费用等。

（8）工会经费：是指企业按《工会法》规定的全部职工工资总额比例计提的工会经费。

（9）职工教育经费：是指按职工工资总额的规定比例计提，企业为职工进行专业技术和职业技能培训，专业技术人员继续教育、职工职业技能鉴定、职业资格认定以及根据需要对职工进行各类文化教育所发生的费用。

（10）财产保险费：是指施工管理用财产、车辆等的保险费用。

（11）财务费：是指企业为施工生产筹集资金或提供预付款担保、履约担保、职工工资支付担保等所发生的各种费用。

（12）税金：是指企业按规定缴纳的房产税、车船使用税、土地使用税、印花税、城市维护建设税、教育费附加费及地方教育附加费、水利建设基金等。

（13）检验试验费：是指施工企业按照有关标准规定，对建筑以及材料、构件和建筑安装物进行一般鉴定、检查所发生的费用，包括自设实验室进行试验所耗用的材料等费用。

一般鉴定、检查，是指按相应规范所规定的材料品种、材料规格、取样批量、取样数量、取样方法和检测项目等内容所进行的鉴定、检查。例如，砌筑砂浆配合比设计、砌筑砂浆抗压试块、混凝土配合比设计、混凝土抗压试块等施工单位自制或自行加工材料按规范规定的内容所进行的鉴定、检查。

（14）总承包服务费：是指总承包人为配合、协调发包人根据国家有关规定进行专业工程发包、自行采购材料、设备等进行现场接收、管理（非指保管）以及施工现场管理、竣工资料汇总整理等服务所需的费用。

（15）其他：包括技术转让费、技术开发费、投标费、业务招待费、绿化费、广告费、公证费、法律顾问费、审计费、咨询费、保险费等。

五、利润

利润是指施工企业完成所承包工程获得的盈利。

六、规费

规费

规费是指按国家法律、法规规定，由省级政府和省级有关权力部门规定必须缴纳或计取的费用。包括：

1．安全文明施工费

（1）环境保护费：是指施工现场为达到环保部门要求所需要的各项费用。

（2）文明施工费：是指施工现场文明施工所需要的各项费用。

（3）安全施工费：是指施工现场安全施工所需要的各项费用。

（4）临时设施费：是指施工企业为进行建设工程施工所必须搭设的生活和生产用的临时建筑物、构筑物和其他临时设施费用。

临时设施包括：办公室、加工厂（棚）、仓库、堆放场地、宿舍、卫生间、食堂、文化卫生用房与构筑物，以及规定范围内的道路、水、电、管线等临时设施和小型临时设施。

临时设施费包括临时设施的搭设、维修、拆除、清理费或摊销费等。

2．社会保障费

（1）养老保险费：是指企业按照规定标准为职工缴纳的基本养老保险费。

（2）失业保险费：是指企业按照规定标准为职工缴纳的失业保险费。

（3）医疗保险费：是指企业按照规定标准为职工缴纳的基本医疗保险费。

（4）生育保险费：是指企业按照规定标准为职工缴纳的生育保险费。

（5）工伤保险费：是指企业按照规定标准为职工缴纳的工伤保险费。

3. 住房公积金

住房公积金是指企业按规定标准为职工缴纳的住房公积金。

4. 工程排污费

工程排污费是指按规定缴纳的施工现场的工程排污费。

5. 建设项目工伤保险

建设项目工伤保险按（鲁人社发〔2015〕15号）《关于转发人社部门（2014）103号文件明确建筑业参加工伤保险有关问题的通知》规定，在工程开工前向社会保险经办机构缴纳，应在建设项目所在地参保。

按建设项目参加工伤保险的，建设项目确定中标企业后，建设单位在项目开工前将工伤保险费一次性拨付给总承包单位，由总承包单位为该建设项目使用的所有职工统一办理工伤保险参保登记和缴费手续。

按建设项目参加工伤保险的房屋建筑和市政基础设施工程，建设单位在办理施工许可手续时，应当提交建设项目工伤保险参保证明，作为保证工程安全施工的具体措施之一。安全施工措施未落实的项目，住房城乡建设主管部门不予核发施工许可证。

七、税金

税金是指国家税法规定应计入建筑安装工程造价内的增值税。其中甲供材料、甲供设备不作为增值税计税基础。

任务2　学习工程类别划分标准及费率

一、建筑工程类别划分标准

工程类别划分标准是根据不同的单位工程，按其施工难易程度，结合各省建筑市场的实际情况确定的。工程类别划分标准是确定工程施工难易程度、计取有关费用的依据；同时也是企业编制投标报价的参考。

1. 建筑工程类别划分标准 （见表 3-1）

表 3-1　建筑工程类别划分标准

工程特征			单位	工程类别		
				I	II	III
工业厂房工程	钢结构		跨度 建筑面积	m m²	>30 >25000	>18 >12000	≤18 ≤12000
	其他结构	单层	跨度 建筑面积	m m²	>24 >15000	>18 >10000	≤18 ≤10000
		多层	檐高 建筑面积	m m²	>60 >20000	>30 >12000	≤30 ≤12000
民用建筑工程	钢结构		檐高 建筑面积	m m²	>60 >30000	>30 >12000	≤30 ≤12000
	混凝土结构		檐高 建筑面积	m m²	>60 >20000	>30 >10000	≤30 ≤10000

（续）

工程特征		单位		工程类别		
				I	II	III
民用建筑工程	其他结构	层数 建筑面积	层 m²	— —	>10 >12000	≤10 ≤12000
	别墅工程（≤3层）	栋数 建筑面积	栋 m²	≤5 ≤500	≤10 ≤700	>10 >700
构筑物工程	烟囱	混凝土结构高度 砖结构高度	m m	>100 >60	>60 >40	≤60 ≤40
	水塔	高度 容积	m m³	>60 >100	>40 >60	≤40 ≤60
	筒仓	高度 容积（单体）	m m³	>35 >2500	>20 >1500	≤20 ≤1500
	贮池	容积（单体）	m³	>3000	>1500	≤1500
桩基础工程		桩长	m	>30	>12	≤12
单独土石方工程		土石方	m³	>30000	>12000	5000<体积≤12000

2. 建筑工程类别划分说明

建筑工程确定类别时，应首先确定工程类型。建筑工程的工程类型，按工业厂房工程、民用建筑工程、构筑物工程、桩基础工程、单独土石方工程五个类型分列。

（1）工业厂房工程，是指直接从事物质生产的生产厂房或生产车间。

工业建筑中，为物质生产配套和服务的实验室、化验室、食堂、宿舍、医疗、卫生及管理用房等独立建筑物，按民用建筑工程确定工程类别。

（2）民用建筑工程，是指直接用于满足人们物质和文化生活需要的非生产性建筑物。

（3）构筑物工程，是指与工业或民用建筑配套、并独立于工业与民用建筑之外的工程，如：烟囱、水塔、贮仓、水池等工程。

（4）桩基础工程，是指当浅基础不能满足建筑物的稳定性要求时采用深基础工艺进行处理的工程，主要包括各种现浇和预制混凝土桩以及其他材质的桩基础。桩基础工程适用于建设单位直接发包的桩基础工程。

（5）单独土石方工程，是指建筑物、构筑物、市政设施等基础土石方以外的，挖方或填方工程量>5000m³且需要单独编制概预算的土石方工程。包括：土石方的挖、运、填等。

同一建筑物工程类别不同时，按建筑面积大的工程类型确定其工程类别。

工业厂房的设备基础，单体混凝土体积>1000m³，按构筑物I类；单体混凝土体积≤1000m³且>600m³，按构筑物II类；单体混凝土体积≤600m³且>50m³，按构筑物III类；单体混凝土体积≤50m³，按相应建筑物或构筑物的工程类别确定工程类别。

强夯工程，按单独土石方工程II类确定工程类别。

与建筑物配套的零星项目，如：水表井、消防水泵接合器井、热力入户井、排水检查井、雨水沉砂池等，按相应建筑物的类别确定工程类别。

其他附属项目，如：场区大门、围墙、挡土墙、庭院甬路、室外管道支架等，按建筑工程III类确定工程类别。

3. 房屋建筑工程的结构形式

（1）钢结构，是指柱、梁（屋架）、板等承重构件用钢材制作的建筑物。

（2）混凝土结构，是指柱、梁（屋架）、板等承重构件用现浇或预制的钢筋混凝土制作的建筑物。

同一建筑物结构形式不同时，按建筑面积大的结构形式确定其工程类别。

4．工程特征

（1）建筑物檐高，是指设计室外地坪至檐口滴水（或屋面板板顶）的高度。凸出建筑物主体的屋面楼梯间、电梯间、水箱间部分高度不计入檐口高度。

（2）建筑物的跨度，是指设计图示轴线间的宽度。

（3）建筑物的建筑面积，按建筑面积计算规范的规定计算。

（4）构筑物高度，是指设计室外地坪至构筑物主体结构顶坪的高度。

（5）构筑物的容积，是指设计净容积。

（6）桩长，是指设计桩长（包括桩尖长度）。

二、装饰工程类别划分标准

1．装饰工程类别划分标准（见表 3-2）

表 3-2　装饰工程类别划分标准

工程特征	工程类别		
	Ⅰ	Ⅱ	Ⅲ
工业与民用建筑	特殊公共建筑，包括：观演展览建筑、交通建筑、体育场馆、高级会堂等	一般公共建筑，包括：办公建筑、文教卫生建筑、科研建筑、商业建筑等	居住建筑、工业厂房工程
	四星级以上的宾馆	三星级宾馆	二星级以下宾馆
单独外墙装饰（包括幕墙、各种外墙干挂工程）	幕墙高度>50m	幕墙高度>30m	幕墙高度≤30m
单独招牌、灯箱、美术字等工程	—	—	单独招牌灯箱美术字等工程

2．装饰工程类别划分说明

（1）装饰工程，是指建筑物主体结构完成后，在主体结构表面及相关部位进行抹灰、镶贴和铺装面层等施工，以达到建筑设计效果的施工工程。

1）作为地面各层次的承载体，在原始地基或回填土上铺筑的垫层，属于建筑工程。附着于垫层或者主体结构的找平层仍属于建筑工程。

2）为主体结构及其施工服务的边坡支护工程，属于建筑工程。

3）门窗（不含门窗零星装饰）作为建筑物围护结构的重要组成部分，属于建筑工程。工艺门扇以及门窗的包框、镶嵌和零星装饰属于装饰工程。

4）位于墙柱结构外表面以外、楼板（含屋面板）以下的各种龙骨（骨架）、找平层、面层，属于装饰工程。

5）具有特殊工程的防水层（含其下的找平层）、保温层（含其下的保护层、抗裂层），属于建筑工程；防水层、保温层以外的面层属于装饰工程。

6）为整体工程或主体结构工程服务的脚手架、垂直运输、水平运输、大型机械进出场，属于建筑工程；单纯为装饰工程服务的，属于装饰工程。

7）建筑工程的施工增加，属于建筑工程；装饰工程的施工增加，属于装饰工程。

（2）特殊公共建筑，包括：观演展览建筑（如影剧院、影视制作播放建筑、城市级图书馆、博物馆、展览馆、纪念馆等）、交通建筑（如汽车、火车、飞机、轮船的站房建筑等）、体育场馆（如体育训练、比赛场馆）、高级会堂等。

（3）一般公共建筑，包括：办公建筑、文教卫生建筑（如教学楼、实验楼、学校图书馆、门诊楼、病房楼、检验化验楼等）、科研建筑、商业建筑等。

（4）宾馆、饭店的星级，按《旅游饭店星级的划分与评定》（GB/T 14308—2010）确定。

三、建设工程费用费率

（1）一般计税下建筑与装饰工程措施费率见表3-3；简易计税下建筑与装饰工程措施费率见表3-4。

表 3-3　一般计税下建筑与装饰工程措施费率

专业名称	费用名称			
	夜间施工费（%）	二次搬运费（%）	冬雨季施工增加费（%）	已完成工程及设备保护费（%）
建筑工程	2.55	2.18	2.91	0.15
装饰工程	3.64	3.28	4.10	0.15

表 3-4　简易计税下建筑与装饰工程措施费率

专业名称	费用名称			
	夜间施工费（%）	二次搬运费（%）	冬雨季施工增加费（%）	已完成工程及设备保护费（%）
建筑工程	2.80	2.40	3.20	0.15
装饰工程	4.00	3.60	4.50	0.15

注：建筑、装饰工程中已完工程及设备保护费的计费基础为省价人工费、材料费、施工机具使用费之和。

（2）措施费中的人工费含量见表3-5。

表 3-5　措施费中的人工费含量

专业名称	费用名称			
	夜间施工费（%）	二次搬运费（%）	冬雨季施工增加费（%）	已完成工程及设备保护费（%）
建筑工程、装饰工程	25			10

（3）一般计税下企业管理费、利润率见表3-6；简易计税下企业管理费、利润率见表3-7。

表 3-6　一般计税下企业管理费、利润率

专业名称		企业管理费（%）			利润（%）		
		Ⅰ	Ⅱ	Ⅲ	Ⅰ	Ⅱ	Ⅲ
建筑工程	建筑物工程	43.4	34.7	25.6	35.8	20.3	15.0
	构筑物工程	34.7	31.3	20.8	30.0	24.2	11.6
	单独土石方工程	28.9	20.8	13.1	22.3	16.0	6.8
	桩基础工程	23.2	17.9	13.1	16.9	13.1	4.8
装饰工程		66.2	52.7	32.2	36.7	23.8	17.3

注：企业管理费费率中，不包括总承包服务费费率。

表 3-7 简易计税下企业管理费、利润率

专业名称		企业管理费(%)			利润(%)		
		I	II	III	I	II	III
建筑工程	建筑物工程	43.2	34.5	25.4	35.8	20.3	15.0
	构筑物工程	34.5	31.2	20.7	30.0	24.2	11.6
	单独土石方工程	28.8	20.7	13.0	22.3	16.0	6.8
	桩基础工程	23.1	17.8	13.0	16.9	13.1	4.8
装饰工程		65.9	52.4	32.0	36.7	23.8	17.3

注：企业管理费费率中，不包括总承包服务费费率。

（4）总承包服务费、采购保管费费率见表 3-8。

表 3-8 总承包服务费、采购保管费费率

费用名称		费率(%)
总承包服务费		3
采购保管费	材料	2.5
	设备	1

（5）一般计税下建筑、装饰工程规费费率见表 3-9；简易计税下建筑、装饰工程规费费率见表 3-10。

表 3-9 一般计税下建筑、装饰工程规费费率　　　　　　　　　　　　（单位:%）

费用名称	专业名称	
	建筑工程	装饰工程
安全文明施工费	3.70	4.15
其中:(1)安全施工费	2.34	2.34
(2)环境保护费	0.11	0.12
(3)文明施工费	0.54	0.10
(4)临时设施费	0.71	1.59
社会保险费	1.52	
住房公积金		
工程排污费	按工程所在地设区市相关规定计算	
建筑项目工伤保险		

表 3-10 简易计税下建筑、装饰工程规费费率　　　　　　　　　　　　（单位:%）

费用名称	专业名称	
	建筑工程	装饰工程
安全文明施工费	3.52	3.97
其中:(1)安全施工费	2.16	2.16
(2)环境保护费	0.11	0.12
(3)文明施工费	0.54	0.10
(4)临时设施费	0.71	1.59

（续）

费用名称	专业名称	
	建筑工程	装饰工程
社会保险费	1.40	
住房公积金	按工程所在地设区市相关规定计算	
工程排污费		
建筑项目工伤保险		

（6）税金税率见表3-11。

表3-11　税金税率

费用名称	税率（%）
增值税	11
增值税（简易计税）	3

注：甲供材料、甲供设备的不作为计税基础。

任务3　学习建筑工程费用计算程序

一、计费基础说明

建筑、装饰工程定额计价计费基础是以省价人工费为基础计算的，其中JD$_1$和JD$_2$的计算方法见表3-12。

表3-12　建筑、装饰工程计费基础计算表

计费基础		计算方法
定额计价 （人工费）	JD$_1$	分部分项工程的省价人工费之和
		$\sum$［分部分项工程定额$\sum$（工日消耗量×省人工单价）×分部分项工程量］
	JD$_2$	单价措施项目的省价人工费之和+总价措施费中的省价人工费之和
		$\sum$［单价措施项目定额$\sum$（工日消耗量×省人工单价）×单价措施项目工程量］+$\sum$（JD$_1$×省发措施费费率×H）
	H	总价措施费中人工费含量（%）

二、建设工程定额计价计算程序

定额计价计算程序见表3-13。

表3-13　定额计价计算程序计算表

序号	费用名称	计算方法
一	分部分项工程费	$\sum$｛［定额$\sum$（工日消耗量×人工单价）+$\sum$（材料消耗量×材料单价）+$\sum$（机械台班消耗量×台班单价）］×分部分项工程量｝
	计费基础 JD$_1$	详见表3-12建筑、装饰工程计费基础计算表

（续）

序号	费用名称	计算方法
二	措施项目费	2.1+2.2
	2.1 单价措施费	$\Sigma\{[$定额$\Sigma($工日消耗量×人工单价$)+\Sigma($材料消耗量×材料单价$)+\Sigma($机械台班消耗量×台班单价$)]$×单价措施项目工程量$\}$
	2.2 总价措施费	JD_1×相应费率
	计费基础 JD_2	详见表3-12 建筑、装饰工程计费基础计算表
三	其他项目费	3.1+3.3+…+3.8
	3.1 暂列金额	
	3.2 专业工程暂估价	
	3.3 特殊项目暂估价	
	3.4 计日工	按相应规定计算
	3.5 采购保管费	
	3.6 其他检验试验费	
	3.7 总承包服务费	
	3.8 其他	
四	企业管理费	(JD_1+JD_2)×管理费费率
五	利润	(JD_1+JD_2)×利润率
六	规费	6.1+6.2+6.3+6.4+6.5
	6.1 安全文明施工费	（一+二+三+四+五）×费率
	6.2 社会保险费	（一+二+三+四+五）×费率
	6.3 住房公积金	按工程所在地设区市相关规费计算
	6.4 工程排污费	按工程所在地设区市相关规费计算
	6.5 建设项目工伤保险	按工程所在地设区市相关规费计算
七	设备费	$\Sigma($设备单价×设备工程量$)$
八	税金	（一+二+三+四+五+六+七）×税率
九	工程费用合计	一+二+三+四+五+六+七+八

三、一般计税下建筑、装饰工程费用计算程序案例

[例3-1] 济南市区内某小区中一幢住宅楼，采用框架剪力墙结构，21层，檐口高度62.75m，建筑面积21380.72m²。按省定额价计算的分部分项工程费合计为11390014.84元，其中人工费（计费基础 JD_1）为2278002.97元。按省定额价计取的单价措施费为2608324.85元（其中人工费为903245.72元），其他项目费合计为267820.68元，工程排污费率为0.27%，住房公积金费率为0.21%，建设项目工伤保险费率为0.24%。设备费合计为397260.88元（其中甲供设备共105862.44元）。不需取费的项目合计为368752.98元。按照建筑工程承包合同约定，该工程采用一般计税方式计价。计算该高层住宅楼的建筑工程费用。

解：（1）由表3-1得知，该高层住宅工程属于混凝土结构工程，檐高62.75m>60m，建筑面积21380.72m²>20000m²，为Ⅰ类工程。

（2）该高层住宅楼的费用计算，见表3-14。

表3-14　建筑工程费用表（一般计税）

序号	费用名称	费率（%）	计算方法	费用金额
一	分部分项工程费	—	$\sum\{[$定额$\sum($工日消耗量×人工单价$)+\sum($材料消耗量×材料单价$)+\sum($机械台班消耗量×台班单价$)]$×分部分项工程量$\}$	11390014.84
	计费基础JD_1	—	$\sum($工程量×省人工费$)$	2278002.97
二	措施项目费	—	2.1+2.2	2799449.30
	2.1单价措施费	—	$\sum\{[$定额$\sum($工日消耗量×人工单价$)+\sum($材料消耗量×材料单价$)+\sum($机械台班消耗量×台班单价$)]$×单价措施项目工程量$\}$	2608324.85
	2.2总价措施费	—	（1）+（2）+（3）+（4）	191124.45
	（1）夜间施工费	2.55	计费基础JD_1×费率	58089.08
	（2）二次搬运费	2.18	计费基础JD_1×费率	49660.46
	（3）冬雨季施工增加费	2.91	计费基础JD_1×费率	66289.89
	（4）已完工程及设备保护费	0.15	省价人、材、机之和×费率	17085.02
	计费基础JD_2	—	$\sum$措施费2.1、2.2中省价人工费	948464.08
三	其他项目费			267820.68
四	企业管理费	43.40	(JD_1+JD_2)×管理费费率	1400286.70
五	利润	35.80	(JD_1+JD_2)×利润率	1155075.20
六	规费	—	6.1+6.2+6.3+6.4+6.5	1010551.21
	6.1安全文明施工费	—	（1）+（2）+（3）+（4）	629467.92
	（1）安全施工费	2.34	（一+二+三+四+五）×费率	398095.93
	（2）环境保护费	0.11	（一+二+三+四+五）×费率	18713.91
	（3）文明施工费	0.54	（一+二+三+四+五）×费率	91868.30
	（4）临时设施费	0.71	（一+二+三+四+五）×费率	120789.79
	6.2社会保险费	1.52	（一+二+三+四+五）×费率	258592.23
	6.3住房公积金	0.21	（一+二+三+四+五）×费率	35726.56
	6.4工程排污费	0.27	（一+二+三+四+五）×费率	45934.15
	6.5建设项目工伤保险	0.24	$\sum$（一+二+三+四+五）×费率	40830.35
七	设备费	—	$\sum($设备单价×设备工程量$)$	397260.88
八	税金	11	（一+二+三+四+五+六+七-甲供材料、设备款）×税率	2014605.60
九	不取费项目合计	—		368752.98
十	工程费用合计	—	一+二+三+四+五+六+七+八+九	20803817.39

注：已完工程及设备保护费＝分部分项工程费×0.15%。

计费基础JD_2＝单价措施费中的人工费+（夜间施工费+二次搬运费+冬雨季施工增加费）×25%+已完工程及设备保护费×10%

[例3-2]　某市区学校宿舍楼共5层，混合结构，计划重新装修，按省定额价计算的分部分项工程费合计为666059.44元，其中人工费（计费基础JD_1）为226086.36元。按省定额价计取的单价措施费为107652.47元（其中人工费49825.36元），工程排污费率为0.27%，住房公积金费率为0.21%，建设项目工伤保险费率为0.24%。无甲供材料、设备，无不取费项目，无其他项目费和设备费等。按照建筑工程承包合同约定，采用一般计税方式计价。计算该宿舍楼的装饰工程费用。

解：（1）查表3-2可知，该装饰工程为居住类建筑，属于Ⅲ类工程。

（2）宿舍楼的装饰工程费用计算，见表3-15。

表3-15　装饰工程费用（一般计税）

序号	费用名称	费率（%）	计算方法	费用金额
一	分部分项工程费	—	Σ{[定额Σ（工日消耗量×人工单价）+Σ（材料消耗量×材料单价）+Σ（机械台班消耗量×台班单价）]×分部分项工程量}	666059.44
	计费基础JD_1	—	Σ（工程量×省人工费）	226086.36
二	措施项目费	—	2.1+2.2	133566.27
	2.1 单价措施费	—	Σ{[定额Σ（工日消耗量×人工单价）+Σ（材料消耗量×材料单价）+Σ（机械台班消耗量×台班单价）]×单价措施项目工程量}	107652.47
	2.2 总价措施费	—	（1）+（2）+（3）+（4）	25913.80
	（1）夜间施工费	3.64	计费基础JD_1×费率	8229.54
	（2）二次搬运费	3.28	计费基础JD_1×费率	7415.63
	（3）冬雨期施工增加费	4.10	计费基础JD_1×费率	9269.54
	（4）已完工程及设备保护费	0.15	省价人、材、机之和×费率	999.09
	计费基础JD_2		Σ措施费2.1、2.2中省价人工费	56153.95
三	其他项目费			0.00
四	企业管理费	32.20	（JD_1+JD_2）×管理费费率	90881.38
五	利润	17.30	（JD_1+JD_2）×利润率	48827.57
六	规费		6.1+6.2+6.3+6.4+6.5	60023.48
	6.1 安全文明施工费	4.15	（一+二+三+四+五）×费率	38982.39
	6.2 社会保险费	1.52	（一+二+三+四+五）×费率	14277.89
	6.3 住房公积金	0.21	（一+二+三+四+五）×费率	1972.60
	6.4 工程排污费	0.27	（一+二+三+四+五）×费率	2536.20
	6.5 建设项目工伤保险	0.24	（一+二+三+四+五）×费率	2254.40
七	设备费	—	Σ（设备单价×设备工程量）	0.00
八	税金	11	（一+二+三+四+五+六+七）×税率	109929.40
九	不取费项目合计	—		0.00
十	工程费用合计	—	一+二+三+四+五+六+七+八+九	1109287.54

四、简易计税下建筑工程费用计算程序案例

[例3-3] 某办公楼位于济南郊区，砖混结构，3层，檐口高度9.68m，建筑面积1356.23m²。分部分项工程费合计为6136365.75元，其中人工费（计费基础 JD_1）为1235684.56元。按省定额价计取的单价措施费为765842.53元（其中人工费245069.61元），工程排污费率为0.24%，住房公积金费率为0.19%，建设项目工伤保险费率为0.22%。无甲供材料、设备，无不取费项目，无其他项目费和设备费等。按照建筑工程承包合同约定，采用简易计税方式计价。计算该办公楼的建筑工程费用。

解：（1）由表3-1得知，该办公楼属于其他结构工程，为Ⅲ类工程。

（2）该办公楼的建筑工程费用计算，见表3-16。

表3-16 建筑工程费用（简易计税）

序号	费用名称	费率（%）	计算方法	费用金额
一	分部分项工程费	—	∑｛[定额∑（工日消耗量×人工单价）+∑（材料消耗量×材料单价）+∑（机械台班消耗量×台班单价）]×分部分项工程量｝	6136365.75
	计费基础 JD_1	—	∑（工程量×省人工费）	1235684.56
二	措施项目费	—	2.1+2.2	878844.59
	2.1 单价措施费	—	∑｛[定额∑（工日消耗量×人工单价）+∑（材料消耗量×材料单价）+∑（机械台班消耗量×台班单价）]×单价措施项目工程量｝	765842.53
	2.2 总价措施费	—	(1)+(2)+(3)+(4)	113002.06
	(1)夜间施工费	2.80	计费基础 JD_1×费率	34599.17
	(2)二次搬运费	2.40	计费基础 JD_1×费率	29656.43
	(3)冬雨季施工增加费	3.20	计费基础 JD_1×费率	39541.91
	(4)已完工程及设备保护费	0.15	省价人、材、机之和×费率	9204.55
	计费基础 JD_2	—	∑措施费2.1、2.2中省价人工费	271939.44
三	企业管理费	25.4	（JD_1+JD_2）×管理费费率	382936.50
四	利润	15.0	（JD_1+JD_2）×利润率	226143.60
五	规费	—	5.1+5.2+5.3+5.4+5.5	424672.98
	5.1 安全文明施工费	3.52	（一+二+三+四）×费率	268375.02
	5.2 社会保险费	1.40	（一+二+三+四）×费率	106740.07
	5.3 住房公积金	0.19	（一+二+三+四）×费率	14486.15
	5.4 工程排污费	0.24	（一+二+三+四）×费率	18298.30
	5.5 建设项目工伤保险	0.22	（一+二+三+四）×费率	16773.44
六	税金	3	（一+二+三+四+五）×税率	241468.90
七	工程费用合计	—	一+二+三+四+五+六	8290432.32

1. 简述建筑工程费用项目由哪几部分构成。

2. 新建建筑工程中的装饰工程，如何确定其工程类别？

3. 计算题：某县城内一幢六层商住楼，砖混结构，建筑面积 5321.00m²，檐口高度为 19.80m。按省定额价计算的分部分项工程费合计为 1522321.65 元，其中人工费 502369.15 元。按省定额价计取的单价措施费为 234846.60 元，其中人工费为 72569.32 元，工程排污费率为 0.27%，住房公积金费率为 0.21%，建设项目工伤保险费率为 0.24%。按照建筑工程承包合同约定，该工程采用一般计税方式计价。计算该商住楼的建筑工程费用。

工匠驿站：

李诚，字明仲，河南新郑人，北宋著名土木建筑师。他主持营建了很多宫廷建筑，精巧华丽者如五王邸、朱雀门、太庙等；规模宏大者如辟雍、尚书省、开封府廨等。

1097 年，李诚受北宋皇帝哲宗之命，主持编写了《营造法式》，它是我国一部建筑工程施工和标准化的法典，是我国古代最完善的土木建筑工程著作之一。

李诚注重总结前人成果，吸取工匠技艺，应用自己实践，做事认真仔细。

我们学预算，要懂原理，知规则。计算时，遵规则、守程序很重要，这样做可以避免走弯路，犯错误。

项目4

计算建筑面积及主要基数

学习目标

了解各个建筑专业的术语。

熟悉建筑面积计算规范。

学会建筑面积和基数的计算。

任务1 学习建筑面积计算规范

一、建筑面积的概念

建筑面积亦称建筑展开面积，它是指建筑物（包括墙体）所形成的楼地面面积，即外墙结构外围水平面积之和。建筑面积包括附属于建筑物的室外阳台、雨篷、檐廊、室外走廊、室外楼梯等。建筑面积是确定建筑规模的重要指标，是确定各项技术经济指标的基础。

建筑面积包括使用面积、辅助面积和结构面积三部分。

1．使用面积

使用面积是指建筑各层平面中直接为生产或生活使用的净面积的总和，在居住建筑中的使用面积称居住面积。例如，客厅、办公室、卧室等。

2．辅助面积

辅助面积是指建筑物各层平面中为辅助生产或生活所占净面积的总和。例如，楼梯、走道、厕所、厨房等。

3．结构面积

结构面积是指建筑物各层平面中的墙、柱等结构所占面积的总和。

二、建筑面积的作用

（1）建筑面积是基本建设投资、建设项目可行性研究、建设项目评估、建设项目勘察设计、建筑工程施工、竣工验收和建筑工程造价管理等一系列工作的重要指标。

（2）建筑面积是计算单位面积造价、人工单方消耗指标、材料单方消耗指标、工程单方消耗指标的重要依据。

（3）建筑面积是计算分项工程的依据。例如，平整场地、垂直运输机械等。

总之，建筑面积是一项重要的技术经济指标，对全面控制建设工程造价具有重要意义，并在整个基本建设工作中起着重要的作用。

三、《建筑工程建筑面积计算规范》（GB/T 50353—2013）

以下简称 GB/T 50353—2013《建筑工程建筑面积计算规范》为本规范。

（一）总则

（1）为规范工业与民用建筑工程建设全过程的建筑面积计算，统一计算方法，制定本规范。

（2）本规范适用于新建、扩建、改建的工业与民用建筑工程建设全过程的建筑面积计算。

（3）建筑工程的建筑面积计算，除应符合本规范外，尚应符合国家现行有关标准的规定。

（二）术语

（1）自然层：按楼地面结构分层的楼层。

（2）结构层高：楼面或地面结构层上表面至上部结构层上表面之间的垂直距离。

（3）围护结构：围合建筑空间的墙体、门、窗。

（4）建筑空间：以建筑界面限定的、供人们生活和活动的场所。具备可出入、可利用条件（设计中可能标明了使用用途，也可能没有标明使用用途或使用用途不明确）的围合空间，均属于建筑空间。

（5）结构净高：楼面或地面结构层上表面至上部结构层下表面之间的垂直距离。

（6）围护设施：为保障安全而设置的栏杆、栏板等围挡。

（7）地下室：室内地平面低于室外地平面的高度超过室内净高的 1/2 的房间。

（8）半地下室：室内地平面低于室外地平面的高度超过室内净高的 1/3，且不超过 1/2 的房间。

（9）架空层：仅有结构支撑而无外围护结构的开敞空间层，如图 4-1 所示。

（10）走廊：建筑物中的水平交通空间。

（11）架空走廊：专门设置在建筑物的二层或二层以上，作为不同建筑物之间水平交通的空间。

（12）结构层：整体结构体系中承重的楼板层。

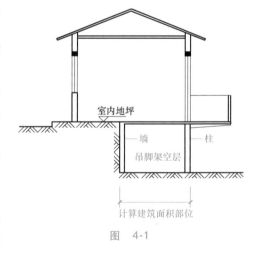

图 4-1

（13）落地橱窗：凸出外墙面且根基落地的橱窗，指在商业建筑临街面设置的下槛落地、可落在室外地坪也可落在室内首层地板，用来展览各种样品的玻璃窗。

（14）凸窗（飘窗）：指凸出建筑物外墙面的窗户。凸窗（飘窗）既作为窗，就有别于楼（地）板的延伸，不能把楼（地）板延伸出去的窗称为凸窗（飘窗）。凸窗（飘窗）的窗台应只是墙面的一部分且距（楼）地面应有一定的高度。

（15）檐廊：建筑物挑檐下的水平交通空间，是附属于建筑物底层外墙有屋檐作为顶盖，其下部一般有柱或栏杆、栏板等的水平交通空间，如图4-2a所示。

（16）挑廊：挑出建筑物外墙的水平交通空间，如图4-2b所示。

（17）门斗：建筑物入口处两道门之间的空间，如图4-2c所示。

a)　　　　　　　　　　b)　　　　　　　　　　c)

图　4-2

（18）雨篷：建筑物出入口上方、凸出墙面、为遮挡雨水而单独设立的建筑部件。如图4-3所示，雨篷划分为有柱雨篷（包括独立柱雨篷、多柱雨篷、柱墙混合支撑雨篷、墙支撑雨篷）和无柱雨篷（悬挑雨篷）。如凸出建筑物，且不单独设立顶盖，利用上层结构板（如楼板、阳台底板）进行遮挡，则不视为雨篷，不计算建筑面积。对于无柱雨篷，如顶盖高度达到或超过两个楼层时，也不视为雨篷，不计算建筑面积。有柱雨篷，没有出挑宽度的限制，也不受跨越层数的限制，均计算建筑面积。无柱雨篷，其结构板不能跨层，并受出挑宽度的限制，设计出挑宽度大于或等于2.10m时才计算建筑面积。出挑宽度，系指雨篷结构外边线至外墙结构外边线的宽度；对弧形或异形，取最大宽度。

图　4-3

（19）门廊：建筑物入口前有顶棚的半围合空间。门廊是在建筑物出入口，无门、三面或二面有墙，上部有板（或借用上部楼板）围护的部位。

（20）楼梯：连续行走的梯级、休息平台和维护安全的栏杆（或栏板）、扶手以及相应的支托结构组成的作为楼层之间垂直交通使用的建筑部件。

（21）阳台：附设于建筑物外墙，设有栏杆或栏板，可供人活动的室外空间。

（22）主体结构：接受、承担和传递建设工程所有上部荷载，维持上部结构整体性、稳定性和安全性的有机联系的构造。

（23）变形缝：防止建筑物在某些因素作用下引起开裂甚至破坏而预留的构造缝。变形缝是指在建筑物因温差、不均匀沉降以及地震而可能引起结构破坏变形的敏感部位或其他必要的部位，预先设缝将建筑物断开，令断开后建筑物的各部分成为独立的单元，或者是划分为简单、规则的段，并令各段之间的缝达到一定的宽度，以适应变形的需要。根据外界破坏因素的不同，变形缝一般分为伸缩缝、沉降缝、抗震缝三种。

（24）骑楼：建筑底层沿街面后退且留出公共人行空间的建筑物，是指沿街二层以上用承重柱支撑骑跨在公共人行空间之上，其底层沿街面后退的建筑物，如图 4-4a 所示。

（25）过街楼：跨越道路上空并与两边建筑相连接的建筑物，是指当有道路在建筑群穿过时为保证建筑物之间的功能联系，设置跨越道路上空使两边建筑相连接的建筑物，如图 4-4b 所示。

（26）建筑物通道：为穿过建筑物而设置的空间，如图 4-4b 所示。

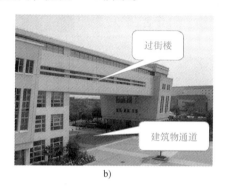

a)　　　　　　　　　　　　　　　　　b)

图　4-4

（27）露台：设置在屋面、首层地面或雨篷上的供人室外活动的有围护设施的平台。露台应满足四个条件：一是位置，设置在屋面、地面或雨篷顶；二是可出入；三是有围护设施；四是无盖，这四个条件须同时满足，如图 4-5a 所示。如果设置在首层并有围护设施的平台，且其上层为同体量阳台，则该平台应视为阳台，按阳台的规则计算建筑面积。

（28）勒脚：在房屋外墙接近地面部位设置的饰面保护构造，如图 4-5b 所示。

（29）台阶：联系室内外地坪或同楼层不同标高而设置的阶梯形踏步，如图 4-5c 所示。室外台阶还包括与建筑物出入口连接处的平台。

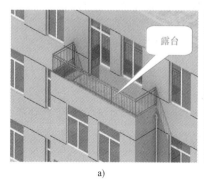

a)　　　　　　　　　　　b)　　　　　　　　　　　c)

图　4-5

（三）计算建筑面积的规定

（1）建筑物的建筑面积应按自然层外墙结构外围水平面积之和计算。结构层高在

2.20m 及以上的，应计算全面积；结构层高在 2.20m 以下的，应计算 1/2 面积。当外墙结构本身在一个层高范围内不等厚时，以楼地面结构标高处的外围水平面积计算。

（2）建筑物内设有局部楼层如图 4-6 所示，对于局部楼层的二层及以上楼层，有围护结构的应按其围护结构外围水平面积计算，无围护结构的应按其结构底板水平面积计算。结构层高在 2.20m 及以上的，应计算全面积，结构层高在 2.20m 以下的，应计算 1/2 面积。

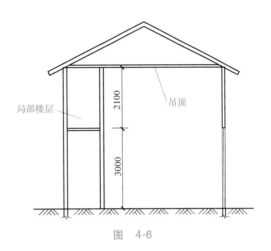

图　4-6

（3）形成建筑空间的坡屋顶，结构净高在 2.10m 及以上的部位应计算全面积；结构净高在 1.20m 及以上至 2.10m 以下的部位应计算 1/2 面积；结构净高在 1.20m 以下的部位不应计算建筑面积。

（4）对于场馆看台下的建筑空间，结构净高在 2.10m 及以上的部位应计算全面积；结构净高在 1.20m 及以上至 2.10m 以下的部位应计算 1/2 面积；结构净高在 1.20m 以下的部位不应计算建筑面积。室内单独设置的有围护设施的悬挑看台，应按看台结构底板水平投影面积计算建筑面积。有顶盖无围护结构的场馆看台应按其顶盖水平投影面积的 1/2 计算面积。有顶盖无围护结构的场馆，如体育场、足球场、网球场、带看台的风雨操场等，如图 4-7 所示。

图　4-7

（5）地下室、半地下室应按其结构外围水平面积计算。结构层高在 2.20m 及以上的，应计算全面积；结构层高在 2.20m 以下的，应计算 1/2 面积。计算建筑面积的范围不包括采光井、外墙防潮层及其保护墙，如图 4-8 所示。

（6）建筑物出入口外墙外侧坡道有顶盖的部位，应按其外墙结构外围水平面积的 1/2 计算面积。

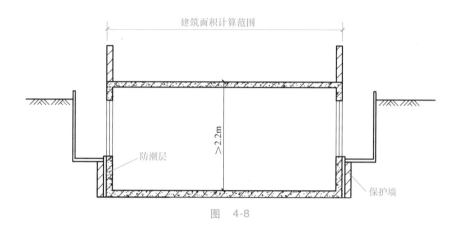

图　4-8

（7）建筑物架空层及坡地建筑物吊脚架空层，应按其顶板水平投影计算建筑面积。结构层高在2.20m及以上的，应计算全面积；结构层高在2.20m以下的，应计算1/2面积。

（8）建筑物的门厅、大厅应按一层计算建筑面积，门厅、大厅内设置的走廊应按走廊结构底板水平投影面积计算建筑面积。结构层高在2.20m及以上的，应计算全面积；结构层高在2.20m以下的，应计算1/2面积。

（9）对于建筑物间的架空走廊，有顶盖和围护结构的，应按其围护结构外围水平面积计算全面积；无围护结构、有围护设施的，应按其结构底板水平投影面积计算1/2面积。

（10）立体书库、立体仓库、立体车库，有围护结构的，应按其围护结构外围水平面积计算建筑面积；无围护结构、有围护设施的，应按其结构底板水平投影面积计算建筑面积。无结构层的应按一层计算，有结构层的应按其结构层面积分别计算。结构层高在2.20m及以上的，应计算全面积；结构层高在2.20m以下的，应计算1/2面积。

（11）有围护结构的舞台灯光控制室，应按其围护结构外围水平面积计算。结构层高在2.20m及以上的，应计算全面积；结构层高在2.20m以下的，应计算1/2面积。

（12）附属在建筑物外墙的落地橱窗，应按其围护结构外围水平面积计算。结构层高在2.20m及以上的，应计算全面积；结构层高在2.20m以下的，应计算1/2面积。

注：落地橱窗是指在商业建筑临街面设置的下槛落地、可落在室外地坪也可落在室内首层地板，用来展览各种样品的玻璃窗。

（13）窗台与室内楼地面高差在0.45m以下且结构净高在2.10m及以上的凸（飘）窗，应按其围护结构外围水平面积计算1/2面积。

（14）有围护设施的室外走廊（挑廊），应按其结构底板水平投影面积计算1/2面积；有围护设施（或柱）的檐廊，应按其围护设施（或柱）外围水平面积计算1/2面积。

（15）门斗应按其围护结构外围水平面积计算建筑面积，且结构层高在2.20m及以上的，应计算全面积；结构层高在2.20m以下的，应计算1/2面积。

（16）门廊应按其顶板的水平投影面积的1/2计算建筑面积；有柱雨篷应按其结构板水平投影面积的1/2计算建筑面积；无柱雨篷的结构外边线至外墙结构外边线的宽度在2.10m及以上的，应按雨篷结构板的水平投影面积的1/2计算建筑面积。

（17）设在建筑物顶部的、有围护结构的楼梯间、水箱间、电梯机房等，结构层高在2.20m及以上的应计算全面积；结构层高在2.20m以下的，应计算1/2面积。

（18）围护结构不垂直于水平面的楼层，应按其底板面的外墙外围水平面积计算。结构净高在 2.10m 及以上的部位，应计算全面积；结构净高在 1.20m 及以上至 2.10m 以下的部位，应计算 1/2 面积；结构净高在 1.20m 以下的部位，不应计算建筑面积。

（19）建筑物的室内楼梯、电梯井、提物井、管道井、通风排气竖井、烟道，应并入建筑物的自然层计算建筑面积。有顶盖的采光井应按一层计算面积，且结构净高在 2.10m 及以上的，应计算全面积；结构净高在 2.10m 以下的，应计算 1/2 面积。

（20）室外楼梯应并入所依附建筑物自然层，并应按其水平投影面积的 1/2 计算建筑面积。层数为室外楼梯所依附的楼层数，即梯段部分投影到建筑物范围的层数。利用室外楼梯下部的建筑空间不得重复计算建筑面积；利用地势砌筑的为室外踏步，不计算建筑面积。

（21）在主体结构内的阳台，应按其结构外围水平面积计算全面积；在主体结构外的阳台，应按其结构底板水平投影面积计算 1/2 面积。建筑物的阳台，不论其形式如何，均以建筑物主体结构为界分别计算建筑面积。

（22）有顶盖无围护结构的车棚、货棚、站台、加油站、收费站等，应按其顶盖水平投影面积的 1/2 计算建筑面积。

（23）以幕墙作为围护结构的建筑物，应按幕墙外边线计算建筑面积。

（24）建筑物的外墙外保温层，应按其保温材料的水平截面积计算，并计入自然层建筑面积。

建筑物外墙外侧有保温隔热层的，保温隔热层以保温材料的净厚度乘以外墙结构外边线长度按建筑物的自然层计算建筑面积，其外墙外边线长度不扣除门窗和建筑物外已计算建筑面积构件（如阳台、室外走廊、门斗、落地橱窗等部件）所占长度。当建筑物外已计算建筑面积的构件（如阳台、室外走廊、门斗、落地橱窗等部件）有保温隔热层时，其保温隔热层也不再计算建筑面积。外墙是斜面的按楼面楼板处的外墙外边线长度乘以保温材料的净厚度计算。外墙外保温以沿高度方向满铺为准，某层外墙外保温铺设高度未达到全部高度时（不包括阳台、室外走廊、门斗、落地橱窗、雨篷、飘窗等），不计算建筑面积。保温隔热层的建筑面积是以保温隔热材料的厚度来计算的，不包含抹灰层、防潮层、保护层（墙）的厚度。建筑外墙外保温如图 4-9 所示。

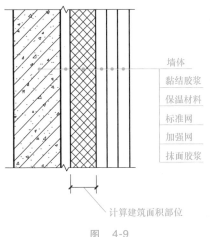

墙体
黏结胶浆
保温材料
标准网
加强网
抹面胶浆

计算建筑面积部位

图　4-9

（25）与室内相通的变形缝，应按其自然层合并在建筑物建筑面积内计算。对于高低联跨的建筑物，当高低跨内部连通时，其变形缝应计算在低跨面积内。这里所指的是与室内相通的变形缝，在建筑物内可以看见。

（26）对于建筑物内的设备层、管道层、避难层等有结构层的楼层，结构层高在 2.20m 及以上的，应计算全面积；结构层高在 2.20m 以下的，应计算 1/2 面积。

（27）下列项目不应计算建筑面积：

1）与建筑物内不相连通的建筑部件，这里指的是依附于建筑物外墙外不与户室开门连通，起装饰作用的敞开式挑台（廊）、平台，以及不与阳台相通的空调室外机搁板（箱）等设备平台部件。

2）骑楼、过街楼底层的开放公共空间和建筑物通道。

3）舞台及后台悬挂幕布和布景的天桥、挑台等，这里指的是影剧院的舞台及为舞台服务的可供上人维修、悬挂幕布、布置灯光及布景等搭设的天桥和挑台等构件设施。

4）露台、露天游泳池、花架、屋顶的水箱及装饰性结构构件。

5）建筑物内的操作平台、上料平台、安装箱和罐体的平台，建筑物内不构成结构层的操作平台、上料平台（包括工业厂房、搅拌站和料仓等建筑中的设备操作控制平台、上料平台等），其主要作用为室内构筑物或设备服务的独立上人设施，不计算建筑面积。

6）勒脚、附墙柱（非结构性装饰柱）、垛、台阶、墙面抹灰、装饰面、镶贴块料面层、装饰性幕墙，主体结构外的空调室外机搁板（箱）、构件、配件，挑出宽度在2.10m以下的无柱雨篷和顶盖高度达到或超过两个楼层的无柱雨篷。

7）窗台与室内地面高差在0.45m以下且结构净高在2.10m以下的凸（飘）窗，窗台与室内地面高差在0.45m及以上的凸（飘）窗。

8）室外爬梯、室外专用消防钢楼梯。室外钢楼梯需要区分具体用途，如专用于消防楼梯，则不计算建筑面积，如果是建筑物唯一通道，兼用于消防，应并入所依附建筑物自然层，并应按其水平投影面积的1/2计算建筑面积。

9）无围护结构的观光电梯。

10）建筑物以外的地下人防通道，独立的烟囱、烟道、地沟、油（水）罐、气柜、水塔、贮油（水）池、贮仓、栈桥等构筑物。

（四）本规范用词说明

（1）为便于在执行本规范条文时区别对待，对要求严格程度不同的用词说明如下：

1）表示很严格，非这样做不可的：正面词采用"必须"，反面词采用"严禁"。

2）表示严格，在正常情况下均应这样做的：正面词采用"应"，反面词采用"不应"或"不得"。

3）表示允许稍有选择，在条件许可时首先应这样做的：正面词采用"宜"，反面词采用"不宜"。

4）表示有选择，在一定条件下可以这样做的用词，采用"可"。

（2）条文中指明应按其他有关标准执行的写法为"应符合……的规定"或"应按……执行"。

任务2　计算建筑面积

建筑面积的　建筑面积的
计算（一）　计算（二）

[例4-1]　如图4-10所示，计算单层建筑物的建筑面积。

解： $$S_{建} = (3.0m×3+0.24m)×(5.4m+0.24m) = 52.11m^2$$

[例4-2]　某住宅楼共五层，其上部设计为坡屋顶并加以利用，如图4-11所示，试计算阁楼的建筑面积。

分析：该建筑物阁楼（坡屋顶）净高超过2.10m的部位计算全面积；净高在1.20m至2.10m的部位应计算1/2面积，计算时关键是找出室内净高1.20m与2.10m的分界线。

解：阁楼房间内部净高为 2.1 处距轴线的距离为：

$$(2.1m-1.6m)\times2+0.12m=1.12m$$

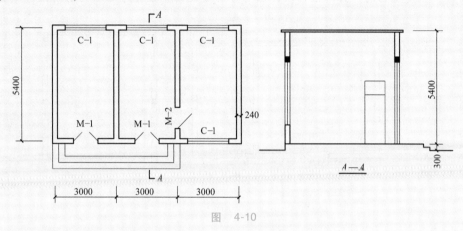

图 4-10

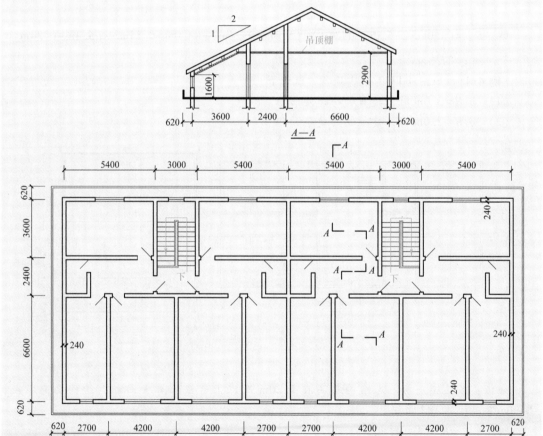

图 4-11

$$S_{建}=\big[(2.7m+4.2m)\times4+0.24m\big]\times(1.12m+0.12m)\times1/2+\big[(2.7m+4.2m)\times4+0.24m\big]$$
$$\times(6.6m+2.4m+3.6m-1.12m+0.12m)=340.20m^2$$

[例4-3]　建筑物如图4-12所示，计算其建筑面积。

分析：该建筑物局部为二层，故二层部分的建筑面积按其外围结构水平面积计算。

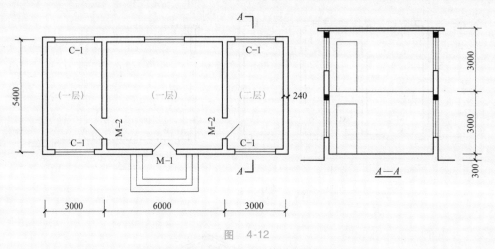

图　4-12

解：$S_建 = (3.0m\times2+6.0m+0.24m)\times(5.4m+0.24m)+(3.0m+0.24m)\times(5.4m+0.24m)$

$\quad\quad = 87.31m^2$

[例4-4]　如图4-13所示建筑物，试计算：

（1）当 $H=3.0m$ 时，建筑物的建筑面积。

（2）当 $H=2.0m$ 时，建筑物的建筑面积。

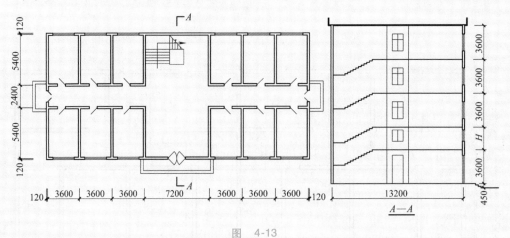

图　4-13

分析：多层建筑物，当结构层高在2.20m及以上者应计算全面积；结构层高不足2.20m者应计算1/2面积。

解：（1）$H=3.0m$ 时：

$S_建 = (3.6m\times6+7.2m+0.24m)\times(5.4m\times2+2.4m+0.24m)\times5 = 1951.49m^2$

（2）$H=2.0m$ 时：

$S_建 = (3.6m\times6+7.2m+0.24m)\times(5.4m\times2+2.4m+0.24m)\times(4+0.5) = 1756.34m^2$

[例4-5]　计算全地下室的建筑面积，出入口处有永久性的顶盖，平面图如图4-14所示。

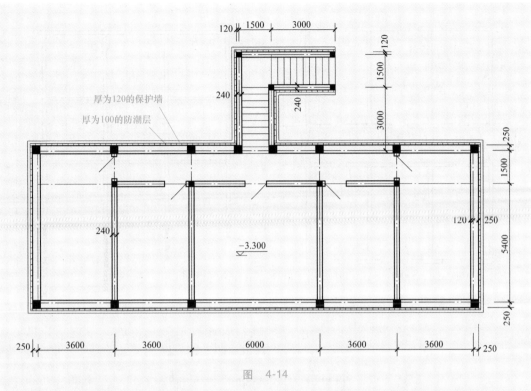

图　4-14

解: (1) 地下室主体部分:

$$S_\text{主} = (3.6\text{m}\times4+6.0\text{m}+0.25\text{m}\times2)\times(5.4\text{m}+1.5\text{m}+0.25\text{m}\times2) = 154.66\text{m}^2$$

(2) 地下室出入口部分:

$$S_\text{入} = (1.5\text{m}+0.12\text{m}\times2)\times(3.0\text{m}-0.25\text{m}+1.5\text{m}+0.12\text{m})+(3.0\text{m}-0.12\text{m})\times(1.5\text{m}+0.12\text{m}\times2)$$
$$= 12.62\text{m}^2$$

(3) 地下室建筑面积:

$$S_\text{建} = 154.66\text{m}^2+12.62\text{m}^2 = 167.28\text{m}^2$$

[例 4-6] 如图 4-15 所示,某建筑物坐落在坡地上,设计为深基础,并加以利用,计算其建筑面积。

分析:坡地建筑物深基础的架空层,设计加以利用并有围护结构的,结构层高在 2.20m 及以上的部位应计算全面积;结构层高不足 2.20m 的部位应计算 1/2 面积。

解: (1) 一至三层建筑面积:

$$S_{1\text{-}3} = (4.2\text{m}+3.9\text{m}+3.6\text{m}+0.24\text{m})\times(6.0\text{m}\times2+2.4\text{m}+0.24\text{m})\times3 = 524.40\text{m}^2$$

(2) 地下室建筑面积:

$$S_\text{地下室} = (3.6\text{m}+0.24\text{m})\times(6.0\text{m}\times2+2.4\text{m}+0.24\text{m})+3.9\text{m}\times(6.0\text{m}\times2+2.4\text{m}+0.24\text{m})\times1/2$$
$$= 84.77\text{m}^2$$

(3) 建筑物总建筑面积:

$$S_\text{建} = 524.40\text{m}^2+84.77\text{m}^2 = 609.17\text{m}^2$$

[例 4-7] 如图 4-16 所示,计算建筑物的建筑面积。

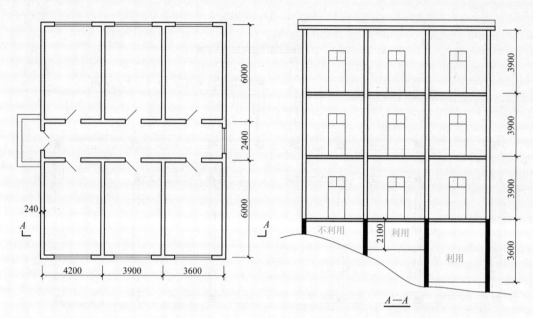

A—A

图 4-15

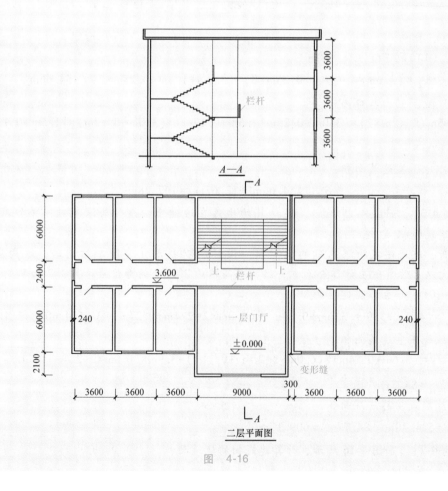

二层平面图

图 4-16

分析：建筑物的门厅按一层计算建筑面积，建筑物内的变形缝，应按其自然层合并在建筑物面积内计算。

解：$S_{建} = (3.6m \times 6 + 9.0m + 0.3m + 0.24m) \times (6.0m \times 2 + 2.4m + 0.24m) \times 3 + (9.0m + 0.24m) \times 2.1m \times 2 - (9.0m - 0.24m) \times 6.0m = 1353.92m^2$

[例4-8]　如图4-17所示，架空走廊一层为通道，三层无顶盖，计算该架空走廊的建筑面积。

分析：此建筑物的架空走廊，二层有永久性顶盖但无围护结构故应按其结构底板水平面积的1/2计算；一层为建筑物通道、三层无围护性顶盖故不计算建筑面积。

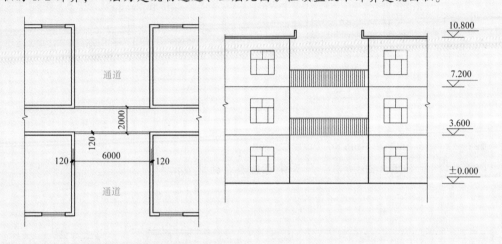

图　4-17

解：$S_{建} = (6.0m - 0.24m) \times 2.0m \times 1/2 = 5.76m^2$

[例4-9]　如图4-18所示，求某图书馆的建筑面积。

分析：该图书馆共分三层，每层又增加了一个结构层，层高在2.2m以上计算全面积，层高不足2.2m的应计算1/2面积。

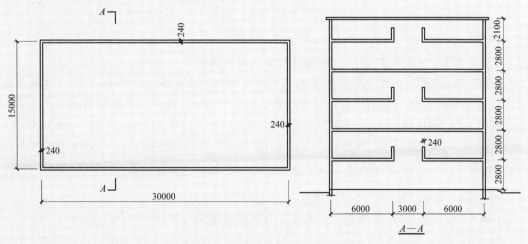

图　4-18

解： $S_建=(30.0m+0.24m)×(15.0m+0.24m)×3+(6.0m+0.24m)×(30.0m+0.24m)×4$

$+(6.0m+0.24m)×(30.0m+0.24m)×2×0.5=2326.06m^2$

[例 4-10] 如图 4-19 所示，计算建筑物门斗的建筑面积。

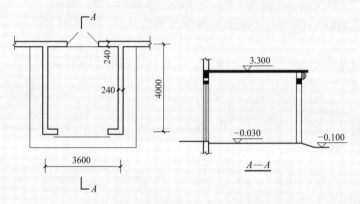

图 4-19

解： $S_建=(3.6m+0.24m)×4.0m=15.36m^2$

[例 4-11] 如图 4-20 所示，计算体育馆看台的建筑面积。

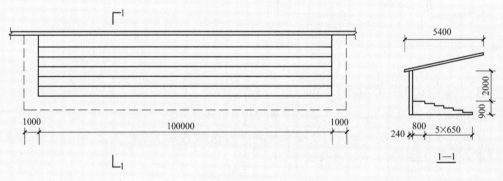

图 4-20

解： $S_建=5.40m×(100.0m+1.0m×2)×1/2=275.4m^2$

[例 4-12] 如图 4-21 所示，计算建筑物的建筑面积。

分析：（1）建筑物顶部电梯机房层高不足 2.20m，应计算 1/2 面积。（2）建筑物雨篷宽度结构的外边线至外墙结构外边线的宽度小于 2.10m，故不计算建筑面积。

解： $S_建=(3.9m×6+6.0m+0.24m)×(6.0m×2+2.4m+0.24m)×3+(2.7m+0.20m)×$

$(2.7m+0.20m)×1/2=1305.99m^2$

[例 4-13] 如图 4-22 所示，计算建筑物入口处雨篷的建筑面积。

解： $S_建=2.3m×4.0m×1/2=4.6m^2$

[例 4-14] 如图 4-23 所示，计算建筑物阳台的建筑面积。

解： $S_建=(3.30m-0.24m)×1.5m+1.2×(3.6m+0.24m)×1/2=6.89m^2$

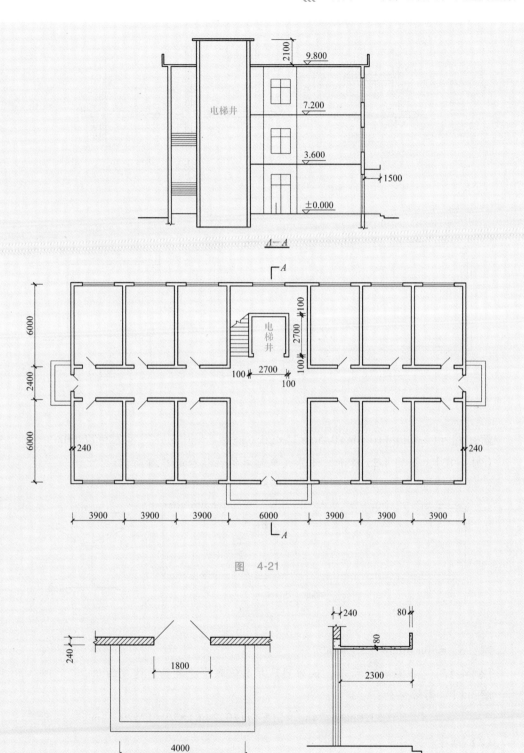

图 4-21

图 4-22

[例4-15] 如图 4-24 所示，计算自行车车棚的建筑面积。

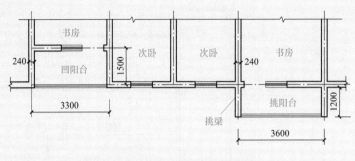

图 4-23

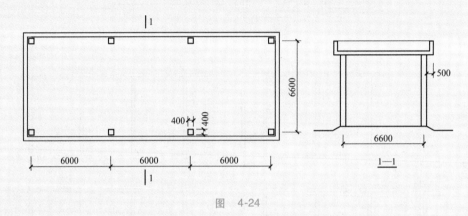

图 4-24

解：$S_{建}=(6.0\text{m}\times3+0.4\text{m}+0.5\text{m}\times2)\times(6.6\text{m}+0.4\text{m}+0.5\text{m}\times2)\times1/2=77.60\text{m}^2$

[例 4-16] 如图 4-25 所示，计算火车站单排柱站台的建筑面积。

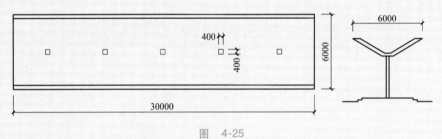

图 4-25

解：$S_{建}=30\text{m}\times6\text{m}\times1/2=90\text{m}^2$

[例 4-17] 如图 4-26 所示，试分别计算高低联跨建筑物的建筑面积。

解：（1）高跨部分：

$$S_{高跨}=(63.0\text{m}+0.24\text{m})\times(15.0\text{m}+0.24\text{m})\times13=12529.11\text{m}^2$$

（2）低跨部分：

$$S_{低跨}=(24.0\text{m}+0.6\text{m})\times(63.0\text{m}+0.24\text{m})\times3=4667.11\text{m}^2$$

（3）建筑面积：

$$S_{建}=12529.11\text{m}^2+4667.11\text{m}^2=17196.22\text{m}^2$$

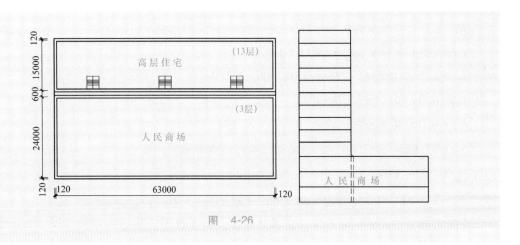

图 4-26

任务3　计算相关基数

在工程量计算过程中，有些数据要反复使用多次，我们把这些数据称为基数。如外墙中心线（$L_{中}$），在计算基础、墙体、圈梁等部位工程量时要用多次；又如房心净面积（$S_{房}$），在计算楼地面工程量和顶棚工程量时要用多次。基数计算准确与否直接关系到编制预算的质量和速度，因此，计算基数时要尽量通过多种方法计算，以保证基数的准确性。

一、基数的含义

$L_{中}$——建筑平面图中设计外墙中心线的总长度。

$L_{外}$——建筑平面图中设计外墙外边线的总长度。

$L_{内}$——建筑平面图中设计内墙净长线长度。

$L_{净}$——建筑基础平面图中内墙混凝土基础或垫层净长度。

$S_{底}$——建筑物底层建筑面积。

$S_{房}$——建筑平面图中的房心净面积。

基数的计算

二、一般线面基数的计算

[例4-18]　如图4-27所示单层建筑物平面图，计算它的各种基数。

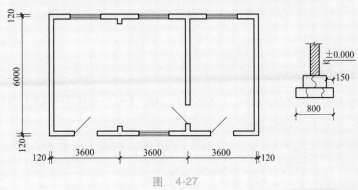

图 4-27

解： $L_{外}=(3.6\text{m}\times3+0.24\text{m}+6.0\text{m}+0.24\text{m})\times2=34.56\text{m}$

$L_{中}=(3.6\text{m}\times3+6.0\text{m})\times2=33.60\text{m}$

或 $L_{中}=L_{外}-4\times墙厚=34.56\text{m}-4\times0.24\text{m}=33.60\text{m}$

$L_{内}=6.0\text{m}-0.24\text{m}=5.76\text{m}$

$L_{净}=6.0\text{m}-0.80\text{m}=5.20\text{m}$

$S_{底}=(3.6\text{m}\times3+0.24\text{m})\times(6.0\text{m}+0.24\text{m})=68.89\text{m}^2$

$S_{房}=(3.6\text{m}\times3-0.24\text{m}\times2)\times(6.0\text{m}-0.24\text{m})=59.44\text{m}^2$

或 $S_{房}=S_{底}-(L_{中}+L_{内})\times墙厚=68.89\text{m}^2-(33.60\text{m}+5.76\text{m})\times0.24\text{m}=59.44\text{m}^2$

[**例4-19**] 如图4-28所示，某二层别墅，阳台位于主体结构外侧，内、外墙厚度为240mm，计算二层别墅建筑面积和首层的 $L_{中}$、$L_{外}$、$L_{内}$ 等基数。

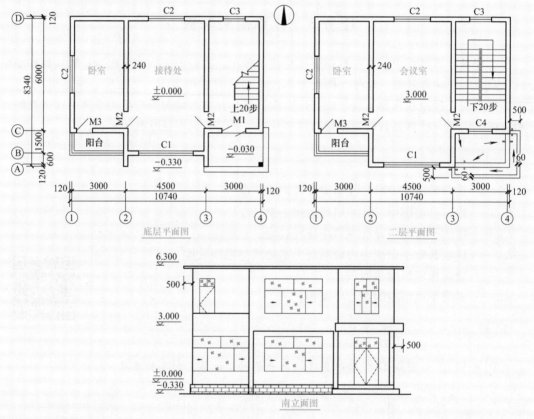

图 4-28

解：（1）计算建筑面积：

底层建筑面积：$S_{底}=(6.0\text{m}+0.24\text{m})\times10.74\text{m}+(4.5\text{m}+0.24\text{m})\times1.5\text{m}+3.0\text{m}\times1.5\text{m}\times1/2=76.38\text{m}^2$

二层建筑面积：$S_{二层}=(6.0\text{m}+0.24\text{m})\times10.74\text{m}+(4.5\text{m}+0.24\text{m})\times(1.5\text{m}+0.6\text{m})+3.0\text{m}\times1.5\text{m}\times1/2=79.22\text{m}^2$

雨篷建筑面积：$S_{雨篷} = (3.0m+0.5m) \times (1.5m+0.6m+0.5m) \times 1/2 + (0.5m \times 0.06m) \times 2 \times$

$\qquad 1/2 = 4.58m^2$

二层别墅建筑面积合计：$S_{建} = 76.38m^2 + 79.22m^2 + 4.58m^2 = 160.18m^2$

（2）计算基数

$L_{中} = (3.0m+4.5m+3.0m+0.6m+1.5m+6.0m) \times 2 = 37.20m$

$L_{外} = (10.74m+8.34m) \times 2 = 38.16m$

或 $\quad L_{外} = L_{中} + 4 \times 墙厚 = 37.20m + 4 \times 0.24m = 38.16m$

$L_{内} = (6.0m - 0.24m) \times 2 = 11.52m$

三、扩展基数的计算

建筑物某些部分的工程量不能直接利用基数计算，但它与基数之间存在着必然联系，可以利用扩展基数计算。

[例4-20] 如图4-29所示单层建筑物，计算：

（1）一般线面基数（$L_{中}$、$L_{外}$、$L_{内}$、$S_{底}$、$S_{房}$）。

（2）先计算扩展基数女儿墙中心线长度（可利用 $L_{外}$），然后计算女儿墙工程量。

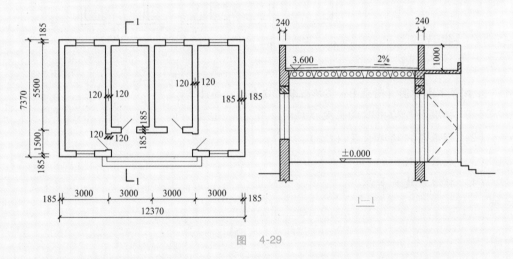

图 4-29

解：（1）一般线面基数：

$L_{外} = (12.37m+7.37m+1.5m) \times 2 = 42.48m$

$L_{中} = (1.5m+5.5m+3.0m \times 4+1.5m) \times 2 = 41.00m$

或 $\quad L_{中} = L_{外} - 4 \times 墙厚 = 42.48m - 4 \times 0.37m = 41.00m$

$L_{内} = (5.5m - 0.37m) \times 3 = 15.39m$

$S_{房} = [(3.0m-0.185m-0.12m) \times (7.37m-0.37m \times 2) + (5.5m-0.37m) \times (3.0m-0.24m)] \times 2$

$\qquad = 64.05m^2$

$S_{底} = 12.37m \times 7.37m - (3.0m \times 2 - 0.24m) \times 1.5m \times 1/2 = 86.85m^2$

说明：建筑面积计算规定，有永久性顶盖无围护结构的檐廊，应按其结构底部水平面积的1/2计算建筑面积。

（2）扩展基数：

女儿墙中心线长度=$L_外$-4×墙厚=42.48m-4×0.24m=41.52m

女儿墙的工程量：41.52m×0.24m×1.0m=9.96m³

说明：砌筑工程计算规则规定，女儿墙砌筑工程量按图示尺寸以m³计算。

1. 单层建筑物和多层建筑物建筑面积如何计算？

2. 建筑物平面图如图4-30所示，计算$L_中$、$L_外$、$L_内$、$S_底$、$S_房$等基数。

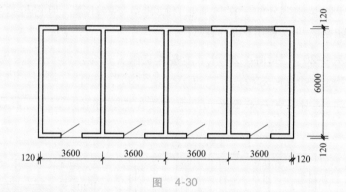

图 4-30

3. 阅读本书附图（附录B）某单位职工宿舍楼，并计算：

（1）标准层外墙中心线长度（$L_中$）。

（2）标准层内墙净长度（$L_内$）。

（3）底层建筑面积。

（4）标准层建筑面积。

工匠驿站：

蒯祥，明代著名建筑师，曾参加或主持多项重大的皇室工程，如故宫前三殿、长陵、献陵、北京西苑殿宇等。不过最著名且最具有国际影响力的，当属天安门城楼。对于蒯祥的建筑造诣，当时就有极高评价，同行叹其技艺如鬼斧神工。天安门以其完美的造型，获得至高无上的荣誉，并为全世界所熟悉。蒯祥设计的天安门是我们华夏之宝、民族之光。

蒯祥以其纯熟的技术完成一座座建筑瑰宝，这是值得我们去铭记去传承的一种专业精神、工匠精神。

项目5

分部分项工程计量与计价

学习目标

熟悉各分部分项工程定额说明。

掌握各分部分项工程计算规则。

学会计算各分部分项工程的工程量及费用。

任务1　计算土石方工程

沟槽土方量的计算

一、人工土石方

（1）干土、湿土、淤泥和冻土的划分。

1）干土、湿土的划分，以地质勘测资料的地下常水位为准。地下常水位以上为干土，以下为湿土。地表水排出后，土壤含水率≥25%时为湿土。

2）淤泥，含水率超过液限，土和水的混合物呈现流动状态。

3）冻土，温度在0℃及以下，并夹含有冰的土壤为冻土。《山东省建筑工程消耗量定额》（以下简称本定额）中的冻土，指短时冻土和季节冻土。

（2）土方子目按干土编制。人工挖、运湿土时，相应子目人工乘以系数1.18。机械挖、运湿土时，相应子目人工、机械乘以系数1.15。采取降水措施后，人工挖、运土相应子目人工乘以系数1.09，机械挖、运土不再乘系数。

（3）土石方开挖、运输，均按开挖前的天然密实体积计算。土方回填，按回填后的竣工体积计算。不同状态的土方体积，按表5-1换算。

表 5-1　土石方体积换算系数表

名称	虚方	松填	天然密实	夯填
土方	1.00	0.83	0.77	0.67
	1.20	1.00	0.92	0.80
	1.30	1.08	1.00	0.87
	1.50	1.25	1.15	1.00
石方	1.00	0.85	0.65	—
	1.18	1.00	0.76	—
	1.54	1.31	1.00	—
块石	1.75	1.43	1.00	（码方）1.67
砂夹石	1.07	0.94	1.00	—

（4）沟槽、地坑、一般土石方的划分：

1）沟槽，底宽（设计图示垫层或基础的底宽，下同）≤3m，且底长>3倍底宽为沟槽。如宽1m，长为5m为沟槽。

2）地坑，坑底面积≤20m²，且底长≤3倍底宽为地坑。如长4m，宽3m为坑。

3）一般土石方，超出上述范围，又非平整场地的，为一般土石方。如宽4m，长6m为土石方。

（5）基础施工的工作面。

1）工作面宽度构成基础的各个台阶（各种材料），均应满足其各自工作面宽度的要求，各个台阶的单边工作面宽度，均指在台阶底坪高程上台阶外边线至土方边坡之间的水平宽度，如图5-1a中所示 c_1、c_2、c_3。

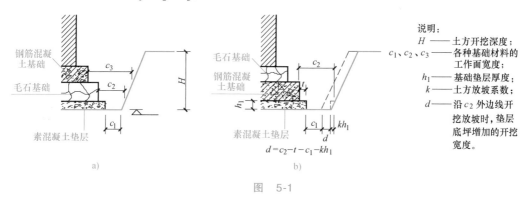

图　5-1

基础工作面宽度，是指基础的各个台阶（各种材料）要求的工作面宽度的最大者，也就是开挖边线（如图5-1中所示的绿线）满足各个台阶工作面的要求。例如，图5-1b中的虚线虽然满足了垫层工作面 c_1 的要求，但是不满足（按规定放坡）基础工作面 c_2 的要求，所以不能沿虚线开挖放坡，应该沿 c_2 的外边线放坡。

在考察基础上一个台阶的工作面时，要考虑由于下一个台阶的厚度所带来的土方放坡宽度，如图5-1b中所示 kh_1。

土方的每一边坡（含直坡），均应为连续坡，边坡上不能出现错台，如图5-2所示。

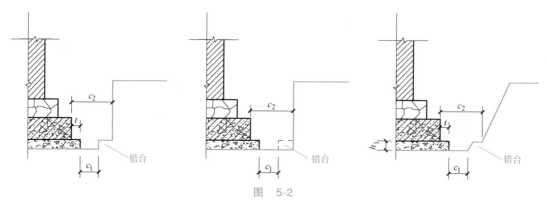

图　5-2

2）基础工作面宽度规定：基础施工的工作面宽度，按设计规定计算；设计无规定时，按批准的施工组织设计规定计算；设计、施工组织设计均无规定时，自基础（含垫层）外沿向外计算，基础材料不同或做法不同时，其工作面宽度按表5-2计算。

表5-2　基础施工单面工作面宽度计算表

基础材料	单面工作面宽度/mm
砖基础	200
毛石、方整石基础	250
混凝土基础（支模板）	400
混凝土基础垫层（支模板）	150
基础垂直面做砂浆防潮层	400（自防潮层外表面）
基础垂直面做防水层或防腐层	1000（自防水、防腐层外表面）
支挡土板	100（自上述宽度外另加）

（6）基础土石方的开挖深度，按基础（含垫层）底标高至设计室外地坪之间的高度计算，如图5-3中所示 H。交付施工场地标高与设计室外地坪不同时，应按交付施工场地标高计算。岩石爆破时，基础石方的开挖深度，还应包括岩石爆破的允许超挖深度。

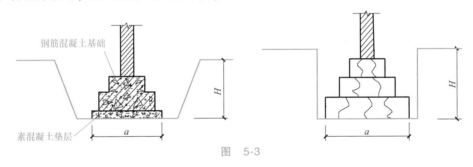

图　5-3

（7）基础土方放坡。

1）土方放坡的起点深度和放坡坡度，设计、施工组织设计无规定时，按表5-3计算。

表5-3　土方放坡起点深度和放坡坡度表

土壤类别	起点深度，大于/m	放坡坡度			
		人工挖土	机械挖土		
			基坑内作业	基坑上作业	槽坑上作业
普通土	1.20	1:0.50	1:0.33	1:0.75	1:0.50
坚土	1.70	1:0.30	1:0.20	1:0.50	1:0.30

注：机械挖沟槽以槽上退挖方式施工时，按基坑内作业放坡。

2）基础土方放坡，自基础（含垫层）底标高算起。如图5-1、图5-3所示开挖绿线的下部转角处。

3）混合土质的基础土方，其放坡的起点深度和放坡系数，按不同土类厚度加权平均计算，如图5-4所示。

混合土放坡起点深度计算公式：$h_0 = (1.2h_1 + 1.7h_2) \div h$

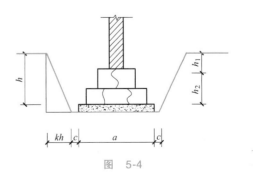

图　5-4

经计算，如果放坡起点深度 h_0<挖土总深度（h），那么需要放坡开挖，则计算综合放坡系数 k，否则不必计算 k。

综合放坡系数计算公式：　　　　$k = (k_1 h_1 + k_2 h_2) \div h$

式中　h_0——混合土放坡起点深度；

　　　k——综合放坡系数；

　　　k_1——普通土放坡系数；

　　　k_2——坚土放坡系数；

　　　h_1——普通土厚度；

　　　h_2——坚土厚度；

　　　h——挖土总深度。

4）计算基础土方放坡时，不扣除放坡交叉处的重复工程量。

5）基础土方支挡土板时，土方放坡不另计算。

6）土方开挖实际未放坡或实际放坡小于相应规定时，仍应按规定的放坡系数计算土方工程量。

（8）挖沟槽。沟槽土石方，按设计图示沟槽长度乘以沟槽断面面积，以体积计算。

沟槽土方工程量 = 沟槽断面面积 $S_断$ × 长度 L

1）L：外墙条形基础沟槽，按外墙中心线长度（$L_中$）计算；内墙条形基础沟槽，按内墙条形基础的垫层（基础底坪）净长度（$L_净$）计算；框架间墙条形基础沟槽，按框架间墙条形基础的垫层（基础底坪）净长度（$L_净$）计算；凸出墙面的墙垛的沟槽，按墙垛凸出墙面的中心线长度，并入相应工程量内计算。

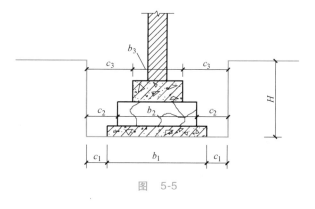

图　5-5

2）$S_断$：沟槽断面面积，包括工作面、土方放坡或石方允许超挖量的面积。沟槽不放坡，直立开挖断面如图 5-5 所示。

$$S_断 = BH$$

式中　$S_断$——沟槽断面面积；

　　　B——沟槽开挖宽度 $\max(b_1 + 2c_1; b_2 + 2c_2; b_3 + 2c_3)$；

　　　H——挖土总深度。

（9）挖土石方（不属沟槽、地坑）、基坑。地坑土石方，按设计图示基础（含垫层）尺寸，另加工作面宽度、土方放坡宽度或石方允许超挖量乘以开挖深度，以体积计算。

不放坡，地坑直立开挖的断面图和立体图，如图 5-6 所示。

$$V = ABH$$

式中　V——地坑挖土体积；

　　　A——$\max(a_1 + 2c_1; a_2 + 2c_2; a_3 + 2c_3)$；

　　　B——$\max(b_1 + 2c_1; b_2 + 2c_2; b_3 + 2c_3)$；

　　　H——挖土总深度。

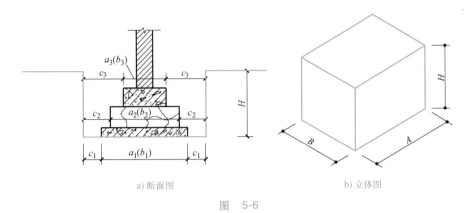

a) 断面图   b) 立体图

图 5-6

（10）计算工程量时，其准确度取值：m^3、m^2、m 取小数点后两位；t 取小数点后三位；kg、件取整数。

[**例 5-1**] 如图 5-7 所示，某工程地下常水位为 $-2.5m$，土质为坚土。试计算人工挖沟槽和地坑土方工程量及费用。

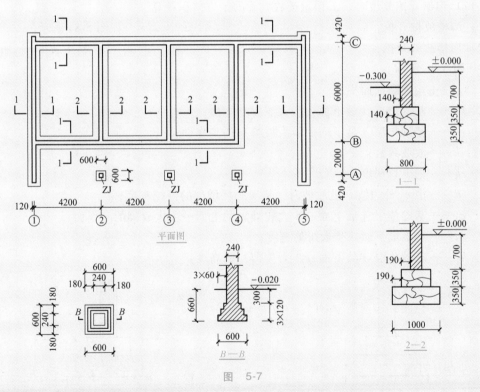

图 5-7

说明：本书所套价目表均采用 2017 年《山东省建筑工程价目表》中增值税（一般计税）费用。

解：（1）计算基数。

$L_{中}=4.2m×4+（6.0m+2.0m+0.42m）×2+4.2m×3=46.24m$

$L_{净}=（6.0m-0.8m）×3=15.60m$

（2）条基挖土（毛石）。

挖土深度　$H = 0.7\text{m} + 0.35\text{m} \times 2 - 0.3\text{m} = 1.10\text{m} < 1.7\text{m}$，不放坡。

查表5-2知，毛石基础的工作面宽度为0.25m。

$$V_{\text{条}} = [46.24\text{m} + (0.42\text{m} - 0.12\text{m}) \times 2] \times (0.8\text{m} + 0.25\text{m} \times 2) \times 1.10\text{m} + 15.60\text{m} \times$$
$$(1.0\text{m} + 0.25\text{m} \times 2) \times 1.10\text{m} = 92.72\text{m}^3$$

人工挖沟槽土方　槽深≤2m　坚土　套1-2-8　单价=672.60元/10m³

费用：92.72m³×672.60元/10m³=6236.35元

（3）柱基挖土（砖基）。

挖土深度　$H = 0.66\text{m} + 0.02\text{m} - 0.30\text{m} = 0.38\text{m} < 1.7\text{m}$，不放坡。

查表5-2知，砖基础的工作面宽度为0.20m。

$$V_{\text{柱}} = (0.60\text{m} + 0.20\text{m} \times 2)^2 \times 0.38\text{m} \times 3 = 1.14\text{m}^3$$

人工挖地坑土方　坑深≤2m　坚土　套1-2-13　单价=714.40元/10m³

费用：1.14m³×714.40元/10m³=81.44元

（11）沟槽开挖放坡时，工程量按放坡后的土方体积计算。

1）沟槽放坡开挖，$(t + c_1 + kh_1) \geqslant c_2$ 时，$S_{\text{断}} = (b_1 + 2c_1 + kh)h$，如图5-8a所示。

2）沟槽放坡开挖，$(t + c_1 + kh_1) < c_2$ 时，$S_{\text{断}} = (b_1 + 2c_1 + 2d + kh)h$，其中，$d = c_2 - t - c_1 - kh_1$，如图5-8b所示。

式中　$S_{\text{断}}$——沟槽断面面积；

　　　b_1——基础垫层（最下面一步大放脚）宽度；

　　　c_1——基础垫层（最下面一步大放脚）的工作面；

　　　k——放坡系数；

　　　h——挖土总深度；

　　　d——沿c_2外边线开挖放坡时，垫层底坪增加的开挖宽度；

　　　c_2——基础垫层（最下面一步大放脚）的上面一步大放脚的工作面；

　　　t——基础最下面一步台阶的宽度；

　　　h_1——基础垫层（最下面一步大放脚）的高度。

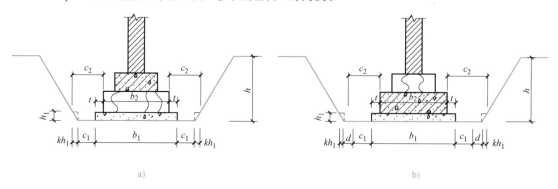

图　5-8

（12）地坑开挖放坡时，工程量按放坡后的土方体积计算。

1）地坑放坡开挖，$(t+c_1+kh_1)\geqslant c_2$ 时，$V=(A+kH)\times(B+kH)H+1/3k^2H^3$，如图 5-9 所示，其中 $A=a_1+2c_1$，$B=b_1+2c_1$。

2）地坑放坡开挖，$(t+c_1+kh_1)<c_2$ 时，$V=(A+kH)\times(B+kH)H+1/3k^2H^3$，如图 5-9 所示，其中 $A=a_1+2c_1+2d$，$B=b_1+2c_1+2d$，$d=c_2-t-c_1-kh_1$。

式中　V——地坑挖土体积；

a_1——基础垫层（最下面一步大放脚）长度；

b_1——基础垫层（最下面一步大放脚）宽度；

c_1——基础垫层（最下面一步大放脚）的工作面；

k——放坡系数；

H——挖土总深度；

d——沿 c_2 外边线开挖放坡时，垫层底坪增加的开挖宽度；

c_2——基础垫层（最下面一步大放脚）的上面一步大放脚的工作面；

t——基础最下面一步台阶的宽度；

h_1——基础垫层（最下面一步大放脚）的高度。

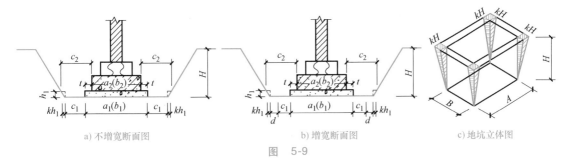

a) 不增宽断面图　　　　b) 增宽断面图　　　　c) 地坑立体图

图　5-9

[例 5-2]　如图 5-10 所示，在下列两种土质情况下，计算建筑物人工挖沟槽的工程量及费用。

（1）土质为普通土；

（2）土质为坚土。

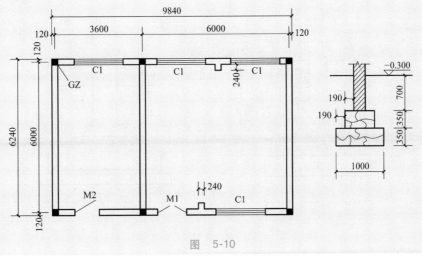

图　5-10

解： （1）土质为普通土。

挖土深度 $H=0.35\mathrm{m}\times2+0.7\mathrm{m}=1.4\mathrm{m}>1.2\mathrm{m}$，放坡。

查表5-2得：毛石基础工作面宽度取0.25m，查表5-3得：放坡系数 k 取0.50。

基数：$L_{中}=(9.84\mathrm{m}+6.24\mathrm{m}-0.24\mathrm{m}\times2)\times2=31.20\mathrm{m}$

$L_{净}=6.0\mathrm{m}-1.0\mathrm{m}=5.0\mathrm{m}$

挖土工程量 $V=(31.20\mathrm{m}+5.0\mathrm{m}+0.24\mathrm{m}\times2)\times(1.0\mathrm{m}+0.25\mathrm{m}\times2+1.40\mathrm{m}\times0.50)\times1.40\mathrm{m}$
$=112.97\mathrm{m}^3$

人工挖沟槽土方　槽深 $\leqslant2\mathrm{m}$　普通土　套1-2-6　单价 $=334.40$ 元/10m^3

费用：$112.97\mathrm{m}^3\times334.40$ 元/10m$^3=3777.72$ 元

（2）土质为坚土。

挖土深度 $H=1.40\mathrm{m}<1.7\mathrm{m}$，不放坡。

挖土工程量 $V=(31.20\mathrm{m}+5.0\mathrm{m}+0.24\mathrm{m}\times2)\times(1.0\mathrm{m}+0.25\mathrm{m}\times2)\times1.40\mathrm{m}=77.03\mathrm{m}^3$

人工挖沟槽土方　槽深 $\leqslant2\mathrm{m}$　坚土　套1-2-8　单价 $=672.60$ 元/10m^3

费用：$77.03\mathrm{m}^3\times672.60$ 元/10m$^3=5181.04$ 元

[例5-3] 某基础工程人工开挖普通土，尺寸如图5-11所示。计算挖土工程量及确

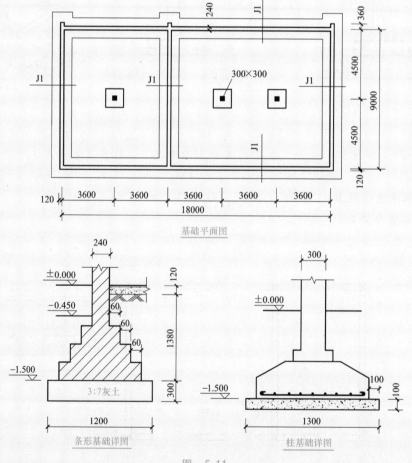

基础平面图

条形基础详图　　柱基础详图

图 5-11

定定额项目。

解：（1）基数。

$L_中 = (18.0m+9.0m) \times 2 = 54.0m$

$L_净 = 9.0m - 1.2m = 7.80m$

（2）条形基础。

挖土深度 $H = 1.5m - 0.45m + 0.3m = 1.35m > 1.2m$，放坡。

查表 5-2 得：砖基础工作面宽度取 0.20m，查表 5-3 得：放坡系数 K 取 0.50。

砖基工作面 $= (1.20m - 0.24m - 0.06m \times 6) \div 2 = 0.3m > 0.2m$，满足要求。

$V_条基 = (1.20m + 1.35m \times 0.5) \times 1.35m \times (54.0m + 0.24m \times 3 + 7.80m) = 158.25m^3$

人工挖沟槽上方 槽深≤2m 普通土 套 1-2-6

（3）柱基础。

挖土深度 $H = 1.5m - 0.45m + 0.10m = 1.15m < 1.2m$，不放坡。

分析：查表 5-2 得，混凝土垫层的工作面宽度为 150mm，混凝土基础的工作面宽度为 400mm，（100mm+150mm）=250mm<400mm。定额规定：基础开挖边线上不允许出现错台。故基础开挖边线为自混凝土基础外边线向外 400mm，放坡起点为垫层底部。

$V_柱 = (1.30m - 0.1m \times 2 + 0.4m \times 2) \times (1.30m - 0.1m \times 2 + 0.4m \times 2) \times 1.15m \times 3 = 12.45m^3$

人工挖地坑土方 坑深≤2m，普通土 套 1-2-11

二、机械土石方

大开挖工程

（1）小型挖掘机，是指斗容量≤0.30m^3 的挖掘机，适用于基础（含垫层）底宽≤1.20m 的沟槽土方工程或底面积≤8m^2 的地坑土方工程。

（2）人工清理修整，是指机械挖土后，对于基底和边坡遗留厚度≤0.30m 的土方，由人工进行的基底清理与边坡修整。机械挖土以及机械挖土后的人工清理修整，按机械挖土相应规则一并计算挖方总量。其中，机械挖土按挖方总量执行相应子目，乘以修整系数（见表 5-4）；人工清理修整，按挖方总量乘以修整系数（见表 5-4）执行规定的定额子目。

表 5-4 机械挖土及人工清理修整系数表

基础类型	机械挖土		人工清理修整	
	执行子目	系数	执行子目	系数
一般土方	相应子目	0.95	1-2-1	0.063
沟槽土方		0.90	1-2-6	0.125
地坑土方		0.85	1-2-11	0.188

注：人工挖土方，不计算人工清底修边。

[**例5-4**] 如图 5-12 所示，某土石方工程采用挖掘机大开挖，边挖边装，土质为普通土，计划自卸汽车运土 2km，人工清底修边，人工装车，挖掘机坑上作业。试计算挖运土工程量及费用。

解：（1）挖土深度 $H = 2.25m - 0.45m + 0.1m = 1.9m > 1.2m$，放坡。

分析：查表 5-3 得，放坡系数为 0.75。查表 5-2 得，混凝土垫层的工作面宽度为 150mm，

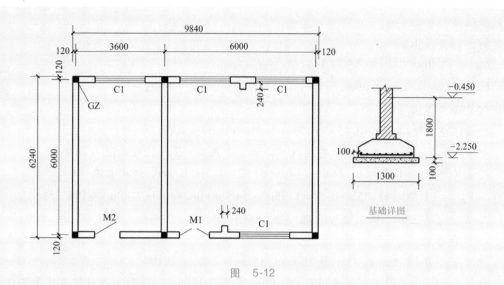

图 5-12

混凝土基础的工作面宽度为 400mm，（100mm+150mm）=250mm<400mm。定额规定：基础开挖边线上不允许出现错台，故基础开挖边线为自混凝土基础外边线向外400mm，放坡起点为垫层底部。

沿混凝土基础外边线向外400mm开挖放坡时，垫层底坪增加的开挖宽度

$$d = c_2 - t - c_1 - kh_1 = 0.40\text{m} - 0.10\text{m} - 0.15\text{m} - 0.75 \times 0.10\text{m} = 0.075\text{m}$$

（2） $V = (9.84\text{m} - 0.24\text{m} + 1.30\text{m} + 0.15\text{m} \times 2 + 0.075\text{m} \times 2 + 0.75 \times 1.9\text{m}) \times (6.0\text{m} + 1.3\text{m} +$

$0.15\text{m} \times 2 + 0.075\text{m} \times 2 + 0.75 \times 1.9\text{m}) \times 1.90\text{m} + 1/3 \times 0.75^2 \times (1.9\text{m})^3 = 223.99\text{m}^3$

查表5-4得，一般土方机械挖土修整系数为0.95，人工清理修整系数0.063，执行子目1-2-1。

（3）其中机械挖土工程量：$223.99\text{m}^3 \times 0.95 = 212.79\text{m}^3$

挖掘机挖装一般土方 普通土 套1-2-41 定额单价=49.37 元/10m^3

费用：$212.79\text{m}^3 \times 49.37$ 元/$10\text{m}^3 = 1050.54$ 元

（4）其中人工挖土工程量：$223.99\text{m}^3 \times 0.063 = 14.11\text{m}^3$

人工挖一般土方 基深≤2m普通土 套1-2-1 定额单价=234.65 元/10m^3

费用：$14.11\text{m}^3 \times 234.65$ 元/$10\text{m}^3 = 331.09$ 元

（5）人工装车工程量 14.11m^3

人工装车 土方 套1-2-25 单价=135.85 元/10m^3

费用：$14.11\text{m}^3 \times 135.85$ 元/$10\text{m}^3 = 191.68$ 元

（6）自卸汽车运土方2km，工程量=223.99m^3

自卸汽车运土方 运距≤1km 套1-2-58，单价=56.69 元/10m^3

自卸汽车运土方 每增运1km 套1-2-59，单价=12.26 元/10m^3

费用：$223.99\text{m}^3 \times (56.69 + 12.26)$ 元/$10\text{m}^3 = 1544.41$ 元

[**例5-5**] 某工程如图5-13所示，挖掘机挖沟槽普通土，将土弃于槽边1m以外，经基槽回填和房心回填后再外运，挖掘机坑上挖土，采用槽上退挖方式开挖。试计算挖土工程量及费用。

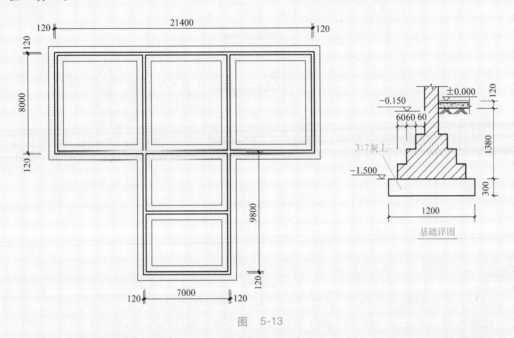

图 5-13

解：（1）挖土深度 $H=1.5\text{m}-0.15\text{m}+0.3\text{m}=1.65\text{m}>1.2\text{m}$，放坡，取 $K=0.33$。

（2）砖基工作面：$(1.2\text{m}-0.24\text{m}-0.06\text{m}\times6)/2=0.30\text{m}>0.2\text{m}$，满足砖基工作面的要求。

（3）基数。

$$L_{中}=(21.4\text{m}+17.8\text{m})\times2=78.40\text{m}$$

$$L_{净}=(8.0\text{m}-1.2\text{m})\times2+(7.0\text{m}-1.2\text{m})\times2=25.20\text{m}$$

（4）挖土工程量：$(1.2\text{m}+1.65\text{m}\times0.33)\times(78.40\text{m}+25.20\text{m})\times1.65\text{m}=298.20\text{m}^3$

（5）其中机械挖土工程量：$298.20\text{m}^3\times0.90=268.38\text{m}^3$

本工程垫层底宽为1.20m，套用小型挖掘机子目。

小型挖掘机挖沟槽地坑土方 普通土 套 1-2-47 定额单价=25.46 元/10m³

费用：$268.38\text{m}^3\times25.46$ 元$/10\text{m}^3=683.30$ 元

（6）其中人工挖沟槽工程量：$298.20\text{m}^3\times0.125=37.28\text{m}^3$

人工挖沟槽土方 槽深≤2m普通土 套 1-2-6 定额单价=334.40 元/10m³

费用：$37.28\text{m}^3\times334.40$ 元$/10\text{m}^3=1246.64$ 元

[**例5-6**] 某基础工程如图5-14所示，C20毛石混凝土基础，采用挖掘机大体积开挖坚土，将土弃于槽边，计算挖土工程量及费用。

解：（1）挖土深度 $H=0.70\text{m}+3\times0.35\text{m}+0.1\text{m}-0.3\text{m}=1.55\text{m}<1.7\text{m}$，不放坡。

（2）挖土工程量 $V=[(17.8\text{m}+1.34\text{m}-0.1\text{m}\times2+0.4\text{m}\times2)\times(21.4\text{m}+1.34\text{m}-0.1\text{m}\times2+$ $0.4\text{m}\times2)-(21.4\text{m}-7.0\text{m})\times(17.8\text{m}-8.0\text{m})]\times1.55\text{m}=495.40\text{m}^3$

查表5-4得：一般土方机械挖土修整系数为0.95，人工清理修整系数0.063，执行子目1-2-1。

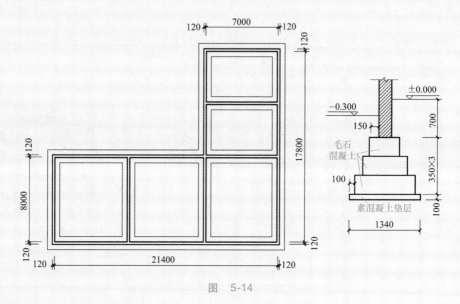

图 5-14

（3）其中机械挖土工程量：495.40m³×0.95＝470.63m³

挖掘机挖一般土方 坚土 套1-2-40 定额单价＝29.38元/10m³

费用：470.63m³×29.38元/10m³＝1382.71元

（4）其中人工挖土工程量：495.40m³×0.063＝31.21m³

人工挖一般土方 基深≤2m，普通土 套1-2-1 定额单价＝234.65元/10m³

费用：31.21m³×234.65元/10m³＝732.34元

三、其他

（1）平整场地，是指建筑物（构筑物）所在现场厚度在±30cm以内的就地挖、填及平整。挖填土方厚度超过30cm时，全部厚度按一般土方相应规定另行计算，但仍应计算平整场地。

平整场地工程量的计算　竣工清理工程量的计算

（2）平整场地，按设计图示尺寸，以建筑物首层建筑面积（或构筑物首层结构外围内包面积）计算。建筑物（构筑物）地下室结构外边线凸出首层结构外边线时，其凸出部分的建筑面积（结构外围内包面积）合并计算。

建筑物首层外围，若计算1/2面积或不计算建筑面积的构造需要配置基础且需要与主体结构同时施工时，计算了1/2面积的（如：主体结构外的阳台、有柱混凝土雨篷等）应补齐全面积；不计算建筑面积的（如：装饰性阳台等）应按其基准面积合并于首层建筑面积内，一并计算平整场地。

基准面积：是指同类构件计算建筑面积（含1/2面积）时所依据的面积。例如，主体结构外阳台的建筑面积，以其结构底板水平投影面积为准，计算1/2面积，那么，配置基础的装饰性阳台也按其结构底板水平投影面积计算平整场地等。

（3）竣工清理，是指建筑物（构筑物）内、外围四周 2m 范围内建筑垃圾的清理、场内运输和场内指定地点的集中堆放，建筑物（构筑物）竣工验收前的清理、清洁等工作内容。

竣工清理，按设计图示尺寸，以建筑物（构筑物）结构外围（四周结构外围及屋面板顶坪）内包的空间体积计算。具体地说，建筑物内、外，凡产生建筑垃圾的空间，均应按其全部空间体积计算竣工清理。

1）建筑物按全面积计算建筑面积的建筑空间，如：建筑物的自然层等。

$$竣工清理 1 = \sum（建筑面积 \times 相应结构层高）$$

2）建筑物按 1/2 面积计算建筑面积的建筑空间，如：有顶盖的出入口坡道等。

$$竣工清理 2 = \sum（建筑面积 \times 2 \times 相应结构层高）$$

3）建筑物不计算建筑面积的建筑空间，如：挑出宽度在 2.10m 以下的无柱雨篷，窗台与室内地面高差 ≥0.45m 的飘窗等。

$$竣工清理 3 = \sum（基准面积 \times 相应结构层高）$$

4）不能形成建筑空间的室外花坛、水池、围墙、屋面顶坪以上的水箱、风机、冷却塔和信号柱塔基础、装饰性花架（主要工程量 = 垫层以上主体结构工程量）、道路、运动场、停车场和场区铺装（主要工程量 = 垫层以上总体积）等，按其主要工程量计算竣工清理。

5）构筑物，如：独立式烟囱、水塔、贮水（油）池、贮仓、筒仓等，应按建筑物竣工清理的计算原则，计算竣工清理。

6）建筑物（构筑物）设计室内、外地坪以下不能计算建筑面积的工程内容，不计算竣工清理。

（4）基底钎探，按垫层（或基础）底面积计算。

（5）原土夯实与碾压，按设计或施工组织设计规定的尺寸，以面积计算。

（6）回填，按下列规定，以体积计算：

1）槽坑回填，按挖方体积减去设计室外地坪以下建筑物（构筑物）、基础（含垫层）的体积来计算。

$$槽坑回填体积 = 挖方体积 - 设计室外地坪以下埋设的垫层基础体积$$

2）房心（含地下室内）回填，按主墙间净面积（扣除连续底面积 >2m^2 的设备基础等面积）乘以平均回填厚度计算。

$$房心回填体积 = 房心面积 \times 回填土设计厚度$$

（7）土方运输，按挖土总体积减去回填土（折合天然密实）总体积，以体积计算。

$$运土体积 = 挖土总体积 - 回填土（天然密实）总体积$$

式中的计算结果为正值时，余土外运；为负值时取土内运。

[例 5-7]　如图 5-15 所示为某工程平面图和基础详图，试计算：

（1）人工平整场地工程量及费用。

（2）计算基底钎探（含灌砂）工程量及费用。

解：（1）人工平整场地：$7.8m \times 5.3m - 1.5m \times 4.0m = 35.34m^2$

平整场地　人工　套 1-4-1　单价 = 39.90 元/10m²

费用：$35.34m^2 \times 39.90 元/10m^2 = 141.01 元$

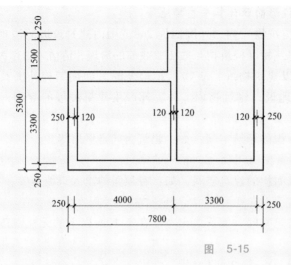

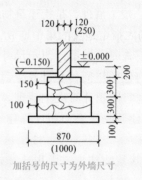

加括号的尺寸为外墙尺寸

图　5-15

（2）钎探。

$$L_{中}=(7.8m+5.3m)\times2-4\times0.37m=24.72m$$

$$L_{净}=3.3m+0.25m\times2-0.37m-1.0m=2.43m$$

钎探工程量：$24.72m\times1.0m+2.43m\times0.87m=26.83m^2$

基底钎探　套1-4-4　单价＝60.97元/$10m^2$

费用：$26.83m^2\times60.97$元/$10m^2=163.58$元

[例5-8]　如图5-16所示建筑物，计算机械平整场地工程量。

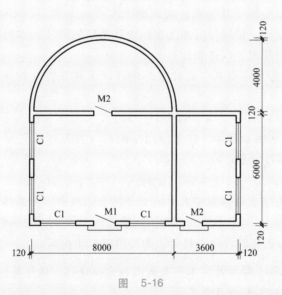

图　5-16

解：平整场地工程量：$(8.0m+3.6m+0.24m)\times(6.0m+0.24m)+1/2\pi\times(4.0m+0.12m)^2=100.54m^2$

平整场地　机械　套1-4-2　单价＝12.82元/$10m^2$

费用：$100.54m^2\times12.82$元/$10m^2=128.89$元

[**例 5-9**]　建筑物的平面图如图 5-17 所示，檐口标高为 10.80m，计算机械平整场地和竣工清理的工程量及费用。

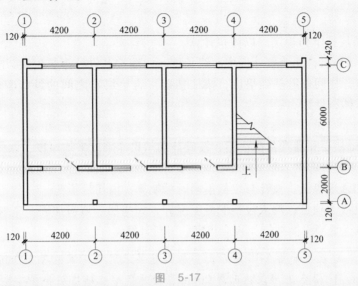

图　5-17

解：（1）平整场地。

工程量：$(4.2m×4+0.24m)×(6.0m+2.0m+0.24m)=140.41m^2$

平整场地　机械　套 1-4-2　单价 = 12.82 元/10m²

费用：$140.41m^2×12.82$ 元/10m² $=180.01$ 元

（2）竣工清理。

工程量 $=(4.2m×4+0.12m×2)×(6.0m+2.0m+0.12m×2)×10.80m=1516.42m^3$

竣工清理　套 1-4-3　单价 = 20.90 元/10m³

费用：$1516.42m^3×20.90$ 元/10m³ $=3169.32$ 元

任务 2　计算地基处理、边坡支护及桩基础工程

一、垫层

条形基础垫层工程量的计算

（1）垫层定额按地面垫层编制。若为基础垫层，人工、机械分别乘以下列系数：条形基础 1.05，独立基础 1.10，满堂基础 1.00；若为场区道路垫层，人工乘以系数 0.9。

（2）灰土垫层及填料加固夯填灰土就地取土时，应扣除灰土配比中的黏土。如：垫层就地取土，每 $1m^3$ 3∶7 灰土扣除黏土 $1.15m^3$。

（3）地面垫层按室内主墙间净面积乘以设计厚度，以体积计算。计算时应扣除凸出地面的构筑物、设备基础、室内铁道、地沟及单个面积 $>0.3m^2$ 的孔洞、独立柱等所占体积；不扣除间壁墙，附墙烟囱，墙垛以及单个面积 $≤0.3m^2$ 的孔洞等所占体积，门洞、空圈、暖气壁龛等开口部分也不增加。

$$地面垫层工程量 = [S_房 - 孔洞、独立柱面积(大于0.3m^2) -$$
$$\sum(构筑物设备基础、地沟等面积)] \times 垫层厚$$
$$S_房 = S_底 - \sum L_中 \times 外墙厚 - \sum L_内 \times 内墙厚$$

（4）基础垫层按下列规定，以体积计算。

1）条形基础垫层，外墙按外墙中心线长度、内墙按其设计净长度乘以垫层平均断面面积，以体积计算。柱间条形基础垫层，按柱基础（含垫层）之间的设计净长度，乘以垫层平均断面面积以体积计算。

$$条形基础垫层工程量 = (\sum L_中 + \sum L_净) \times 垫层断面积$$

2）独立基础垫层和满堂基础垫层，按设计图示尺寸乘以平均厚度，以体积计算。

$$独立满堂基础垫层工程量 = 设计长度 \times 设计宽度 \times 平均厚度$$

（5）垫层的强度等级，设计与定额不同时可换算，消耗量不变。

（6）所有混凝土项目，均未包括混凝土搅拌，如垫层、填料加固、喷射混凝土护坡等；实际发生时，执行混凝土搅拌制作相应规定，另行计算。

[例5-10] 建筑物如图5-18所示，若房心垫层采用碎石灌浆厚200mm，C20素混凝土垫层厚40mm，1:2水泥砂浆抹面厚20mm，计算条形基础垫层和房心垫层的费用。

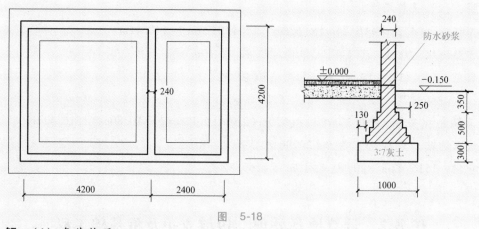

图 5-18

解：（1）条基垫层。

$L_中 = (4.20m + 2.40m + 4.20m) \times 2 = 21.60m$

$L_净 = 4.20m - 1.0m = 3.20m$

垫层工程量：$1.0m \times 0.3m \times (21.60m + 3.20m) = 7.44m^3$

3:7灰土垫层（条基） 机械振动 套2-1-1 单价（换）

1788.06 元/$10m^3$ + (653.60 元/$10m^3$ + 12.77 元/$10m^3$) × 0.05 = 1821.38 元/$10m^3$

费用：$7.44m^3 \times 1821.38$ 元/$10m^3$ = 1355.11 元

（2）房心垫层。

$S_房 = (4.20m + 2.40m - 0.24m \times 2) \times (4.20m - 0.24m) = 24.24m^2$

碎石灌浆工程量：$24.24m^2 \times 0.20m = 4.85m^3$

碎石灌浆垫层 套2-1-7 单价=2689.10元/10m³

费用：4.85m³×2689.10元/10m³=1304.21元

C20素混凝土垫层工程量=24.24m²×0.04m=0.97m³

C20现浇无筋混凝土垫层 套2-1-28 单价（换）

查消耗量定额2-1-28得：C15现浇混凝土碎石<40mm含量为10.10m³；查山东省人工、材料、机械台班单价表得：序号5511（编码80210003）C15现浇混凝土碎石<40mm单价（除税）300.97元/m³；序号5515（编码80210011）C20现浇混凝土碎石<40mm单价（除税）320.39元/m³。

3850.59元/10m³−10.1×(300.97-320.39)元/10m³=4046.73元/10m³

费用：0.97m³×4046.73元/10m³=392.53元

[例5-11] 某工程基础平面图及详图如图5-19所示，所有墙厚均为240mm，房心垫层采用3:7灰土，厚度为300mm，试计算：

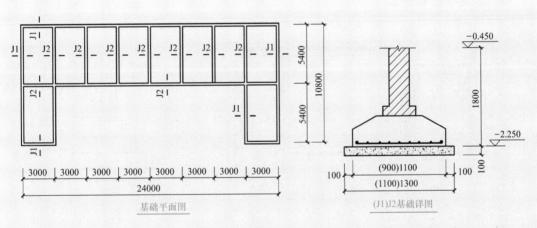

图 5-19

（1）基础垫层工程量及费用。

（2）房心垫层工程量及费用，分为非就地取土和就地取土两种情况。

解：（1）基数。

J_1：$L_{中}$=24.0m+(10.8m+3.0m+5.4m)×2=62.40m

J_2：$L_{中}$=3.0m×6=18.00m

$L_{净}$=[5.4m-(1.1m+1.3m)÷2]×7+(3.0m-1.1m)×2=33.20m

（2）基础垫层。

工程量：1.1m×0.1m×62.40m+1.3m×0.1m×(18.0m+33.20m)=13.52m³

C15现浇无筋混凝土垫层（条基） 套2-1-28 单价（换）

3850.59元/10m³+(788.50元/10m³+6.28元/10m³)×0.05=3890.33元/10m³

费用：13.52m³×3890.33元/10m³=5259.73元

（3）房心3:7灰土垫层。

工程量：$(3.0m-0.24m)\times(5.4m-0.24m)\times10\times0.3m=42.72m^3$

① 非就地取土。

3：7灰土垫层　机械振动　套2-1-1　单价=1788.06元/$10m^3$

费用：$42.72m^3\times1788.06$元/$10m^3=7638.59$元

② 就地取土：扣除灰土中的黏土费用。

3：7灰土垫层　套2-1-1　单价（换）

查消耗量定额2-1-1得：3：7灰土含量为$10.20m^3$；查定额交底资料附表得：每立方米3：7灰土中含$1.15m^3$黏土；查山东省人工、材料、机械台班单价表得：序号1921（编码04090047）黏土价格27.18元/m^3。

1788.06元/$10m^3-(10.2\times1.15\times27.18)$元/$10m^3=1469.24$元/$10m^3$

费用：$42.72m^3\times1469.24$元/$10m^3=6276.59$元

[例5-12]　建筑物基础平面图及详图如图5-20所示，若地面铺设150mm厚的素混凝土（C20）垫层，试计算：

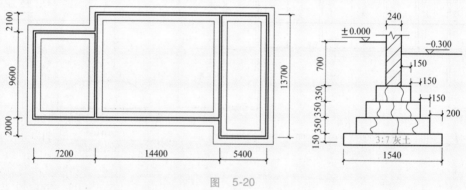

图　5-20

（1）基数$L_{中}$、$L_{净}$、$L_{内}$、$S_{建}$、$S_{房}$。

（2）基础垫层的工程量及费用。

（3）地面垫层的工程量及费用。

解：（1）基数。

$L_{中}=(7.2m+14.4m+5.4m+13.7m)\times2=81.40m$

$L_{净}=9.6m-1.54m+9.6m+2.1m-1.54m=18.22m$

$L_{内}=9.6m\times2+2.1m-0.24m\times2=20.82m$

$S_{建}=(13.7m+0.24m)\times(7.2m+14.4m+5.4m+0.24m)-2.1m\times7.2m-2.0m\times(7.2m+14.4m)=321.41m^2$

$S_{房}=321.41m^2-(81.40m+20.82m)\times0.24m=296.88m^2$

（2）条基垫层。

工程量$=(81.40m+18.22m)\times1.54m\times0.15m=23.01m^3$

3：7灰土垫层（条基）　机械振动　套2-1-1　单价（换）

$1788.06 \ 元/10m^3 + (653.60 \ 元/10m^3 + 12.77 \ 元/10m^3) \times 0.05 = 1821.38 \ 元/10m^3$

费用：$23.01m^3 \times 1821.38 \ 元/10m^3 = 4191.00 \ 元$

（3）房心 C20 素混凝土垫层。

工程量 $= 296.88m^2 \times 0.15m = 44.53m^3$

或 $[(7.2m-0.24m) \times (9.6m-0.24m) + (14.4m-0.24m) \times (9.6m+2.1m-0.24m) + (5.4m-0.24m) \times (13.7m-0.24m)] \times 0.15m = 44.53m^3$

C20 现浇无筋混凝土垫层 套 2-1-28 单价（换）

$3850.59 \ 元/10m^3 - 10.1 \times (300.97-320.39) \ 元/10m^3 = 4046.73 \ 元/10m^3$

费用：$44.53m^3 \times 4046.73 \ 元/10m^3 = 18020.09 \ 元$

[例 5-13] 某工程基础平面图及详图如图 5-21 所示。

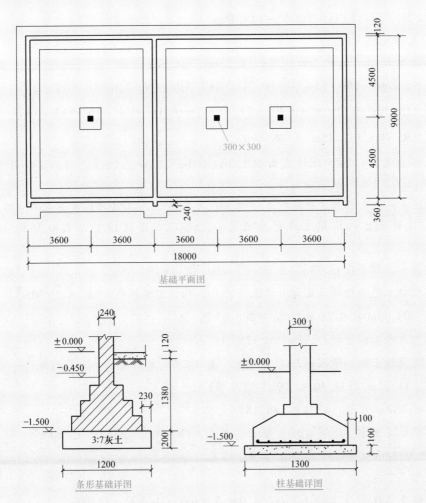

图 5-21

（1）地面做法：20 厚 1:2.5 水泥砂浆；100 厚 C15 素混凝土；素土夯实。

（2）基础为 M5 水泥砂浆砌筑标准黏土砖。

（3）施工组织设计：反铲挖掘机挖坚土，挖土弃于槽边或坑边 1m 以外，待回填土施工完毕后再考虑运土，自卸汽车运土，运距为 2km。

（4）计算。

① 基槽坑挖土工程量及费用。

② 条形基础垫层、独立基础垫层和地面垫层工程量及费用。

③ 假设设计室外地坪以下埋设的条形基础和独立基础的总体积（垫层除外）为 $32.19m^3$，计算槽坑边回填土及房心回填土工程量（机械夯实）及费用。

④ 确定外运土（或内运土），计算装载机装车和自卸汽车运土的工程量及费用。

解： 基数计算。

$L_{中} = (3.6m×5+9.0m)×2 = 54.00m$

$L_{净} = 9.0m-1.2m = 7.80m$

$S_{房} = (18-0.24×2)×(9-0.24) = 153.48m^2$

（1）基槽坑挖土。

挖土深度 $H = 1.5m-0.45m+0.2m = 1.25m < 1.7m$，不放坡。

$V_{挖槽} = 1.2m×1.25m×(54.00m+0.24m×3+7.80m) = 93.78m^3$

$V_{挖坑} = (1.30m-0.10m×2+0.40m×2)^2×(1.5m+0.1m-0.45m)×3 = 12.45m^3$

$V_{挖总} = 93.78m^3+12.45m^3 = 106.23m^3$

条基垫层底宽 1.2m，地坑底面积 $1.3m×1.3m = 1.69m^2 < 8m^2$，所以套用小型挖掘机子目。

查表 5-4 得：沟槽土方机械挖土修整系数为 0.90，人工清理修整系数 0.125，执行子目 1-2-8；地坑土方机械挖土修整系数为 0.85，人工清理修整系数 0.188，执行子目 1-2-13。

机械挖土工程量：$93.78m^3×0.90+12.45m^3×0.85 = 94.98m^3$

小型挖掘机挖沟槽地坑土方　坚土　套 1-2-48　定额单价 = 30.18 元/$10m^3$

费用：$94.98m^3×30.18$ 元/$10m^3 = 286.65$ 元

人工挖沟槽工程量：$93.78m^3×0.125 = 11.72m^3$

人工挖沟槽土方　槽深≤2m　普通土　套 1-2-6　单价 = 334.40 元/$10m^3$

费用：$11.72m^3×334.40$ 元/$10m^3 = 391.92$ 元

人工挖基坑工程量：$12.45m^3×0.188 = 2.34m^3$

人工挖地坑土方　坑深≤2m　坚土　套 1-2-11　单价 = 354.35 元/$10m^3$

费用：$2.34m^3×354.35$ 元/$10m^3 = 82.92$ 元

（2）垫层。

条基垫层工程量：$1.2m×0.2m×(54.0m+7.8m+0.24m×3) = 15.00m^3$

3:7 灰土垫层（条基）　机械振动　套 2-1-1　单价（换）

1788.06 元/$10m^3+(653.60$ 元/$10m^3+12.77$ 元/$10m^3)×0.05 = 1821.38$ 元/$10m^3$

费用：$15.00m^3 \times 1821.38$ 元$/10m^3 = 2732.07$ 元

独立基础垫层工程量：$1.3m \times 1.3m \times 0.1m \times 3 = 0.51m^3$

C15 现浇无筋混凝土垫层（柱基）　套 2-1-28　单价（换）

3850.59 元$/10m^3 + (788.50$ 元$/10m^3 + 6.28$ 元$/10m^3) \times 0.10 = 3930.07$ 元$/10m^3$

费用：$0.51m^3 \times 3930.07$ 元$/10m^3 = 200.43$ 元

地面垫层工程量：$S_{房} \times$ 厚度$= 153.48m^2 \times 0.10m = 15.35m^3$

C15 现浇无筋混凝土垫层　套 2-1-28　单价 3850.59 元$/10m^3$

费用：$15.35m^3 \times 3850.59$ 元$/10m^3 = 5910.66$ 元

（3）槽边和房心回填。

槽边回填工程量：$106.23m^3 - (15.0m^3 + 0.51m^3 + 32.19m^3) = 58.53m^3$

夯填土　机械　槽坑　套 1-4-13　单价$= 121.52$ 元$/10m^3$

费用：$58.53m^3 \times 121.52$ 元$/10m^3 = 711.26$ 元

房心回填工程量：$153.48m^2 \times (0.45m - 0.02m - 0.10m) = 50.65m^3$

夯填土　机械　地坪　套 1-4-12　单价$= 93.42$ 元$/10m^3$

费用：$50.65m^3 \times 93.42$ 元$/10m^3 = 473.17$ 元

（4）装载机装车和自卸汽车运土

取（运）土工程量。

$106.23m^3 - (58.53m^3 + 50.65m^3) \times 1.15 = -19.33m^3$（取土内运）

装载机装车　土方　套 1-2-52　单价$= 22.02$ 元$/10m^3$

费用：$19.33m^3 \times 22.02$ 元$/10m^3 = 42.56$ 元

自卸汽车运土工程量：$19.33m^3$

自卸汽车运土 2km　套 1-2-58 和 1-2-59　单价（换）

56.69 元$/10m^3 + 12.26$ 元$/10m^3 \times 1 = 68.95$ 元$/10m^3$

费用：$19.33m^3 \times 68.95$ 元$/10m^3 = 133.28$ 元

二、强夯

（1）强夯法又称动力固结法，是用起重机械将大吨位重锤（一般为 10～40t）起吊到 6～40m 高度后自由下落，给地基土以强大的冲击能量的夯击，使土中出现较大的冲击力，土体产生瞬间变形，迫使土层孔隙压缩，土体局部液化，在夯击点周围产生裂缝，形成良好的排水通道，孔隙水和气体逸出，使土粒重新排列，经时效压密达到固结，从而提高地基承载力，降低其压缩性的一种有效的地基加固方法。它是一种深层处理土壤的方法，影响深度一般在 6～7m。强夯法适用于砂土黏性土、杂填土、湿陷性黄土等软土地基。

1）强夯定额中每单位面积夯点数，指设计文件规定单位面积内的夯点数量；若设计文件中夯点数与定额不同时，采用内插法计算消耗量。

2）强夯的夯击击数系指强夯机械就位后，夯锤在同一夯点上下起落的次数（落锤高度应满足设计夯击能量的要求，否则按低锤满拍计算）。

3）强夯工程量应区别不同夯击能量和夯点密度，按设计图示夯击范围及夯击遍数分别计算。

（2）强夯，按设计图示强夯处理范围以面积计算。设计无规定时，按建筑物基础外围轴线每边各加4m以面积计算。

$$地基强夯工程量=设计图示面积$$

或

$$地基强夯工程量=S_{外轴包}+4L_{外轴}+4×16$$
$$=S_{外轴包}+4L_{外轴}+64 \text{（m}^2\text{）}$$

（3）强夯定额执行，按下列步骤进行。

1）确定夯击能量。

$$夯击能量(kN·m)=重锤重量(kN)×重锤落差(m)$$

2）确定夯击密度。

$$夯击密度(夯点/10m^2)=设计夯击范围内的夯点个数÷夯击范围(m^2)×10$$

3）确定夯击击数。夯击击数系指强夯机械就位后，夯锤在同一夯点上下夯击的次数（落锤高度需满足设计夯击能量的要求，否则按低锤满拍计算）。

4）低锤满拍工程量=设计夯击范围。

[例5-14]　某框架结构建筑物共5层，柱子分布如图5-22所示，地基为湿陷性黄土，厚度为6~7m，经研究决定用强夯处理效果最好，具体处理方法如下：

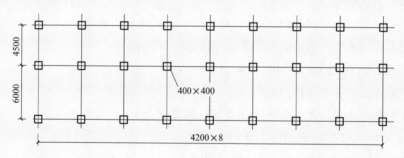

图　5-22

第一遍　围绕每个桩基处设计5个夯点，每个夯点6击，夯击能4000kN·m以内。

第二遍　间隔夯击，间隔夯点不大于2.8m，夯击能3000kN·m，设计击数5击。

第三遍　夯击能2000kN·m以内低锤满拍。

试计算强夯工程量及费用。

解：

夯击工程量：$(4.20m×8+2×4.0m)×(6.0m+4.5m+2×4.0m)=769.60m^2$

第一遍：夯击密度$=(3×9×5÷769.60×10)$夯点$/10m^2=2(1.75)$夯点$/10m^2$　（收尾）

夯击能$≤4000kN·m≤4$夯点　6击

套2-1-61和2-1-62　单价（换）

123.43元$/10m^2+23.67$元$/10m^2×2=170.77$元$/10m^2$

费用：$769.60m^2×170.77$元$/10m^2=13142.46$元

第二遍：夯击密度$\{[(4.20×8+2×4.0)÷2.8]×[(6.0+4.5+2×4.0)÷2.8]÷769.6×10\}$夯点$/10m^2$

$=(14.9×6.6÷769.6×10)$夯点$/10m^2=(15×7÷769.6×10)$夯点$/10m^2$

$=2(1.36)$夯点$/10m^2$

夯击能$≤3000kN·m≤4$夯点　5击

套2-1-56和2-1-57　单价（换）

66.07元$/10m^2+11.09$元$/10m^2=77.16$元$/10m^2$

费用：$769.60m^2×77.16$元$/10m^2=5938.23$元

第三遍：低锤满拍　夯击能$≤2000kN·m$　套2-1-53　单价$=150.55$元$/10m^2$

费用：$769.60m^2×150.55$元$/10m^2=11586.33$元

三、防护

（1）挡土板定额分为疏板和密板。疏板是指间隔支挡土板，且板间净空$≤150cm$的情况；密板是指满堂支挡土板或板间净空$≤30cm$的情况。

（2）钢支撑仅适用于基坑开挖的大型支撑安装、拆除。

（3）挡土板按设计文件（或施工组织设计）规定的支挡范围，以面积计算。袋土围堰按设计文件（或施工组织设计）规定的支挡范围，以体积计算。

（4）喷射混凝土护坡分土层和岩层，按施工组织设计规定的防护范围，以平方米计算。

[例5-15]　某工程（如图5-23所示）开挖基槽深为4m，钢筋混凝土基础垫层宽度为2100mm，因场地受限，无法放坡，故基槽采用木挡土板（密板）木支撑防护。

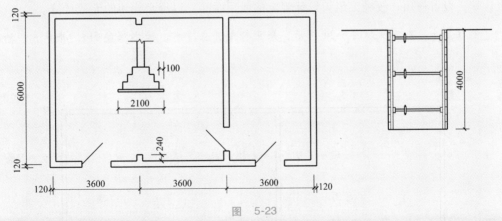

图　5-23

计算挡土板工程量及费用。

解：$L_{中}=(3.6×3+6)m×2=33.60m$

查表5-2可得：混凝土垫层的工作面宽度为150mm，混凝土基础工作面宽度为400mm，支挡土板工作面宽度为100mm。（100mm+150mm）$=250mm<400mm$。定额规定：基础开挖边线上不允许出现错台，故地坑开挖边线为自混凝土基础外边线向外（400mm+100mm）$=500mm$。

基槽开挖宽度：2.10m-0.10m×2+0.50m×2＝2.90m

工程量：（33.60m+6.0m-2.9m+0.24m×2）×4.0m×2-2.9m×2×4.0m＝274.24m²

木挡土板 密板木撑 套2-2-3 单价＝403.46元/10m²

费用：274.24m²×403.46元/10m²＝11064.49元

四、排水与降水

（1）抽水机集水井排水定额，以每台抽水机工作24小时为一台日。

（2）抽水机基底排水分不同排水深度，按设计基底面积，以平方米计算。

（3）集水井按不同成井方式，分别以施工组织设计规定的数量以座或米计算。抽水机集水井排水，按施工组织设计规定的抽水机械、抽水机台数和工作天数，以台日计算。

$$1\ 台日=1\ 台抽水机\times24h$$

（4）井点降水的井点管间距，根据地质条件和施工降水要求，按施工组织设计确定。施工组织无规定时，可按轻型井点管距0.8~1.6m，喷射井点，管距2~3m确定。

井点设备使用套数的组成如下：

1）轻型井点　　　　　　50根/套

2）喷射井点　　　　　　30根/套

3）大口径井点　　　　　45根/套

4）水平井点　　　　　　10根/套

5）电渗井点　　　　　　30根/套

井点设备使用的天，以每昼夜24小时为一天。

（5）井点降水区分不同的井管深度，其井管安拆，按施工组织设计规定的井管数量，以根计算；设备使用，按施工组织设计规定的使用时间，以每套使用的天数计算。

[例5-16] 某工程如图5-24所示，采用轻型井点降水，降水深度5m，井点管距墙轴

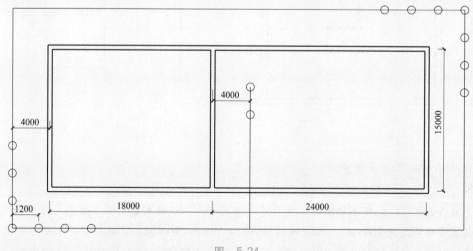

图 5-24

线4m，管距不大于1.2m，降水30天。计算该工程降水费用。

解：（1）井点管安装拆除工程量。

$[(18.0m+24.0m+4.0m×2)+(15.0m+4.0m×2)]×2÷1.2m/根+[(15.0m-4.0m×2)÷$
$1.2m/根+1根]=122根+7根=129根$

轻型井点（深7m）降水井管安装、拆除套2-3-12 单价=2496.23元/10根

费用：2496.23元/10根×129根=32201.37元

（2）设备使用套数：129÷50=3套

设备使用工程量3套×30d=90套·d

轻型井点（深7m）降水 设备使用 套2-3-13 单价=725.02元/（套·d）

费用：90套·d×725.02元/（套·d）-65251.80元

五、桩基

桩基础工程量的计算

（1）单位（群体）工程的桩基工程量少于表5-5中对应数量时，相应定额人工、机械乘以系数1.25。灌注桩单位（群体）工程的桩基工程量指灌注混凝土量。

表5-5 单位工程的桩基工程量表

项目	单位工程的工程量	项目	单位工程的工程量
预制钢筋混凝土方桩	200m³	钻孔、旋挖成孔灌注桩	150m³
预应力钢筋混凝土管桩	1000m	沉管、冲击灌注桩	100m³
预制钢筋混凝土板桩	100m³	钢管桩	50t

（2）预应力钢筋混凝土管桩。

1）打、压预应力钢筋混凝土管桩按设计桩长（不包括桩尖），以长度计算。

2）预应力钢筋混凝土管桩钢桩尖按设计图示尺寸，以质量计算。

3）预应力钢筋混凝土管桩，如设计要求加注填充材料时，填充部分另按钢管桩填芯相应项目执行。

4）桩头灌芯按设计尺寸以灌注体积计算。

[**例5-17**] 某基础工程采用打桩机打钻管桩，23根，尺寸如图5-25所示，计算打管桩工程量及费用。

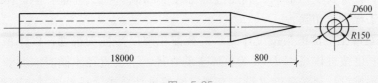

图 5-25

解：管桩工程量=18.00m×23=414.00m

查表5-5，预应力钢筋混凝土管桩1000m＞414.00m，属于小型桩基工程。

打预应力钢筋混凝土管桩　桩长≤600mm　套3-1-11　单价（换）

366.94 元/10m+0.25×（81.70+264.73）元/10m＝453.55 元/10m

费用：414.00m×453.55 元/10m＝18776.97 元

（3）钻孔桩、旋挖桩成孔工程量按打桩前自然地坪标高至设计桩底标高的成孔长度乘以设计桩径截面积，以体积计算。入岩增加工程量按实际入岩深度乘以设计桩径截面积，以体积计算。

（4）钻孔桩、旋挖桩灌注混凝土工程量按设计桩径截面积乘以设计桩长（包括桩尖）另加加灌长度，以体积计算。加灌长度设计有规定者，按设计要求计算；无规定者，按0.5m 计算。

$$灌注桩混凝土工程量 = \pi/4D^2 \times (L+0.5m)$$

式中　L——桩长（含桩尖）；

　　　D——桩外直径。

[例5-18]　某钻孔灌注混凝土桩共42根，采用螺旋钻机钻孔，桩长14m，直径600mm，采用C25混凝土浇筑。计算工程量及费用。

解：桩工程量：$\pi/4 \times [0.6m \times 0.6m \times (14.0m+0.5m) \times 42] = 172.19m^3 > 150m^3$，故不是小型工程。

螺旋钻机钻孔 桩长>12m　套3-2-25　单价＝2494.97 元/10m³

费用：172.19m³×2494.97 元/10m³＝42960.89 元

灌注混凝土 螺旋钻孔　套3-2-30　单价（换）

4689.06 元/10m³ – 12.12×（359.22–339.81）元/10m³＝4453.81 元/10m³

费用：172.19m³×4453.81 元/10m³＝76690.15 元

（5）打桩。

1）打预制钢筋混凝土桩按设计桩长（包括桩尖）乘以桩截面面积，以体积计算。单独打试桩、锚桩，按相应定额的打桩人工及机械乘以系数1.5。

2）打桩工程按陆地打垂直桩编制。设计要求打斜桩时，斜度≤1:6时，相应定额人工、机械乘以系数1.25；斜度>1:6时，相应定额人工、机械乘以系数1.43。斜度是指在竖直方向上，每单位长度所偏离竖直方向的水平距离。

（6）预制混凝土桩截桩按设计要求截桩的数量计算。截桩长度≤1m 时，不扣减相应桩的打桩工程量；截桩长度>1m 时，其超过部分按实扣减打桩工程量，但桩体的价格和预制桩场内运输的工程量不扣除。

（7）预制混凝土桩凿桩头按设计图示桩截面积乘以凿桩头长度，以体积计算。设计无规定时，桩头长度按桩体高40d（d为桩体主筋直径，主筋直径不同时取大者）计算；混凝土灌注桩凿桩头按设计超灌高度（设计有规定时按设计要求，设计无规定时按0.5m）乘以桩截面积，以体积计算。

（8）桩头钢筋整理，按所整理的桩的数量计算。

[例5-19] 某建筑物基础需打桩60根（尺寸如图5-26所示），其中2根为试验桩，有3根因遇到坚硬土层还有2m未打入就已满足设计要求需截桩。

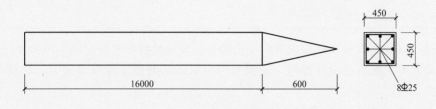

图 5-26

试计算：打桩、截桩、凿桩头、钢筋整理及桩身混凝土（C30）的费用。

解： 1. 打桩

单根桩工程量：（16.0m+0.6m）×0.45m×0.45m=3.36m^3

3.36m^3×60=201.60m^3>200m^3，不是小型工程。

（1）试验桩工程量：3.36m^3×2=6.72m^3

打预制混凝土方桩（实验桩）桩长≤25m 套3-1-2 单价（换）

2078.98 元/10m^3+（628.90 元/m^3+1356.29 元/m^3）×0.5=3071.58 元/10m^3

费用：6.72m^3×3071.58 元/10m^3=2064.10 元

（2）截桩工程量：（16.0m+0.6m-1.0m）×0.45m×0.45m×3=9.48m^3

普通桩工程量：3.36m^3×（60-3-2）=184.80m^3

合计：9.48m^3+184.80m^3=194.28m^3

打预制混凝土方桩 桩长≤25m 套3-1-2 单价=2078.98 元/10m^3

费用：194.28m^3×2078.98 元/10m^3=40390.42 元

2. 截桩

工程量：3 根

预制钢筋混凝土桩截桩 方桩 套3-1-42 单价=1338.98 元/10 根

费用：1338.98 元/10 根×3 根=401.69 元

3. 凿桩头

工程量：40d·$S_{断}$×根数=40×0.025m×0.45m×0.45m×60=12.15m^3

凿桩头 预制钢筋混凝土桩 套3-1-44 单价=2914.23 元/10m^3

费用：12.15m^3×2914.23 元/10m^3=3540.79 元

4. 钢筋整理

工程量：60 根

桩头钢筋整理 套3-1-46 单价=75.05 元/10 根

费用：75.05 元/10 根×60 根=450.30 元

砌体工程

任务3 计算砌筑工程

一、砖砌体、砌块砌体

（1）砖、砌块和石料按标准或常用规格编制，设计材料规格与定额不同时允许换算。

（2）砌筑砂浆按现场搅拌编制，定额所列砌筑砂浆的强度等级和种类，设计与定额不同时允许换算。

（3）黏土砖砌体计算厚度按表5-6规定计算。

表 5-6 黏土砖砌体计算厚度表

砖数（厚度）	1/4	1/2	3/4	1	1.5	2	2.5	3
计算厚度/mm	53	115	180	240	365	490	615	740

（4）定额中墙体砌筑层高按3.6m编制，如超过3.6m时，其超过部分工程量的定额人工乘以系数1.3。

（5）基础与墙体的分界线。

1）基础与墙体：以设计室内地坪为界，有地下室者，以地下室设计室内地坪为界，以下为基础，以上为墙体，如图5-27a所示。

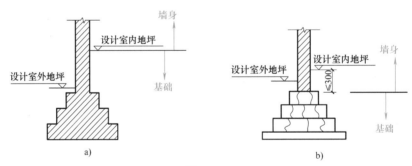

图 5-27

2）室内柱以设计室内地坪为界；室外柱以设计室外地坪为界，以下为柱基础，以上为柱。

3）围墙以设计室外地坪为界，以下为基础，以上为墙体。

4）挡土墙以设计地坪标高低的一侧为界，以下为基础，以上为墙体。

上述砌筑线的划分，系指基础与墙（柱）为同一种材料（或同一种砌筑工艺）的情况；若基础与墙（柱）使用不同材料，且（不同材料的）分界线位于设计室内地坪以下不超过300mm时，300mm以内部分并入相应墙（柱）工程量内计算，如图5-27b所示。

（6）基础工程量计算。

1）条形基础：按墙体长度乘以设计断面面积以体积计算。

2）条形基础包括附墙垛基础宽出部分体积，扣除地梁（圈梁）、构造柱所占体积，不扣除基础大放脚T形接头处的重叠部分，以及嵌入基础的钢筋、铁件、管道、基础防潮层和单个面积≤0.3m^{2}的孔洞所占体积，但靠墙暖气沟的外挑檐亦不增加。

3）条形基础长度：外墙按外墙中心线，内墙按内墙净长线计算。

4）柱间条形基础，按柱间墙体的设计净长度乘以设计断面面积，以体积计算。

5）独立基础：按设计图示尺寸以体积计算。

（7）墙体工程量计算。

1）墙体体积：按设计图示尺寸以体积计算。计算墙体工程量时，应扣除门窗，洞口，嵌入墙内的钢筋混凝土柱、梁、圈梁、挑梁、过梁及凹进墙内的壁龛、管槽、暖气槽、消火栓箱所占体积。不扣除梁头，外墙板头，檩头，垫木，木楞头，沿椽木，木砖，门窗走头，墙内的加固钢筋、木筋、铁件、钢管及每个面积≤0.3m²孔洞等所占体积。凸出墙面的窗台虎头砖、压顶线、山墙泛水、烟囱根、门窗套及三皮砖以内的腰线和挑檐等体积亦不增加。凸出墙面的砖垛、三皮砖以上的腰线和挑檐等体积，并入所附墙体体积内计算。

2）墙长度：外墙按中心线、内墙按净长计算。

3）墙高度：

① 外墙高度。斜（坡）屋面无檐口顶棚者算至屋面板底，如图5-28a所示；有屋架且室内外均有顶棚者算至屋架下弦底另加200mm，如图5-28b所示。

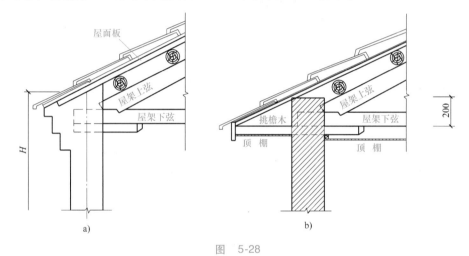

图　5-28

无顶棚者算至屋架下弦底另加300mm，出檐宽度超过600mm时按实砌高度计算，如图5-29所示。

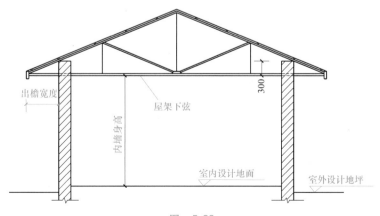

图　5-29

钢筋混凝土楼板隔层者有女儿墙时，外墙身高算至板顶（图5-32）；平屋顶屋面板外挑时，墙身高度算至钢筋混凝土板底，如图5-30所示。

② 内墙高度。位于屋架下弦者，算至屋架下弦底；无屋架者算至顶棚底另加100mm，如图5-31a所示；有钢筋混凝土楼板隔层者算至楼板底，如图5-31b所示；有框架梁时算至梁底，如图5-31c所示。

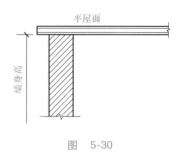

图 5-30

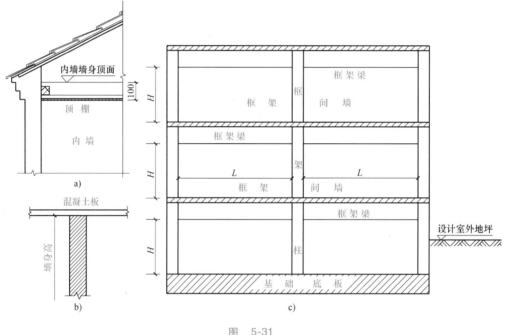

图 5-31

③ 女儿墙高度。从屋面板上表面算至女儿墙顶面；如有混凝土压顶时，算至压顶下表面，如图5-32所示。

④ 内、外山墙高度。按其平均高度计算，如图5-33所示。

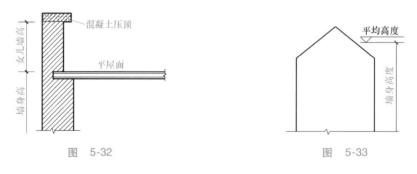

图 5-32   图 5-33

4）框架间墙：不分内外墙按墙体净尺寸以体积计算。

5）围墙：高度算至压顶上表面（如有混凝土压顶时，算至压顶下表面），围墙柱并入围墙体积内。

（8）多孔砖墙、空心砖墙和空心砌块墙，按相应规定计算墙体外形体积，不扣除砌体材料中的孔洞和空心部分的体积。

（9）设计用于各种砌体中的砌体加固筋，按钢筋及混凝土工程规定另行计算。

[例5-20] 如图5-34所示，某工程为砖墙、毛石基础，采用M5混浆砌筑，基础顶面标高为－0.200m，门窗过梁断面为240mm×180mm，长度为门窗洞口长度两端各加250mm无圈梁。试计算实心砖墙工程量及费用。

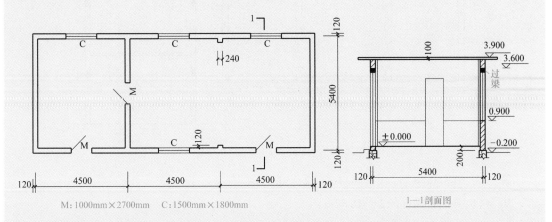

M：1000mm×2700mm C：1500mm×1800mm

1—1剖面图

图 5-34

解：（1）$L_{中}=(4.5m×3+5.4m)×2=37.8m$

（2）$L_{内}=5.4m-0.24m=5.16m$

（3）门窗面积：$1.0m×2.7m×3+1.5m×1.8m×4=18.90m^2$

（4）过梁混凝土体积：$0.24m×0.18m×[(1.0m+0.25m×2)×3+(1.5m+0.25m×2)×4]=0.54m^3$

（5）墙体高度：$3.9m-0.1m+0.2m=4.0m$

（6）3.6m以下部分墙体工程量：$[(37.8m+5.16m+0.12m×2)×3.6m-18.90m^2]×0.24m-0.54m^3=32.25m^3$

M5混合砂浆实心砖墙 墙厚240mm 套4-1-7 单价＝3730.41元/$10m^3$

费用：$32.25m^3×3730.41元/10m^3=12030.57元$

（7）3.6m以上部分墙体工程量：$[(37.8m+5.16m+0.12m×2)×(4.0m-3.6m)]×0.24m=4.15m^3$

M5混合砂浆实心砖墙 墙厚240mm 套4-1-7 单价（换）

$3730.41元/10m^3+1208.40元/10m^3×0.3=4092.93元/10m^3$

费用：$4.15m^3×4092.93元/10m^3=1698.57元$

[例5-21] 如图5-35所示，某工程内外墙厚均为240mm，采用煤矸石多孔砖M5混合砂浆砌筑，M1＝1200mm×2500mm共1个，M2＝900mm×2000mm共6个，C1＝1500mm（宽）×1600mm（高）共5+6+6=17个，过梁长度应为洞口长度两端各加250mm，一、二层为预制楼板，外墙设圈梁3道，断面为240mm×240mm，遇门窗以圈梁代替过梁，内墙不设圈梁，M2过梁断面240mm×180mm，女儿墙总高1000mm，其中混凝土压顶厚50mm。计算本工程砖墙费用。

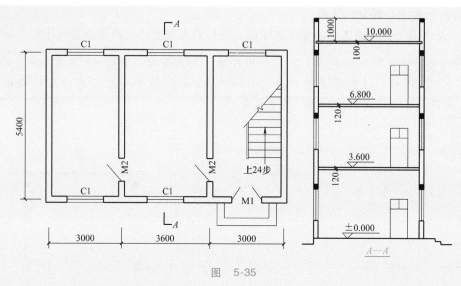

图 5-35

解： $L_中 = (3.0\text{m}\times2+3.6\text{m}+5.4\text{m})\times2 = 30.00\text{m}$

$L_内 = (5.4\text{m}-0.24\text{m})\times2 = 10.32\text{m}$

外墙工程量：$[30.00\text{m}\times(10.0\text{m}-0.24\text{m}\times3+1.0\text{m}-0.05\text{m})-1.5\text{m}\times1.6\text{m}\times17-1.2\text{m}\times2.5\text{m}]\times0.24\text{m} = 63.14\text{m}^3$

内墙工程量：$[10.32\text{m}\times(10.0\text{m}-0.1\text{m}-0.12\text{m}\times2)-0.9\text{m}\times2.0\text{m}\times6]\times0.24\text{m}-0.24\text{m}\times0.18\text{m}\times(0.9\text{m}+0.25\text{m}\times2)\times6 = 20.97\text{m}^3$

合计：$63.14\text{m}^3+20.97\text{m}^3 = 84.11\text{m}^3$

M5 混合砂浆多孔砖墙　墙厚 240mm　套 4-1-13　单价 = 3125.71 元/10m³

费用：$84.11\text{m}^3\times3125.71$ 元/$10\text{m}^3 = 26290.35$ 元

[例 5-22]　如图 5-36 所示，某平房设计室内地坪以下为毛石混凝土基础，外墙采用黏土多孔砖砌筑，厚为 240mm，内墙采用 M5 混浆加气混凝土块（585mm×240mm×240mm）砌筑，厚为 240mm，采用 M5 混合砂浆，屋面板下设顶圈梁一道（只设外墙），断面尺寸 240mm×200mm，过梁断面尺寸为 240mm×180mm。计算墙体工程量及费用。

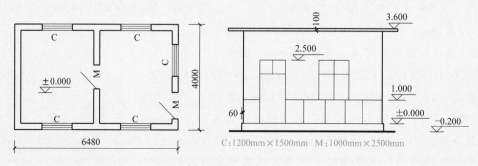

图 5-36

解：（1）外墙工程量。

$L_中 = (6.48\text{m}+4.0\text{m})\times2-4\times0.24\text{m} = 20.00\text{m}$

外墙高度：$3.6\text{m}-0.1\text{m}-0.2\text{m} = 3.30\text{m}$

门窗面积：$1.0m\times2.5m+1.2m\times1.5m\times5=11.50m^2$

过梁体积：$0.24m\times0.18m\times[(1.0m+0.25m\times2)\times1+(1.2m+0.25m\times2)\times5]=0.43m^3$

工程量：$(20.00m\times3.30m-11.50m^2)\times0.24m-0.43m^3=12.65m^3$

M5 混合砂浆多孔砖墙 墙厚240mm 套 4-1-13 单价=3125.71 元/$10m^3$

费用：$12.65m^3\times3125.71$ 元/$10m^3=3954.02$ 元

（2）内墙工程量。

$[(4.0m-0.24m\times2)\times(3.6m-0.1m)-1\times2.5m]\times0.24m-0.24m\times0.18m\times(1.0m+0.25m\times2)=2.29m^3$

M5 混合砂浆加气混凝土砌块墙 套 4-2-1 单价=4112.49 元/$10m^3$

费用：$2.29m^3\times4112.49$ 元/$10m^3=941.76$ 元

二、砌石

（1）定额中石材按其材料加工程度，分为毛石、毛料石、方整石，使用时应根据石料名称、规格分别执行。

（2）毛石护坡高度>4m 时，定额人工乘以系数 1.15。

（3）方整石零星砌体子目，适用于窗台，门窗洞口立边、压顶、台阶、栏杆，墙面点缀石等定额未列项目的方整石的砌筑。

（4）石砌体子目中均不包括勾缝用工，勾缝按墙、柱面装饰与隔断、幕墙工程的规定另行计算。

（5）石砌护坡按设计图示尺寸以体积计算。

（6）砖背里和毛石背里按设计图示尺寸以体积计算。

[例 5-23] 乱毛石挡土墙采用 M5 水泥砂浆砌筑，尺寸如图 5-37 所示，求挡土墙及基础费用。

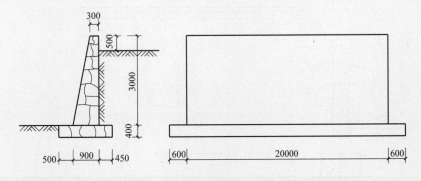

图 5-37

解： 基础部分工程量：$(0.5m+0.9m+0.45m)\times0.4\times(20.0m+0.6m\times2)=15.69m^3$

M5 水泥砂浆毛石基础 套 4-3-1 单价=2865.39 元/$10m^3$

费用：$15.69m^3\times2865.39$ 元/$10m^3=4495.80$ 元

墙体部分工程量：$(0.3m+0.9m)\times3.0m\div2\times20.0m=36.00m^3$

M5 水泥砂浆毛石挡土墙 套 4-3-4 单价（换）

查山东省人工、材料、机械台班单价表得：序号 5418（编码 80010001）混合砂浆 M5 单价（除税）209.63 元/m³；序号 5423（编码 80010011）水泥砂浆 M5 单价（除税）184.53 元/m³。

3006.82 元/10m³ − 3.9870×（209.63 − 184.53）元/10m³ = 2906.75 元/10m³

费用：36.00m³ × 2906.75 元/10m³ = 10464.30 元

三、综合应用

[例 5-24] 某建筑物基础平面图、基础详图如图 5-38 所示，试完成下列题目。

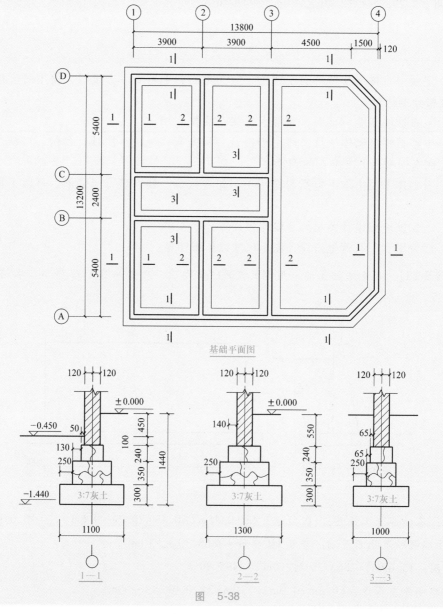

基础平面图

图 5-38

（1）从1-1、2-2、3-3基础断面图可以看出，基槽开挖深度为_____，土质为普通土时，_____（是、不）需要放坡。垫层宽度分别为_____、_____、_____。该垫层材料为_____，_____（是、不）留工作面，3∶7灰土给毛石基础提供的工作面宽度为_____mm，_____（能够、不能）满足要求。计算基数 $L_中$、$L_净$、$L_内$。

（2）计算基槽长度时，外墙基槽按_____，内墙基槽按_____。

（3）该工程机械挖基槽时，总挖土工程量乘以系数_____为机械挖土工程量，总挖土工程量乘以系数_____为人工清理修整工程量，并执行子目_____。假设土质为普通土，反铲挖土机挖土并将土弃于槽边，计算基槽开挖土方量，确定定额子目，计算其费用。

（4）定额中垫层按_____垫层编制，该题为_____垫层，套用定额时，人工、机械分别乘以系数_____。

（5）计算3∶7灰土（就地取土）垫层工程量，确定定额项目，计算其费用。

（6）计算基础（M5水泥砂浆砌筑）工程量，确定定额项目，计算其费用。

（7）若该工程场地平整为机械平整，计算场地平整工程量及费用。

（8）阅读图5-38中1—1断面图可得：建筑物室内外高差为_____，假设屋面板板顶标高为19.200m，计算竣工清理工程量，确定定额项目，计算其费用。

解：（1）填空：0.99m、不、1100mm、1300mm、1000mm、3∶7灰土、不、250、能够。基数计算如下。

$L_中 = (2.4\text{m}/2 + 5.4\text{m} + 3.9\text{m} \times 2 + 4.5\text{m} + 1.5\text{m} \times \sqrt{2} + 2.4\text{m}/2 + 5.4\text{m} - 1.5\text{m}) \times 2 = 52.24\text{m}$

或 $L_中 = (13.80\text{m} + 13.20\text{m}) \times 2 - (2 - \sqrt{2}) \times 1.5\text{m} \times 2 = 52.24\text{m}$

$L_{(2\text{-}2)净} = (5.4\text{m} - 1.1\text{m}/2 - 1.0\text{m}/2) \times 4 + 2.4\text{m} + 1.0\text{m} = 20.80\text{m}$

$L_{(3\text{-}3)净} = (3.9\text{m} \times 2 - 1.1\text{m}/2 - 1.3\text{m}/2) \times 2 = 13.20\text{m}$

$L_{(2\text{-}2)内} = 13.2\text{m} \times 2 - 0.24\text{m} \times 2 - (2.4\text{m} + 0.24\text{m}) = 23.28\text{m}$

$L_{(3\text{-}3)内} = (3.9\text{m} \times 2 - 0.24\text{m}) \times 2 = 15.12\text{m}$

（2）填空：设计外墙中心线（$L_中$）长度计算、设计内墙垫层净长度（$L_净$）计算。

（3）填空：0.90、0.125、1-2-6。

基槽挖土计算如下。

$L_{(1\text{-}1)挖} = 52.24\text{m} \times 1.10\text{m} \times (1.44\text{m} - 0.45\text{m}) = 56.89\text{m}^3$

$L_{(2\text{-}2)挖} = 20.80\text{m} \times 1.3\text{m} \times (1.44\text{m} - 0.45\text{m}) = 26.77\text{m}^3$

$L_{(3\text{-}3)挖} = 13.20\text{m} \times 1.0\text{m} \times (1.44\text{m} - 0.45\text{m}) = 13.07\text{m}^3$

$V_总 = 56.89\text{m}^3 + 26.77\text{m}^3 + 13.07\text{m}^3 = 96.73\text{m}^3$

小型挖掘机挖土土量：$(56.89\text{m}^3 + 13.07\text{m}^3) \times 0.90 = 62.96\text{m}^3$

说明：小型挖掘机是指斗容量 $\leqslant 0.30\text{m}^3$ 的挖掘机，适用于基础（含垫层）底宽 $\leqslant 1.20\text{m}$ 的沟槽土方工程或底面积 $\leqslant 8\text{m}^2$ 的地坑土方工程。

小型挖掘机挖槽坑土方 普通土 套1-2-47 单价=25.46元/10m³

费用：$62.96m^3 \times 25.46$ 元$/10m^3 = 160.30$ 元

普通挖掘机挖土土量：$26.77m^3 \times 0.90 = 24.09m^3$

挖掘机挖槽坑土方 普通土 套1-2-43 单价 $= 28.33$ 元$/10m^3$

费用：$24.09m^3 \times 28.33$ 元$/10m^3 = 68.25$ 元

人工挖土工程量：$96.73m^3 \times 0.125 = 12.09m^3$

人工挖沟槽土方 槽深$\leqslant 2m$ 普通土 套1-2-6 定额单价 $= 334.40$ 元$/10m^3$

费用：$12.09m^3 \times 334.40$ 元$/10m^3 = 404.29$ 元

（4）填空：地面、条形基础、1.05。

（5）3:7灰土垫层。

$V_{(1-1)} = 1.1m \times 0.3m \times 52.24m = 17.24m^3$

$V_{(2-2)} = 20.80m \times 1.3m \times 0.3m = 8.11m^3$

$V_{(3-3)} = 13.20m \times 1.0m \times 0.3m = 3.96m^3$

$V_{总} = 17.24m^3 + 8.11m^3 + 3.96m^3 = 29.31m^3$

3:7灰土垫层 套2-1-1 单价（换）

查消耗量定额2-1-1得：3:7灰土含量为10.20m^3；查定额交底资料附表得：每立方米3:7灰土中含1.15m^3黏土；查山东省人工、材料、机械台班单价表得：序号1921（编码04090047）黏土价格27.18元$/m^3$。

1788.06 元$/10m^3 - (10.2 \times 1.15 \times 27.18)$ 元$/10m^3 + (653.60 + 12.77)$ 元$/10m^3 \times 0.05 = 1502.56$ 元$/10m^3$

费用：$29.31m^3 \times 1502.56$ 元$/10m^3 = 4404.00$ 元

（6）基础。

① 毛石基础。

$V_{1-1} = [(1.1m - 0.25m \times 2) \times 0.35m + (0.24m + 0.05m \times 2) \times 0.24m] \times 52.24m = 15.23m^3$

$V_{2-2} = [(1.3m - 0.25m \times 2) \times 0.35m + (0.24m + 0.14m \times 2) \times 0.24m] \times 23.28m = 9.42m^3$

$V_{3-3} = [(1.0m - 0.25m \times 2) \times 0.35m + (0.24m + 0.065m \times 2) \times 0.24m] \times 15.12m = 3.99m^3$

小计：$15.23m^3 + 9.42m^3 + 3.99m^3 = 28.64m^3$

M5水泥砂浆毛石基础 套4-3-1 单价2865.39 元$/10m^3$

费用：$28.64m^3 \times 2865.39$ 元$/10m^3 = 8206.48$ 元

② 砖基础。

$V = 0.24m \times 0.55m \times (52.24m + 23.28m + 15.12m) = 11.96m^3$

M5水泥浆砌砖基础 套4-1-1 单价3493.09 元$/10m^3$

费用：$11.96m^3 \times 3493.09$ 元$/10m^3 = 4177.74$ 元

（7）平整场地。

$(13.8m + 0.24m) \times (13.2m + 0.24m) - 1.5m \times 1.5m = 186.45m^2$

场地平整 机械 套1-4-2 单价 $= 12.82$ 元$/10m^2$

费用：$186.45\text{m}^2 \times 12.82$ 元$/10\text{m}^2 = 239.03$ 元

（8）填空：0.45m。

竣工清理：$V = 186.45\text{m}^2 \times 19.2\text{m} = 3579.84\text{m}^3$

竣工清理 套 1-4-3 单价 = 20.90 元$/10\text{m}^3$

费用：$3579.84\text{m}^3 \times 20.90$ 元$/10\text{m}^3 = 7481.87$ 元

任务4 计算钢筋及混凝土工程

一、现浇钢筋混凝土

（一）定额说明

（1）定额内混凝土搅拌项目包括筛砂子、筛洗石子、搅拌、前台运输上料等内容，混凝土浇筑项目包括润湿模板、浇灌、捣固、养护等内容。

（2）毛石混凝土，按毛石占混凝土总体积20%计算。如设计要求不同时，允许换算。

（3）定额中已列出常用混凝土强度等级，如与设计要求不同时，允许换算。

（4）现浇钢筋混凝土柱、墙、后浇带定额项目，综合了底部灌注1:2水泥砂浆的用量。

（5）阳台指主体结构外的阳台，定额已综合考虑了阳台的各种类型因素，使用时不得分解。主体结构内的阳台，按梁、板相应规定计算。

（6）有梁板及平板的区分，如图5-39所示。

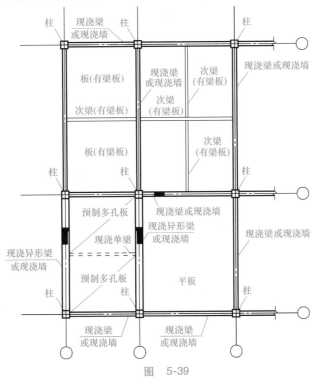

图 5-39

（二）计算规则

（1）现浇混凝土构件工程量除另有规定者外，均按图示尺寸以体积计算。不扣除构件内钢筋、铁件及墙、板中面积≤0.3m² 的孔洞所占体积。

（2）基础。

1）带形基础，外墙按设计外墙中心线长度、内墙按设计内墙基础图示长度乘设计断面面积计算。

带形基础工程量＝外墙中心线长度×设计断面面积+设计内墙基础图示长度×设计断面面积

2）满堂基础，按设计图示尺寸以体积计算。

3）箱式满堂基础，分别按无梁式满堂基础、柱、墙、梁、板有关规定计算，套用相应定额子目。

4）独立基础，包括各种形式的独立基础及柱墩，其工程量按图示尺寸以立方米为单位计算。柱与柱基的划分以柱基的扩大顶面为分界线，如图5-40所示。

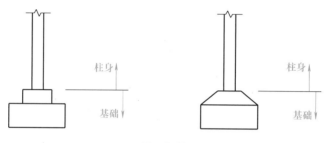

图 5-40

（3）混凝土搅拌制作子目，按各自计算规则计算出工程量后，乘以相应的混凝土消耗量，以立方米为单位计算，套用混凝土搅拌制作子目。

[例5-25] 某基础工程尺寸如图5-41所示，采用C20毛石混凝土制作，混凝土现场搅拌。试计算现浇毛石混凝土条形基础的工程量及费用。

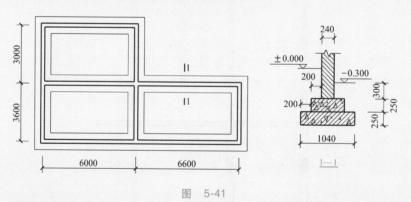

图 5-41

分析：带形基础，外墙按设计外墙中心线长度（$L_{中}$）、内墙按设计内墙基础图示长度乘设计断面计算，也就是内墙如果按基础间净长度（$L_{净}$）计算，则必须再加上内外墙基础的搭接部分体积。带形基础断面为阶梯形时，内外墙基础搭接部分形状如图5-42所示。

由图知搭接部分体积：$V_{搭接}=BLH$

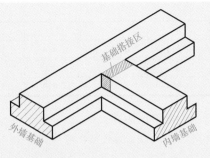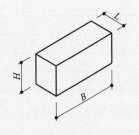

图 5-42

解：（1）条形基础。

$L_{中} = (3.0m + 3.6m + 6.0m + 6.6m) \times 2 = 38.4m$

$L_{净} = 6.0m - 1.04m + 3.6m - 1.04m = 7.52m$

$S_{断} = (1.04m + 1.04m - 0.2m \times 2) \times 0.25m = 0.42m^2$

$V_{搭接} = (1.04m - 0.2m \times 2) \times 0.25m \times 0.2m \times 4 = 0.13m^3$

工程量：$(38.4m + 7.52m) \times 0.42m^2 + 0.13m^3 = 19.42m^3$

C20 条形基础 毛石混凝土 套 5-1-3 单价（换）

查山东省人工、材料、机械台班单价表得：序号 5522（编码 80210025）C30 现浇混凝土碎石<40 单价（除税）359.22 元/m^3；序号 5515（编码 80210011）C20 现浇混凝土碎石<40 单价（除税）320.39 元/m^3。

4044.75 元/$10m^3$ + 8.585 × (320.39 − 359.22) 元/$10m^3$ = 3711.39 元/$10m^3$

费用：19.42m^3 × 3711.39 元/$10m^3$ = 7207.52 元

（2）现场搅拌混凝土工程量：19.42m^3 × 0.8585 = 16.67m^3

现场搅拌机搅拌混凝土基础 套 5-3-1 单价 = 305.46 元/$10m^3$

费用：16.67m^3 × 305.46 元/$10m^3$ = 509.20 元

（4）钢筋工程。

1）钢筋工程应区别现浇、预制构件，不同钢种和规格，计算时分别按设计计算长度乘以单位理论质量计算。钢筋电渣压力焊接、套筒挤压等接头，按数量计算。

2）计算钢筋工程量时，设计规定钢筋搭接的，按规定搭接长度计算；设计、规范未规定的，已包括在钢筋的损耗率之内，不另计算搭接长度。

现浇混凝土构件钢筋图示用量 =（构件长度 − 两端保护层厚度 + 弯钩长度 + 锚固增加长度 + 弯起增加长度 + 钢筋搭接长度）× 线密度（钢筋单位理论质量）

弯钩长度：Ⅰ级钢筋端部做半圆弯钩时，一端长度增加 6.25d（d 为钢筋直径）。

板上负筋直钩长度一般为板厚减一个保护层厚度。

3）箍筋长度：箍筋长度 = 构件截面周长 − 8 × 保护层厚度 + 4 × 箍筋直径 + 2 × 钩长。

梁柱箍筋钩长没规定时可按构件截面周长减 50mm 计算。

4）箍筋根数：箍筋根数 = 配置范围/箍筋间距 + 1。

5）钢筋单位理论质量：钢筋每米理论质量 = 0.006165d^2（d 为钢筋直径），或查表 5-7。

表 5-7 钢筋单位理论质量表

钢筋直径 d/mm	4	6.5	8	10	12	14	16
理论质量/(kg/m)	0.099	0.260	0.395	0.617	0.888	1.208	1.578
钢筋直径 d/mm	18	20	22	25	28	30	32
理论质量/(kg/m)	1.998	2.466	2.984	3.850	4.830	5.550	6.310

（5）柱：按图示断面尺寸乘以柱高以 m³ 为单位计算。

柱混凝土工程量＝图示断面面积×柱高

柱高按下列规定确定：

1）有梁板的柱高，按柱基础上表面（或楼板上表面）至上一层楼板上表面之间的高度计算，如图 5-43a 所示。

2）无梁板的柱高，按柱基础上表面（或楼板上表面）至柱帽下表面之间的高度计算，如图 5-43b 所示。

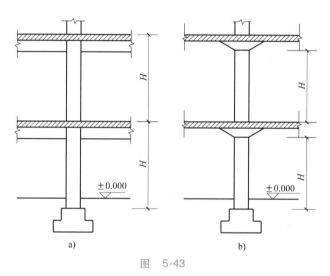

图 5-43

3）框架的柱高，按柱基础上表面至柱顶高度计算，如图 5-44a 所示。

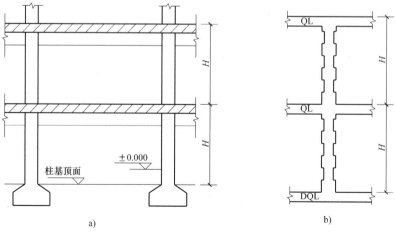

图 5-44

4）构造柱按设计高度计算，构造柱与墙嵌结部分（马牙槎）的体积，按构造柱出槎长度的一半（有槎与无槎的平均值）乘以出槎宽度，再乘以构造柱柱高，并入构造柱体积内计算，如图5-44b所示。

5）依附柱上的牛腿、升板的柱帽，并入柱体积内计算。

[例5-26] 某框架结构的工程，框架柱共45根，如图5-44a所示，断面尺寸为450mm×450mm，柱子总高度（自柱基扩大面至柱顶）为36.460m，采用C20混凝土浇筑。计算框架柱的混凝土工程量，确定定额项目及费用。

解： 框架柱的混凝土工程量：$0.45m×0.45m×36.46m×45=332.24m^3$

C20现浇混凝土矩形柱 套5-1-14 单价（换）

查山东省人工、材料、机械台班单价表得：序号5521（编码80210023）C30现浇混凝土碎石<31.5 单价（除税）359.22元/m^3；序号5514（编码80210011）C20现浇混凝土碎石<31.5 单价（除税）320.39元/m^3。

$5326.18元/10m^3-9.8691×(359.22-320.39)元/10m^3=4942.96元/10m^3$

费用：$332.24m^3×4942.96元/10m^3=164224.90元$

[例5-27] 某砖混结构丁字墙交接处构造柱，断面尺寸为240mm×240mm，如图5-45所示，共15根，钢筋保护层取25mm，混凝土强度等级为C20，DQL、QL的断面尺寸为240mm×240mm，计算：

（1）构造柱纵筋和箍筋工程量及费用。

（2）砌体加固筋工程量及费用。

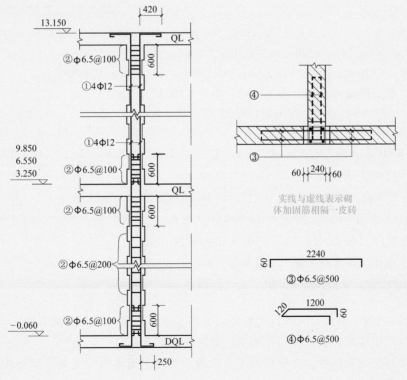

图 5-45

（3）构造柱混凝土和现场搅拌的工程量及费用。

解：（1）构造柱。

纵筋①4φ12

单根长度＝（13.15m＋0.06m＋0.24m－2×0.025m）＋（0.42m＋0.25m＋2×6.25×0.012m）＋

（0.6m＋2×6.25×0.012m）×4＝17.22m

纵筋工程量：17.22m×4×15×0.888kg/m＝917kg＝0.917t

现浇构件钢筋 HPB ≤φ18 套5-4-2 单价＝4121.08 元/t

费用：0.917t×4121.08 元/t＝3779.03 元

箍筋②φ6.5

单根长度＝0.24m×4－0.050m＝0.91m

根数＝［（13.15m＋0.06m＋0.24m－0.025m×2）－0.6m×2×4］÷0.2m/根＋（0.6m÷0.1m/根）×

4×2＋1 根＝43＋48＋1＝92 根

箍筋工程量：0.91m×92×15×0.260kg/m＝327kg＝0.327t

现浇构件箍筋 HPB ≤φ10 套5-4-30 单价＝4694.37 元/t

费用：0.327t×4694.37 元/t＝1535.06 元

（2）砌体加固钢筋 ③φ6.5@500。

由图中标高计算可知：建筑层高为3.3m。

加固钢筋根数＝配置范围÷配置间距－1 （靠近圈梁处不配钢筋）

加固钢筋根数：［（3.3m－0.24m）÷0.5m/根－1 根］×2×4×15＝6 根×2×4×15＝720 根

单根长度＝0.06m＋2.24m＋0.06m＝2.36m

④ φ6.5@500

加固钢筋根数：［（3.3m－0.24m）÷0.5m/根－1 根］×4×15＝6 根×4×15＝360 根

单根长度＝（0.06m＋1.20m）×2＋0.12m＝2.64m

工程量：（720×2.36m＋360×2.64m）×0.260kg/m＝689kg＝0.689t

砌体加固筋焊接≤φ6.5 套5-4-67 单价＝4563.21 元/t

费用：0.689t×4563.21 元/t＝3144.05 元

（3）构造柱混凝土工程量。

（0.24m×0.24m）×（13.15m＋0.06m）×15＋（0.24m×0.06mm÷2×3）×（13.15m＋0.06m－

0.24m×4）×15＝15.38m³

C20 现浇混凝土构造柱 套5-1-17 单价＝6142.21 元/10m³

费用：15.38m³×6142.21 元/10m³＝9446.72 元

混凝土搅拌工程量：15.38m³÷10×9.8691＝15.18m³

现场搅拌机搅拌混凝土柱 套5-3-2 单价＝363.21 元/10m³

费用：15.18m³×363.21 元/10m³＝551.35 元

（6）梁：按图示断面尺寸乘以梁长以立方米为单位计算。梁长及梁高按下列规定确定。

1）梁与柱连接时，梁长算至柱侧面，如图5-46a所示。

2）主梁与次梁连接时，次梁长算至主梁侧面。伸入墙体内的梁头、梁垫体积并入梁体积内计算，如图5-46b所示。

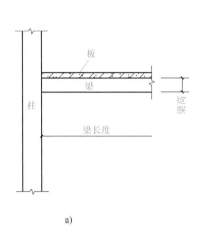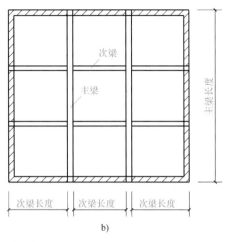

图 5-46

3）过梁长度按设计规定计算；设计无规定时，按门窗洞口宽度两端各加 250mm 计算，如图 5-47 所示。

4）房间与阳台连通，洞口上坪与圈梁连成一体的混凝土梁，按过梁的计算规则计算工程量，执行单梁子目。

5）圈梁与梁连接时，圈梁体积应扣除伸入圈梁内的梁的体积。圈梁与构造柱连接时，圈梁长度算至构造柱侧面。构造柱有马牙槎时，圈梁长度算至构造柱主断面的侧面。基础圈梁，按圈梁计算。

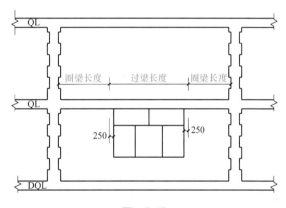

图 5-47

6）在圈梁部位挑出外墙的混凝土梁，以外墙外边线为界线，挑出部分按图示尺寸以体积计算。

7）梁（单梁、框架梁、圈梁、过梁）与板整体现浇时，梁高计算至板底，如图 5-46 所示。

[例 5-28] 某花篮梁尺寸及配筋如图 5-48 所示，共 26 根，混凝土强度等级为 C30，钢筋保护层取 25mm，现场搅拌混凝土。计算花篮梁钢筋和混凝土的工程量及费用。

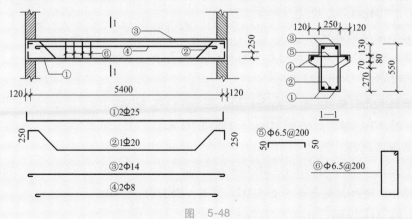

图 5-48

解：（1）钢筋。

① 号 2Φ25

单根长度 = 5.40m + 0.12m×2 - 0.025m×2 + 0.25m×2 = 6.09m

工程量：6.09m×2×26×3.85kg/m = 1219kg = 1.219t

② 号 1Φ20

单根长度 = 5.40m + 0.12m×2 - 0.025m×2 + 0.25m×2 + 2×0.414×（0.55m - 0.025m×2） = 6.50m

工程量：6.50m×26×2.4665kg/m = 417kg = 0.417t

现浇构件钢筋 HRB335 ≤Φ25 套 5-4-7 单价 = 4271.61 元/t

费用：（1.219t + 0.417t）×4271.61 元/t = 6988.35 元

③ 号 2Φ14

单根长度 = 5.40m + 0.12m×2 - 0.025m×2 + 2×6.25×0.014m = 5.77m

工程量：5.77m×2×26×1.208kg/m = 362kg = 0.362t

现浇构件钢筋 HPB300 ≤Φ18 套 5-4-2 单价 = 4121.08 元/t

费用：0.362t×4121.08 元/t = 1491.83 元

④ 号 2Φ8

单根长度 = 5.40m - 0.12m×2 - 0.025m×2 + 2×6.25×0.008m = 5.21m

工程量：5.21m×2×26×0.395kg/m = 107kg = 0.107t

⑤ Φ6.5@200

单根长度 = 0.12m×2 + 0.25m - 0.025m×2 + 0.050m×2 = 0.54m

根数 = （5.40m - 0.12m×2 - 0.025m×2）÷0.2 根/m + 1 = 27 根

工程量：0.54m×27×26×0.260kg/m = 99kg = 0.099t

现浇构件钢筋 HPB300 ≤Φ10 套 5-4-1 单价 = 4789.35 元/t

费用：（0.107t + 0.099t）×4789.35 元/t = 986.61 元

⑥ Φ6.5@200

单根长度 = （0.25m + 0.55m）×2 - 0.050m = 1.55m

根数 = （5.4m + 0.12m×2 - 0.025m×2）÷0.2 根/m + 1 = 29 根

工程量：1.55m×29×26×0.260kg/m = 304kg = 0.304t

现浇构件箍筋 ≤Φ10 套 5-4-30 单价 = 4694.37 元/t

费用：0.304t×4694.37 元/t = 1427.09 元

（2）花篮梁现浇混凝土。

工程量：[0.25m×0.55m×（5.40m + 0.12m×2）+（0.08m + 0.08m + 0.07m）×0.12m×（5.40m - 0.12m×2）]×26 = 23.87m³

现浇混凝土异形梁（C30） 套 5-1-20 单价 = 4978.60 元/10m³

费用：23.87m³×4978.60 元/10m³ = 11883.92 元

（3）混凝土搅拌。

工程量：23.87m³÷10×10.1 = 24.11m³

现场搅拌机搅拌混凝土梁 套 5-3-2 单价 = 363.21 元/10m³

费用：24.11m³×363.21 元/10m³ = 875.70 元

（7）板：按图示面积乘以板厚以体积计算。其中：

1）有梁板包括主、次梁及板，工程量按梁、板体积之和计算，如图5-49a所示。

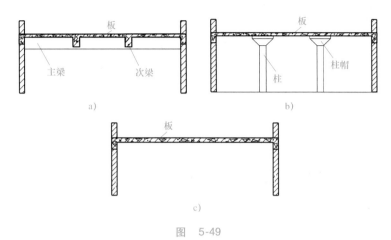

图　5-49

现浇有梁板混凝土工程量=图示长度×图示宽度×板厚+主梁体积+次梁体积

主梁及次梁体积=主梁长度×主梁宽度×主梁肋高+次梁净长度×次梁宽度×次梁肋高

2）无梁板按板和柱帽体积之和计算，如图5-49b所示。

现浇无梁板混凝土工程量=图示长度×图示宽度×板厚+柱帽体积

3）平板按板图示体积计算。伸入墙内的板头、平板边沿的翻檐，均并入平板体积内计算，如图5-49c所示。

（8）楼梯：整体楼梯包括休息平台、平台梁、楼梯底板、斜梁及楼梯的连接梁、楼梯段，按水平投影面积计算，不扣除宽度≤500mm的楼梯井，伸入墙内部分不另增加。踏步旋转楼梯，按其楼梯部分的水平投影面积乘以周数计算（不包括中心柱）。

1）混凝土楼梯（含直形和旋转形）与楼板，以楼梯顶部与楼板的连接梁为界，连接梁以外为楼板；楼梯基础，按基础的相应规定计算。

2）踏步底板、休息平台的板厚不同时，应分别计算。踏步底板的水平投影面积包括底板和连接梁；休息平台的投影面积包括平台板和平台梁。

3）弧形楼梯，按旋转楼梯计算。

4）独立式单跑楼梯间，楼梯踏步两端的板均视为楼梯的休息平台板。非独立式楼梯间单跑楼梯，楼梯踏步两端宽度（自连接梁外边沿起）≤1.2m的板，均视为楼梯的休息平台板。单跑楼梯侧面与楼板之间的空隙视为单跑楼梯的楼梯井。

[例5-29]　某厨房卫生间现浇平板，配筋及平板尺寸如图5-50所示，混凝土强度等级C25，板保护层取15mm。试计算钢筋和混凝土浇筑的工程量及费用。

解：（1）钢筋。

① $\Phi6.5@18$

单根长度=2.8m+2.0m-2×0.015m+6.25×0.0065m×2=4.85m

根数=（3.0m+2.7m-0.015m×2）÷0.18m/根+1根=33根

工程量：4.85m×33×0.260kg/m=42kg=0.042t

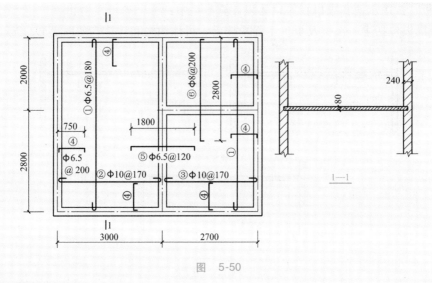

图 5-50

② Φ10@170

单根长度 = 3.0m - 0.015m × 2 + 2 × 6.25 × 0.01m = 3.10m

根数 = (2.8m + 2.0m - 0.015m × 2) ÷ 0.17m/根 + 1 根 = 30 根

工程量：3.10m × 30 × 0.617kg/m = 57kg = 0.057t

③ Φ10@170

单根长度 = 2.7m - 0.015m × 2 + 2 × 6.25 × 0.01m = 2.80m

工程量：2.80m × 30 × 0.617kg/m = 52kg = 0.052t

④ Φ6.5@200

单根长度 = 0.75m - 0.015m + (0.08m - 0.015m × 1) × 2 = 0.87m

根数 = [(2.8m + 2.0m - 0.015m × 2) ÷ 0.2m/根 + 1 根] × 2 + [(3.0m + 2.7m - 0.015m × 2) ÷ 0.2m/根 + 1 根] + (3.0m - 0.015m) ÷ 0.2m/根 = 25 根 × 2 + 30 根 + 15 根 = 95 根

工程量：0.87m × 95 × 0.260kg/m = 21kg = 0.021t

⑤ Φ6.5@120

单根长度 = 1.8m + (0.08m - 0.015m × 1) × 2 = 1.93m

根数 = (2.8m + 2.0m - 0.015m × 2) ÷ 0.12m/根 + 1 根 = 41 根

工程量：1.93m × 41 × 0.260kg/m = 21kg = 0.021t

⑥ Φ8@200

单根长度 = 2.8m - 0.015m + (0.08m - 0.015m × 1) × 2 = 2.92m

根数 = (2.7m - 0.015m) ÷ 0.20m/根 + 1 根 = 15 根

工程量：2.92m × 15 × 0.395kg/m = 17kg = 0.017t

现浇构件钢筋 HPB300 ≤Φ10 套 5-4-1 单价 = 4789.35 元/t

费用：(0.042t + 0.057t + 0.052t + 0.021t + 0.021t + 0.017t) × 4789.35 元/t = 1005.77 元

(2) 混凝土浇筑。

工程量：(3.0m + 2.7m) × (2.0m + 2.8m) × 0.08m = 2.19m³

C25 现浇混凝土平板 套 5-1-33 单价（换）

4993.77 元/10m³ - 10.1 × (359.22 - 339.81) 元/10m³ = 4797.73 元/10m³

费用：2.19m³ × 4797.73 元/10m³ = 1050.70 元

二、预制钢筋混凝土

（1）预制混凝土构件混凝土工程量均按图示尺寸以体积计算，不扣除构件内钢筋、铁件、预应力钢筋所占的体积。

（2）混凝土与钢构件组合的构件，混凝土部分按构件实体积以体积计算。钢构件部分按理论质量，以质量计算。

[例5-30] 某工业厂房现场预制混凝土牛腿柱36根，尺寸如图5-51所示，混凝土强度等级为C30，采用现场搅拌混凝土。试计算预制混凝土牛腿柱混凝土浇筑和搅拌的工程量及费用。

解：（1）预制混凝土牛腿柱工程量。

[3.3m×0.4m×0.4m+（6.3m+0.55m）×0.65m×0.4m+（0.25m+0.3m+0.25m）×0.15m×1/2×0.4m]×36＝83.99m³

C30预制混凝土 矩形柱 套5-2-1 单价＝4511.99元/10m³

费用：83.99m³×4511.99元/10m³＝37896.20元

（2）现场搅拌混凝土工程量：83.99m³×1.0221＝85.85m³

现场搅拌机搅拌混凝土柱 套5-3-2 单价＝363.21元/10m³

费用：85.85m³×363.21元/10m³＝3118.16元

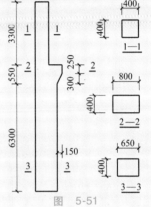

图 5-51

三、综合应用

[例5-31] 某建筑物平面图、基础详图、墙垛详图，如图5-52所示，墙体为240mm，墙垛250mm×370mm，上部为普通土深600mm，下部为坚土。

（1）施工组织设计：挖掘机坑上挖土，将土弃于槽边，待槽坑边回填（机械夯填）和房心回填完工后，再考虑取运土，挖掘机装车，自卸汽车运土2km。

（2）施工做法。

1）垫层采用C15混凝土。

2）条基C25毛石混凝土，柱基C25钢筋混凝土基础。

3）砖基为M5水泥砂浆砌筑。

4）地面做法：20mm厚1∶2.5水泥砂浆；100mm厚C20素混凝土垫层；180mm厚3∶7灰土夯填（就地取土）。

5）钎探：钎探眼（1个/m²按垫层面积）。

（3）计算。

1）基槽坑挖土工程量及费用。

2）条基、柱基垫层工程量及费用。

3）毛石混凝土基础、钢筋混凝土柱基础、砖基础工程量及费用。

4）槽坑边回填、房心（3∶7灰土）回填工程量及费用。

5）计算取（运土）、挖掘机装车和自卸汽车运土的工程量及费用。

6）计算钎探工程量及费用。

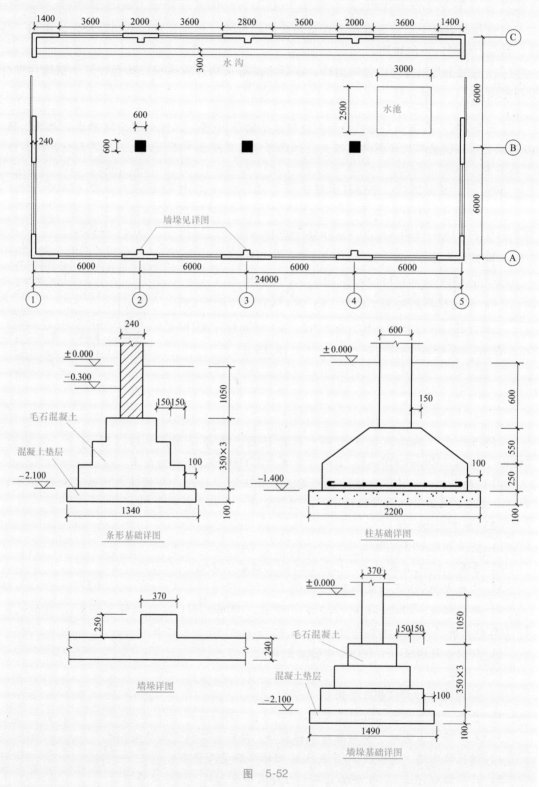

图　5-52

分析：查表 5-2 得，混凝土垫层的工作面宽度为 150mm，混凝土的工作面宽度为 400mm，（100mm+150mm）= 250mm<400mm。定额规定：基础开挖边线上不允许出现错台，故基础开挖边线为自混凝土基础外边线向外 400mm，放坡起点为垫层底部，如图 5-2 中间图右边粗实线所示。查表 5-3 得，普通土起点深度为 1.20m，坚土为 1.70m。槽坑上作业普通土为放坡坡度为 0.50；坚土为 0.30。

解： 基数计算。

$L_{中} = (24.0m+6.0m×2)×2 = 72.00m$

$S_{房} = (24.0m-0.24m)×(6.0m×2-0.24m) = 279.42m^2$

（1）基槽坑挖土。

① 条基土方。

挖土深度：$H - 2.10m-0.30m+0.10m = 1.9m$

因上部普通土厚度为 0.60m，则下部坚土厚度为 1.9m-0.6m = 1.3m

起点放坡深度：$(1.2m×0.6m+1.7m×1.3m)÷1.9m = 1.54m < 1.90m$，放坡开挖。

综合放坡系数：$(0.5×0.6m+0.3×1.3m)÷1.9m = 0.36$

垫层底坪增加的开挖宽度：

$d = c_2-t-c_1-kh_1 = 0.40mm-0.10m-0.15m-0.36×0.10m = 0.11m$

$V_{条基总土} = (1.34m+0.15m×2+0.11m×2+0.36×1.9m)×1.9m×72.0m+(1.49m+0.15m×2+0.11m×2+0.36×1.9m)×1.9m×0.25m×6 = 355.70m^3$

$V_{条基坚土} = (1.34m+0.15m×2+0.11m×2+0.36×1.3m)×1.3m×72.0m+(1.49m+0.15m×2+0.11m×2+0.36×1.3m)×1.3m×0.25m×6 = 222.73m^3$

$V_{条基普土} = V_{条基总土}-V_{条基坚土} = 355.70m^3-222.73m^3 = 132.97m^3$

查表 5-4 得，沟槽土方机械挖土乘以系数 0.90，人工清理修正系数 0.125，并执行子目 1-2-6。

机械挖沟槽普通土工程量：$132.97m^3×0.90 = 119.67m^3$

机械挖沟槽坚土工程量：$222.73m^3×0.90 = 200.46m^3$

人工清理修整土方工程量：$355.70m^3×0.125 = 44.46m^3$

挖掘机挖槽坑土方 普通土 套 1-2-43 单价 = 28.33 元/$10m^3$

费用：$119.67m^3×28.33$ 元/$10m^3 = 339.03$ 元

挖掘机挖槽坑土方 坚土 套 1-2-44 单价 = 31.49 元/$10m^3$

费用：$200.46m^3×31.49$ 元/$10m^3 = 631.25$ 元

人工挖沟槽土方 槽深≤2m 普通土 套 1-2-6 单价 = 334.40 元/$10m^3$

费用：$44.46m^3×334.40$ 元/$10m^3 = 1486.74$ 元

② 柱基土方。

挖土深度：$H = 1.40m+0.10m-0.30m = 1.2m$，不放坡。

$V_{柱总土} = (2.20m-0.10m×2+0.40m×2)^2×1.2m×3 = 28.22m^3$

$V_{柱普土} = (2.20m-0.10m×2+0.40m×2)^2×0.60m×3 = 14.11m^3$

$V_{柱坚土} = 28.22m^3-14.11m^3 = 14.11m^3$

$V_{总挖土} = 355.70m^3+28.22m^3 = 383.92m^3$

查表5-4得，地坑土方机械挖土乘以系数0.85，人工清理修正系数0.188，并执行子目1-2-11。

机械挖地坑普通土工程量：$14.11\text{m}^3 \times 0.85 = 11.99\text{m}^3$

机械挖地坑坚土工程量：$14.11\text{m}^3 \times 0.85 = 11.99\text{m}^3$

人工清理修整土方工程量：$28.22\text{m}^3 \times 0.188 = 5.31\text{m}^3$

垫层底面积：$2.20\text{m} \times 2.20\text{m} = 4.84\text{m}^2 < 8.0\text{m}^2$，属于小型挖掘机子目。

小型挖掘机挖沟槽地坑土方　普通土　套1-2-47　定额单价=25.46元/10m^3

费用：$11.99\text{m}^3 \times 25.46$元/$10\text{m}^3 = 30.53$元

小型挖掘机挖沟槽地坑土方　坚土　套1-2-48　定额单价=30.18元/10m^3

费用：$11.99\text{m}^3 \times 30.18$元/$10\text{m}^3 = 36.19$元

人工挖地坑土方　坑深$\leqslant 2\text{m}$　普通土　套1-2-11　单价=354.35元/10m^3

费用：$5.31\text{m}^3 \times 354.35$元/$10\text{m}^3 = 188.16$元

（2）垫层。

$V_{条垫} = 1.34\text{m} \times 0.10\text{m} \times 72.0\text{m} + 1.49\text{m} \times 0.10\text{m} \times 0.25\text{m} \times 6 = 9.87\text{m}^3$

C15混凝土垫层（条基）无筋　套2-1-28　单价（换）

3850.59元/$10\text{m}^3 + 0.05 \times (788.50 + 6.28)$元/$10\text{m}^3 = 3890.33$元/$10\text{m}^3$

费用：$9.87\text{m}^3 \times 3890.33$元/$10\text{m}^3 = 3839.76$元

$V_{柱垫} = 2.2\text{m} \times 2.20\text{m} \times 0.10\text{m} \times 3 = 1.45\text{m}^3$

C15混凝土垫层（独基）无筋　套2-1-28　单价（换）

3850.59元/$10\text{m}^3 + 0.10 \times (788.50 + 6.28)$元/$10\text{m}^3 = 3930.07$元/$10\text{m}^3$

费用：$1.45\text{m}^3 \times 3930.07$元/$10\text{m}^3 = 569.86$元

（3）基础。

① 条形基础。

$S_{毛石混凝土条基} = [(1.34\text{m} - 0.10\text{m} \times 2) + 1.34\text{m} - (0.10\text{m} + 0.15\text{m}) \times 2 + 1.34\text{m} - (0.10\text{m} + 0.15\text{m} \times 2) \times 2] \times 0.35\text{m} = 0.88\text{m}^2$

$S_{毛石混凝土墙垛} = [(1.49\text{m} - 0.10\text{m} \times 2) + 1.49\text{m} - (0.10\text{m} + 0.15\text{m}) \times 2 + 1.49\text{m} - (0.10\text{m} + 0.15\text{m} \times 2) \times 2] \times 0.35\text{m} = 1.04\text{m}^2$

$V_{毛石混凝土条基} = 0.88\text{m}^2 \times 72.0\text{m} + 1.04\text{m}^2 \times 0.25\text{m} \times 6 = 64.92\text{m}^3$

C25带型基础　毛石混凝土　套5-1-3　单价（换）

查山东省人工、材料、机械台班单价表得：序号5522（编码80210025）C30现浇混凝土碎石<40单价（除税）359.22元/m^3；序号5519（编码80210019）C25现浇混凝土碎石<40单价（除税）339.81元/m^3。

4044.75元/$10\text{m}^3 + 8.585 \times (339.81 - 359.22)$元/$10\text{m}^3 = 3878.12$元/$10\text{m}^3$

费用：$64.92\text{m}^3 \times 3878.12$元/$10\text{m}^3 = 25176.76$元

$V_{砖基础} = 0.24\text{m} \times 1.05\text{m} \times 72.0\text{m} + 0.37\text{m} \times 1.05\text{m} \times 0.25\text{m} \times 6 = 18.73\text{m}^3$

M5水泥砂浆砖基础　套4-1-1　单价=3493.09元/10m^3

费用：$18.73\text{m}^3 \times 3493.09$元/$10\text{m}^3 = 6542.56$元

② 独立基础。

钢筋混凝土独立基础：上部为四棱台，其体积公式为 $1/3h(S_上+S_下+\sqrt{S_上 \times S_下})$

$S_上 = (0.6mm+0.15m\times2)\times(0.6mm+0.15m\times2) = 0.81m^2$

$S_下 = (2.20m-0.10m\times2)\times(2.2m-0.10m\times2) = 4.00m^2$

$V_{柱基} = 1/3\times0.55m\times[0.81m^2+4.00m^2+\sqrt{0.81m^2\times4.00m^2}]\times$

　　　　$3+0.25m\times(2.2m-0.2m)^2\times3 = 6.64m^3$

C25 独立基础　混凝土　套 5-1-6　单价（换）

4390.81 元$/10m^3 + 10.10\times(339.81-359.22)$ 元$/10m^3 = 4194.77$ 元$/10m^3$

费用：$6.64m^3\times4194.77$ 元$/10m^3 = 2785.33$ 元

$V_{室外地坪以下柱身} = 0.6m\times0.6m\times(0.6m-0.3m)\times3 = 0.32m^3$

$V_{室外地坪以下砖条基} = 0.24m\times(1.05m-0.30m)\times72.0m = 12.96m^3$

$V_{室外地坪以下砖垛基} = 0.37m\times(1.05m-0.30m)\times0.25m\times6 = 0.42m^3$

室外地坪以下基础总体积。

$V_{室外地坪以下基础总体积} = V_{条垫}+V_{柱垫}+V_{毛石混凝土条基}+V_{柱基}+V_{室外地坪以下柱身}+V_{室外地坪以下砖条基}+$

$V_{室外地坪以下砖垛基} = 9.87m^3+1.45m^3+64.92m^3+6.64m^3+0.32m^3+12.96m^3+0.42m^3 = 96.58m^3$

（4）沟槽基坑边回填。

$V_{槽坑夯填} = V_{总挖}-V_{室外地坪以下基础总体积} = 383.92m^3-96.58m^3 = 287.34m^3$（夯实体积）

夯填土　机械　槽坑　套 1-4-13　单价 = 121.52 元$/10m^3$

费用：$287.34m^3\times121.52$ 元$/10m^3 = 3491.76$ 元

房心 3：7 灰土回填。

$V_{房心回填} = [279.42m^2-2.50m\times3.0m-(24.0m-0.24m)\times0.30m-0.6m\times0.6m\times3]\times0.18m = 47.47m^3$

查消耗量定额 2-1-1 得：3：7 灰土含量为 $10.20m^3$；查定额交底资料附表得：每立方米 3：7 灰土中含 $1.15m^3$ 黏土；查山东省人工、材料、机械台班单价表得：序号 1921（编码 04090047）黏土价格 27.18 元$/m^3$。

3：7 灰土垫层　机械振动　套 2-1-1　单价（换）

1788.06 元$/10m^3 - (10.2\times1.15\times27.18)$ 元$/10m^3 = 1469.24$ 元$/10m^3$

费用：$47.47m^3\times1469.24$ 元$/10m^3 = 6974.48$ 元

房心 3：7 灰土中黏土含量。

$V_{房心黏土} = 47.47m^3\div10\times10.20\times1.15 = 55.68m^3$（天然密实体积）

（5）取运土工程量（天然密实体积）。

$V_{运土} = V_{总挖}-V_{槽坑夯填}\times体积换算系数-V_{房心黏土}$

　　　　$= 383.92m^3-287.34m^3\times1.15-55.68m^3 = -2.20m^3$　取土内运

挖掘机装车工程量：$2.20m^3$

挖掘机装车　土方　套 1-2-53　单价 = 35.41 元$/10m^3$

费用：$2.20m^3\times35.41$ 元$/10m^3 = 7.79$ 元

自卸汽车运土工程量：$2.20m^3$

自卸汽车运土2km　套1-2-58和1-2-59　单价（换）

56.69元/10m³+12.26元/10m³=68.95元/10m³

费用：2.20m³×68.95元/10m³=15.17元

（6）钎探。

工程量：1.34m×72.0m+1.49m×0.25m×6+2.2m×2.2m×3=113.24m²

基底钎探　套1-4-4　单价=60.97元/10m²

费用：113.24m²×60.97元/10m²=690.42元

任务5　计算金属及木结构工程

一、金属结构工程

（1）定额包括金属结构制作、无损探伤检验、除锈、平台摊销、金属结构安装五部分。

（2）构件制作均包括现场内（工厂内）的材料运输、号料、加工、组装及成品堆放、装车出厂等工序。

（3）定额金属构件制作包括各种杆件的制作、连接以及拼装成整体构件所需的人工、材料及机械台班用量（不包括为拼装钢屋架、托架、天窗架而搭设的临时钢平台）。在套用了金属构件制作项目后，拼装工作不再单独计算。6-5-26至6-5-29拼装子目只适用于半成品构件的拼装。安装项目中，均不包含拼装工序。

（4）金属结构的各种杆件的连接以焊接为主，焊接前连接两组相邻构件使其固定以及构件运输时为避免出现误差而使用的螺栓，已包括在制作子目内。

（5）金属构件制作子目中，钢材的规格和用量，设计与定额不同时，可以调整，其他不变（钢材的损耗率为6%）。

（6）轻钢屋架，是指每榀重量<1t的钢屋架。

（7）钢屋架、托架、天窗架制作平台摊销子目是与钢屋架、托架、天窗架制作子目配套使用的子目，其工程量与钢屋架、托架、天窗架的制作工程量相同。其他金属构件制作不计平台摊销费用。

（8）金属结构制作、安装工程量，按图示钢材尺寸以质量计算，不扣除孔眼、切边的质量。焊条、铆钉、螺栓等质量已包括在定额内，不另计算。计算不规则或多边形钢板质量时，均以其最大对角线乘以最大宽度的矩形面积计算，如图5-53所示。

（9）实腹柱、□形柱、梁、H型钢等制作均按图示尺寸计算，其腹板及翼板宽度按每边增加10mm计算。

（10）钢柱制作、安装工程量，包括依附于柱上的牛腿、悬臂梁及柱脚连接板的质量。

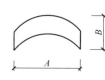

图　5-53

（11）钢管柱制作、安装执行空腹钢桩子目，柱体上的节点板、加强环、内衬管、牛腿等依附构件并入钢管柱工程量内。

（12）计算钢屋架、钢托架、天窗架工程量时，依附其上的悬臂梁、檩托、横挡、支爪、檩条爪等分别并入相应构件内计算。

（13）制动梁的制作安装工程量包括制动梁、制动桁架、制动板质量。

（14）钢墙架的制作工程量包括墙架柱、墙架梁及连接柱杆质量。

（15）钢筋混凝土组合屋架钢拉杆，按屋架钢支撑计算。

[例5-32]　已知：钢屋架共12榀，屋架各部分尺寸及用料如图5-54所示，屋架上弦杆及腹杆均采用2根角钢制作，下弦杆采用4根钢筋制作。∠100×100×8的线密度为12.276kg/m，∠70×70×7线密度为7.398kg/m，Φ25钢筋线密度为3.85kg/m，-12连接板面密度为94.20kg/m²。试计算屋架工程量及费用。

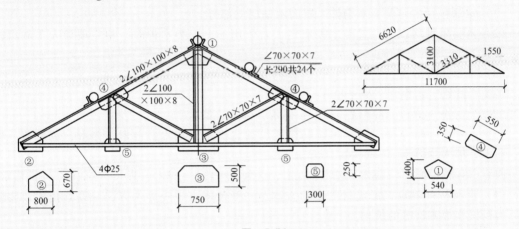

图 5-54

分析：金属结构支座，按设计图示尺寸以质量计算，不扣孔眼、切边、切肢的质量，焊条、铆钉螺栓等不另增加质量。不规则或多边形钢板以其外接矩形面积乘以厚度乘以单位理论质量计算。

解：（1）单榀屋架工程量。

上弦质量：6.62m×2×2×12.276kg/m=325kg

下弦质量：11.70m×4×3.85 kg/m=180kg

中竖腹杆：3.10m×2×12.276kg/m=76kg

其他腹杆：（3.31m+1.55m）×4×7.398kg/m=144kg

①号连接板质量：0.54m×0.40m×94.20kg/m²=20kg

②号连接板质量：0.80m×0.67m×2×94.20kg/m²=101kg

③号连接板质量：0.75m×0.50m×94.20kg/m²=35kg

④号连接板质量：0.55m×0.35m×2×94.20kg/m²=36kg

⑤号连接板质量：0.30m×0.25m×2×94.2kg/m²=14kg

檩托质量：0.290×24×7.398=51kg

单榀屋架的工程量：

325kg+180kg+76kg+144kg+20kg+101kg+35kg+36kg +14kg+51kg=982kg=0.982t<1.0t

单榀屋架的质量小于1t，故此屋架为轻钢屋架。

（2）屋架工程量合计=0.982t×12=11.784t

轻钢屋架　套6-1-5　单价=7007.66元/t

费用：11.784t×7007.66元/t=82578.27元

钢屋架、托架、天窗架（平台摊销）≤1.5t　套6-4-1　单价=535.36元/t

费用：11.784t×535.36元/t=6308.68元

轻钢屋架安装　套6-5-3　单价=1509.86元/t

费用：11.784t×1509.86元/t=17792.19元

二、木结构工程

（1）定额包括木屋架、木构件、屋面木基层三部分。

（2）木材木种均以一、二类木种取定。若采用三、四类木种时，相应项目人工和机械乘以系数1.35。

（3）木材木种分类。

一类：红松、水桐木、樟子松。

二类：白松（方杉、冷杉）、杉木、杨木、柳木、椴木。

三类：青松、黄花松、秋子木、马松尾、东北榆木、柏木、苦木、梓木、黄菠萝、椿木、楠木、柚木、樟木。

四类：栎木（柞木）、檩木、色木、槐木、荔木、麻栗木、桦木、荷木、水曲柳、华北榆木。

（4）定额材料中的"锯成材"是指方木、一等硬木方、一等木方、一等方托木、装修材、木板材和板方材等的统称。

（5）定额中木材以自然干燥条件下的含水率编制，需人工干燥时，另行计算。

（6）钢木屋架是指下弦杆件为钢材，其他受压杆件为木材的屋架。

（7）屋架跨度是指屋架两端上、下弦中心线交点之间的距离。

（8）屋面木基层是指屋架上弦以上至屋面瓦以下的结构部分。

（9）木屋架、钢木屋架定额项目中的钢板、型钢、圆钢，设计与定额不同时，用量可按设计数量另加6%损耗调整，其他不变。

（10）木架屋、檩条工程量按设计图示尺寸以体积计算，附属于其上的木夹板、垫木、风撑、挑檐木、檩条、三角条均按木料体积并入屋架、檩条工程量内。单独挑檐木并入檩条工程量内。檩托木、檩垫木已包括在定额项目里，不另计算。

（11）钢木屋架的工程量按设计图示尺寸以体积计算，只计算木杆件的体积。后备长度、配置损耗以及附属于屋架的垫木等已并入屋架子目内，不另计算。

[例5-33]　某红木加工厂的制作加工车间共有木屋架6榀，其屋架的形式及简图如图5-55所示，屋架全部用圆木（独木）加工，屋架下弦杆用杨木制作，直径0.38m；上弦（中竖）杆用杉木制作，直径0.26m；斜腹（小竖）杆等用杉木制作，直径均为0.22m，檩托长度为0.20m，直径0.22m。檩条用青松圆木直径0.18m，脊檩（共有7根）长度为4.2m，其他长度均为4.5m。计算木屋架和檩条的工程量及费用。

解：（1）单榀屋架工程量。

下弦杆体积：$(0.38m)^2/4\pi×14.90m=1.69m^3$

上弦杆体积：$(0.26m)^2/4\pi×8.26m×2=0.88m^3$

中竖杆体积：$(0.26m)^2/4\pi×3.86m=0.20m^3$

斜腹（小竖）杆体积：$0.22m^2/4\pi×(3.55m+1.93m)×2=0.42m^3$

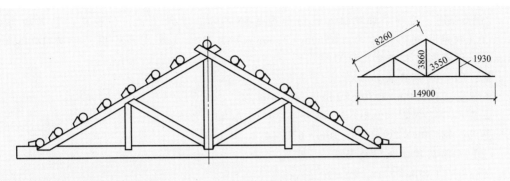

图 5-55

（2）所有屋架工程量。

$(1.69\text{m}^3+0.88\text{m}^3+0.20\text{m}^3+0.42\text{m}^3)\times6=19.14\text{m}^3$

圆木人字屋架制作安装 跨度>10m 套 7-1-2 单价=29990.03 元/10m³

费用：19.14m³×29990.03 元/10m³=57400.92 元

（3）檩条。

工程量：$(0.18\text{m})^2/4\pi\times(4.2\text{m}\times7+4.5\text{m}\times14\times7)=12.01\text{m}^3$

圆木檩条 套 7-3-2 单价（换）

21111.89 元/10m³+2167.90 元/10m³×0.35=21870.66 元/10m³

费用：12.01m³×21870.66 元/10m³=26266.66 元

任务6 计算门窗工程

（1）定额包括木门、金属门、金属卷帘门、厂库房大门、特种门、其他门、木窗和金属窗七部分。

（2）定额主要为成品门窗安装项目。

一、木门窗

木门窗

（1）木门窗及金属门窗不论现场或附属加工厂制作，均执行本定额。现场以外至施工现场的水平运输费用可计入门窗单价。

（2）门窗安装项目中，玻璃、合页及插销等一般五金零件均按包含在成品门窗单价内考虑。

（3）单独木门框制作安装中的门框断面按 55mm×100mm 考虑。实际断面不同时，门窗材的消耗量按设计图示用量另加 18%损耗调整。

（4）木窗中的木橱窗是指造型简单、形状规则的普通橱窗。

（5）各类门窗安装工程量，除注明者外，均按图示门窗洞口面积计算。

（6）门连窗的门和窗安装工程量，应分别计算，窗外围尺寸以长度计算。

（7）木门框按设计框外围尺寸以长度计算。

（8）木橱窗安装工程量按框外围面积计算。

[例5-34]　无纱扇玻璃镶木板门如图5-56所示，共计7樘，门框及门扇等均为成品。门（双扇）外围尺寸为1400mm×2100mm，上亮子（双扇）外围尺寸为1400mm×550mm。计算木门工程量及费用。

解：（1）门框安装。

工程量：(1.50m+2.70m×2)×7=48.30m

成品木门框安装　套8-1-2　单价=139.16元/m

费用：48.30m×139.16元/10m=672.14元

（2）无纱玻璃镶板门扇安装。

工程量：1.40m×2.10m×7=20.58m²

普通成品门扇安装　套8-1-3　单价=3983.95元/10m²

费用：20.58m²×3983.95元/10m²=8198.97元

（3）上亮子安装。

工程量：1.40m×0.55m×7=5.39m²

成品窗扇　套8-6-1　单价=840.54元/10m²

费用：5.39m²×840.54元/10m²=453.05元

[例5-35]　某教学楼教室门为门连窗，尺寸如图5-57所示，门为带纱扇的玻璃镶板门，门上亮带纱扇，窗户上部带纱扇，下部为固定窗无纱扇，共50樘。计算门连窗工程量及费用。

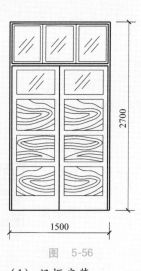

图　5-56

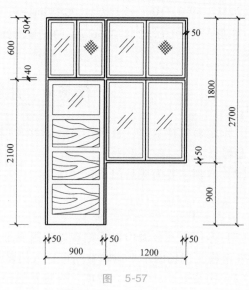

图　5-57

解：（1）门框安装。

工程量：[(0.9m+1.20m+2.70m)×2-0.9m]×50=435.00m

成品木门框安装　套8-1-2　单价=139.16元/m

费用：435.0m×139.16元/10m=6053.46元

（2）镶板门扇安装。

工程量：(0.9m-0.05m×2)×2.10m×50=84.00m²

普通成品门扇安装　套8-1-3　单价=3983.95元/10m²

费用：84.0m²×3983.95元/10m²=33465.18元

（3）纱门扇安装。

工程量：（0.9m-0.05m×2）×2.10m×50=84.0m²

纱门扇安装　套8-1-5　单价=198.39元/10m²

费用：84.0m²×198.39元/10m²=1666.48元

（4）窗扇安装。

工程量：[（0.9m-0.05m×2）×（0.60m-0.05m-0.04m）+（1.20m-0.05m）×（1.80m-0.05m×2-0.04m）]×50=115.85m²

成品窗扇　套8-6-1　单价=840.54元/10m²

费用：115.85m²×840.54元/10m²=9737.66元

（5）纱窗扇。

工程量：（0.9m+1.2m-0.05m×3）×（0.60m-0.05m-0.04m）×50=49.73m²

纱窗扇　套8-6-3　单价=443.46元/10m²

费用：49.73m²×443.46元/10m²=2205.33元

[例5-36]　木窗尺寸如图5-58所示，共32樘，双裁口带纱扇单层玻璃木窗，刷底油一遍。计算木窗制作安装工程量及费用。

解：（1）窗框安装。

工程量：（1.8m+2.10m）×2×32=249.60m

成品木门框安装　套8-1-2　单价=139.16元/m

费用：249.60m×139.16元/10m=3473.43元

（2）窗扇安装。

工程量：（1.8m-0.04m×2-0.03m）×（2.10m-0.04m×2-0.03m）×32=107.62m²

成品窗扇　套8-6-1　单价=840.54元/10m²

费用：107.62m²×840.54元/10m²=9045.89元

（3）纱窗扇。

工程量：（1.8m-0.04m×2-0.03m）×（2.10m-0.04m×2-0.03m）×32=107.62m²

纱窗扇　套8-6-3　单价=443.46元/10m²

费用：107.62m²×443.46元/10m²=4772.52元

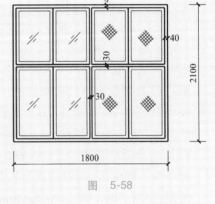

图　5-58

二、金属门窗

（1）厂库房大门及特种门门扇所用铁件均已列入定额，除成品门附件以外，墙、柱、楼地面等部位的预埋铁件按设计要求另行计算。

（2）钢木大门为两面板者，定额人工乘以系数1.11。

（3）电子感应自动门传感装置、电子对讲门和电动伸缩门的安装包括调试用工。

（4）各类门窗安装工程量，除注明者外，均按图示门窗洞口面积计算。

（5）金属卷帘门安装工程量按洞口高度增加600mm乘以门实际宽度以面积计算；若有活动小门，应扣除卷帘门中小门所占面积。电动装置安装以"套"为单位按数量计算，小门安装以"个"为单位按数量计算。

金属门窗

卷闸门安装工程量 = 卷闸门宽×(洞口高度+0.6)

（6）电子感应自动门传感装置、全玻璃旋转门、电子对讲门、电动伸缩门均以"套"为单位按数量计算。

[例5-37] 某工程铝合金门连窗（图5-59）共为6樘，门为不带纱扇的平开门，铝合金纱窗扇尺寸为650mm×1240mm，门窗上部均带上亮子。计算铝合金门连窗工程量及费用。

解：（1）平开门。

工程量：$0.9m \times 2.70m \times 6 = 14.58m^2$

铝合金平开门　套8-2-2　单价 = 3099.58 元/$10m^2$

费用：$14.58m^2 \times 3099.58$ 元/$10m^2 = 4519.19$ 元

（2）推拉窗。

工程量：$1.20m \times (1.20m+0.60m) \times 2 \times 6 = 25.92m^2$

铝合金　推拉窗　套8-7-1　单价 = 2777.82 元/$10m^2$

费用：$25.92m^2 \times 2777.82$ 元/$10m^2 = 7200.11$ 元

（3）纱扇。

工程量：$0.65m \times 1.24m \times 2 \times 6 = 9.67m^2$

铝合金　纱窗扇　套8-7-5　单价 = 222.20 元/$10m^2$

费用：$9.67m^2 \times 222.20$ 元/$10m^2 = 214.87$ 元

[例5-38] 现有铝合金窗（图5-60）共42樘，其中纱扇尺寸980mm×1550mm，并安装圆钢防盗栅栏窗（按洞口尺寸安装）。试计算铝合金窗工程量及费用。

解：（1）铝合金推拉窗工程量：$2.7m \times 2.1m \times 42 = 238.14m^2$

铝合金　推拉窗　套8-7-1　单价 = 2777.82 元/$10m^2$

费用：$238.14m^2 \times 2777.82$ 元/$10m^2 = 66151.01$ 元

（2）铝合金纱扇工程量：$0.98m \times 1.55m \times 42 \times 2 = 127.60m^2$

铝合金　纱窗扇　套8-7-5　单价 = 222.20 元/$10m^2$

费用：$127.60m^2 \times 222.20$ 元/$10m^2 = 2835.27$ 元

（3）防盗窗工程量：$2.7m \times 2.1m \times 42 = 238.14m^2$

防盗栅窗　圆钢　套8-7-16　单价 = 778.08 元/$10m^2$

费用：$238.14m^2 \times 778.08$ 元/$10m^2 = 18529.20$ 元

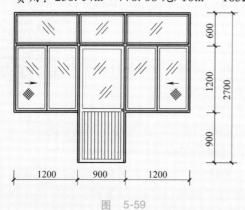

图　5-59

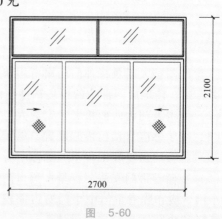

图　5-60

任务7　计算屋面、防水、保温及防腐工程

一、屋面、保温及防水工程

屋面工程

（1）屋面包括块瓦屋面、波形瓦屋面、沥青瓦屋面、金属板屋面、采光板屋面和膜结构屋面六种屋面面层形式。屋架、基层、檩条等项目按其材质分别按相应项目计算，找平层按定额楼地面装饰工程的相应项目执行。

（2）设计瓦屋面材料规格与定额规格（定额未注明具体规格的除外）不同时，可以换算，其他不变。波形瓦屋面采用纤维水泥、沥青、树脂、塑料等不同材质波形瓦时，材料可以换算，人工、机械不变。

（3）屋面以坡度≤25%为准，坡度>25%及人字形、锯齿形、弧形等不规则屋面，人工乘以系数1.3；坡度>45%的，人工乘以系数1.43。

（4）防水工程考虑卷材防水、涂料防水、板材防水、刚性防水四种防水形式。项目设置不分室内、室外及防水部位，使用时按设计做法套用相应项目。

（5）细石混凝土防水层使用钢筋网时，钢筋网执行本定额"第五章钢筋及混凝土工程"相应项目。

（6）平（屋）面按坡度≤15%考虑；15%<坡度≤25%的屋面，按相应项目的人工乘以系数1.18；坡度>25%及人字形、锯齿形、弧形等不规则屋面或平面，人工乘以系数1.3；坡度>45%的，人工乘以系数1.43。

（7）卷材防水附加层套用卷材防水相应项目，人工乘以系数1.82。

（8）立面是以直形为准编制的；弧形者，人工乘以系数1.18。

（9）冷粘法按满铺考虑。点、条铺者按其相应项目的人工乘以系数0.91，粘合剂乘以系数0.7。

（10）各种屋面和型材屋面（包括挑檐部分），均按设计图示尺寸以面积计算，不扣除房上烟囱、风帽底座、风道、小气窗、斜沟和脊瓦等所占面积，小气窗的出檐部分也不增加。斜屋面按斜面面积计算，按照图示尺寸的水平投影面积乘以屋面坡度系数（见表5-8），以平方米计算。

表5-8　屋面坡度系数表

坡度			延尺系数 C	隅延尺系数 D
$B/A(A=1)$	$B/2A$	角度 α	（坡度系数）	
1	1/2	45°	1.4142	1.7321
0.75		36°52′	1.2500	1.6008
0.70		35°	1.2207	1.5779
0.666	1/3	33°40′	1.2015	1.5620
0.65		33°01′	1.1926	1.5564
0.60		30°58′	1.1662	1.5362
0.577		30°	1.1547	1.5270
0.55		28°49′	1.1413	1.5170
0.50	1/4	26°34′	1.1180	1.5000
0.45		24°14′	1.0966	1.4839
0.40	1/5	21°48′	1.0770	1.4697
0.35		19°17′	1.0594	1.4569
0.30		16°42′	1.0440	1.4457

（续）

坡 度			延尺系数 C	隅延尺系数 D
B/A (A=1)	B/2A	角度 α	（坡度系数）	
0.25		14°02′	1.0308	1.4362
0.20	1/10	11°19′	1.0198	1.4283
0.15		8°32′	1.0112	1.4221
0.125		7°8′	1.0078	1.4191
0.100	1/20	5°42′	1.0050	1.4177
0.083		4°45′	1.0035	1.4166
0.066	1/30	3°49′	1.0022	1.4157

注：1. 上表中字母含义如图 5-61c 所示。

2. $A=A'$，且 $S=0$ 时，为等两坡屋面；$A=A'=S$ 时，为等四坡屋面。

3. 屋面斜铺面积 = 屋面水平投影面积 × C。

4. 等两坡屋面山脊斜长 = AC。

5. 等四坡屋面斜脊长度 = AD。

6. 延尺系数和隅延尺系数也可按下式计算：

$$延尺系数\ C = \frac{\sqrt{A^2+B^2}}{A}$$

$$隅延尺系数\ D = \frac{\sqrt{2A^2+B^2}}{A}$$

（11）西班牙瓦、瓷质波形瓦、英红瓦屋面的正斜脊瓦、檐口线，按设计图示尺寸以长度计算。

屋脊分为正脊、山脊和斜脊，如图 5-61 所示。

正脊：屋面的正脊又叫瓦面的大脊，是指与两端山墙尖同高，且在同一条直线上的水平屋脊。

山脊：又叫梢头，是指山墙上的瓦脊或用砖砌成的山脊。

斜脊：又叫分水棘，是指坡屋顶两斜屋面相交形成的阳角；阴角为斜天沟，又叫汇水槽。

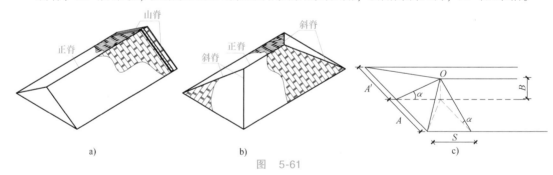

图 5-61

等两坡屋面工程量 = 檐口总宽度 × 檐口总长度 × 延尺系数

等两坡正脊、山脊工程量 = 檐口总长度 + 檐口总宽度 × 延尺系数 × 山墙端数

等四坡屋面工程量 = 屋面水平投影面积 × 延尺系数

等四坡正脊、斜脊工程量 = 檐口总长度 - 檐口总宽度 + 檐口总宽度 × 隅延尺系数 × 2

其中：延尺系数、隅延尺系数，见屋面坡度系数表 5-8。

（12）琉璃瓦屋面的正斜脊瓦、檐口线，按设计图示尺寸，以长度计算。设计要求安装勾头（卷尾）或博古（宝顶）等时，另按"个"计算。

[例 5-39] 某单层坡屋面工程（图 5-62），屋面做法为：在混凝土檩条上铺钉苇箔三层，再铺泥挂瓦。试计算屋面工程量及费用。

解：由图知，屋面坡度 1:1.5。查表 5-8 得，屋面延尺系数 C = 1.2015。

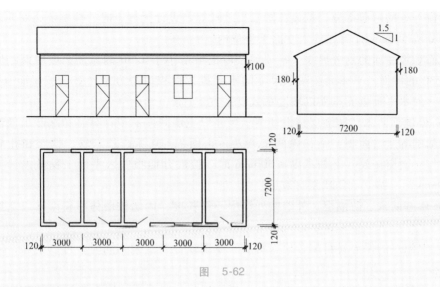

图 5-62

瓦屋面工程量：（3.0m×5+0.12m×2+0.1m×2）×（7.2m+0.12m×2+0.18m×2）×1.2015 = 144.70m²

钢、混凝土檩条上铺钉苇箔三层铺泥挂瓦　套 9-1-2　单价 = 329.18 元/10m²

费用：144.70m²×329.18 元/10m² = 4763.23 元

注意：屋面部分是指从檩条或屋面板上的面层部分的工程。

[例 5-40]　某屋面工程铺设英红瓦，屋面如图 5-63 所示，计算瓦屋面工程量及费用。

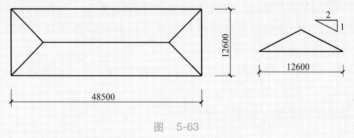

图 5-63

解：（1）屋面工程量。

据屋面坡度 1:2 查表 5-8，得延尺系数 C 为 1.1180，隔延尺系数 D 为 1.5。

48.50m×12.60m×1.1180 = 683.21m²

英红瓦屋面　套 9-1-10　单价 = 1302.62 元/10m²

费用：683.21m²×1302.62 元/10m² = 88996.30 元

（2）正斜脊工程量。

48.50m−12.60m+12.60m×1.5×2 = 73.70m

英红瓦正斜脊　套 9-1-11　单价 = 440.20 元/10m

费用：73.70m×440.20 元/10m = 3244.27 元

（13）屋面防水，按设计图示尺寸以面积计算（斜屋面按斜面面积计算），不扣除房上烟囱、风帽底座、风道、屋面小气窗等所占面积，上翻部分也不另计算。屋面的女儿墙、伸缩缝和天窗等处的弯起部分，按设计图示尺寸计算；设计无规定时，伸缩缝、女儿墙、天窗的弯起部分按 500mm 计算，计入立面工程量内。

平屋面和坡屋面的划分界线。平屋面：屋面坡度小于 1/30 的屋面；坡屋面：坡度大于或等于 1/30 的屋面。平屋面按图示尺寸的水平投影面积以平方米计算。坡屋面（斜屋面）按图示尺寸的水平投影面积乘以坡度系数以平方米计算。

（14）楼地面防水、防潮层按设计图示尺寸以主墙间净面积计算，扣除凸出地面的构筑物、设备基础等所占面积，不扣除间壁墙及单个面积 $\leq 0.3m^2$ 柱、垛、烟囱和孔洞所占面积，平面与立面交接处，上翻高度 $\leq 300mm$ 时，按展开面积并入平面工程量内计算；上翻高度 $>300mm$ 时，按立面防水层计算。

（15）墙基防水、防潮层，外墙按外墙中心线长度、内墙按墙体净长度乘以宽度，以面积计算。

（16）保温层的保温材料配合比、材质、厚度设计与定额不同时，可以换算，消耗量及其他均不变。

（17）混凝土板上保温和架空隔热，适用于楼板、屋面板、地面的保温和架空隔热。

（18）块料面层定额项目按平面铺砌编制。铺砌立面时，相应定额人工乘以系数 1.30，块料乘以系数 1.02，其他不变。

（19）整体面层踢脚板按整体面层相应项目执行，块料面层踢脚板按立面砌块相应项目人工乘以系数 1.2。

（20）各种砂浆、混凝土、胶泥的种类、配合比，各种整体面层的厚度及各种块料面层规格，设计与定额不同时可以换算。各种块料面层的结合层砂浆、胶泥用量不变。

（21）卷材防腐接缝、附加层、收头工料已包括在定额内，不再另行计算。

（22）保温隔热层工程量除按设计图示尺寸和不同厚度以面积计算外，其他按设计图示尺寸以定额项目规定的计量单位计算。

（23）屋面保温隔热层工程量按设计图示尺寸以面积计算，扣除面积 $>0.3m^2$ 孔洞及占位面积。

双坡屋面保温层平均厚度，如图 5-64 所示。

双坡屋面保温层平均厚度 = 保温层宽度 ÷ 2 × 坡度 ÷ 2 + 最薄处厚度

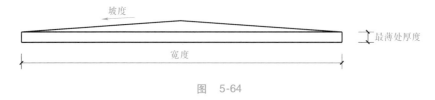

图　5-64

单坡屋面保温层平均厚度，如图 5-65 所示。

单坡屋面保温层平均厚度 = 保温层宽度 × 坡度 ÷ 2 + 最薄处厚度

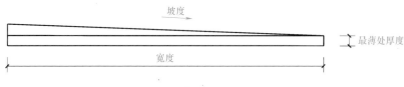

图　5-65

（24）地面保温隔热层工程量按设计图示尺寸以面积计算，扣除面积>0.3m² 柱、垛、孔洞等所占面积，门洞、空圈、暖气包槽、壁龛的开口部分不增加面积。

（25）雨水管、镀锌铁皮天沟、檐沟，按设计图示尺寸以长度计算。

（26）水斗、下水口、雨水口、弯头、短管等，均按数量以"套"计算。

[例5-41] 某大型会议室（共一层）如图5-66所示，屋面采用刚性防水层，其屋面做法：在大型屋面板（利用屋架找坡8%）上抹1:3水泥砂浆找平层厚25mm，现铺砌加气混凝土块（585mm×120mm×240mm）保温层厚120mm，在保温层上抹1:3水泥砂浆（加防水粉，上翻500mm）找平层厚25mm，C20细石混凝土刚性防水层（拒水粉）厚40mm，分隔缝在女儿墙与屋面相交处和图示位置均需设置，该工程共有10根PVC塑料雨水管。

计算该屋面工程找平层、保温层、防水层和排水管的工程量及费用。

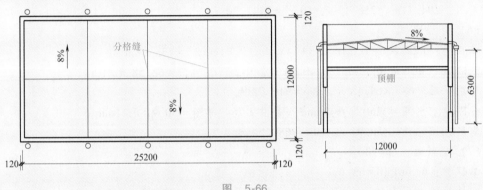

图 5-66

分析：该工程屋面的坡度为8%（0.08），查表5-8可知，在"B/A"一列中没有恰巧的数值，位于0.083和0.066之间，这时延尺系数C可利用勾股定理直接求出，也可根据表5-8提供的数值利用直线内插法求出延尺系数C。

解：（1）计算屋面的坡度系数。

勾股定理法：
$$C = \frac{\sqrt{8^2 + 100^2}}{100} = 1.003$$

或直线内插法：$C = \frac{1.0035 - 1.0022}{0.083 - 0.066} \times (0.08 - 0.066) + 1.0022 = 1.003$

（2）屋面板上1:3水泥砂浆找平层。

工程量：$(25.20\text{m} - 0.24\text{m}) \times (12.0\text{m} - 0.24\text{m}) \times 1.003 = 294.41\text{m}^2$

水泥砂浆在混凝土或硬基层上25mm 套11-1-1和11-1-3 单价（换）

150.04 元$/10\text{m}^2 + 24.64$ 元$/10\text{m}^2 = 174.68$ 元$/10\text{m}^2$

费用：$294.41\text{m}^2 \times 174.68$ 元$/10\text{m}^2 = 5142.75$ 元

（3）保温层。

工程量：$294.41\text{m}^2 \times 0.12\text{m} = 35.33\text{m}^3$

加气混凝土砌块 套10-1-3 单价 = 2728.80 元$/10\text{m}^3$

费用：$35.33\text{m}^3 \times 2728.80$ 元$/10\text{m}^3 = 9640.85$ 元

（4）1:3水泥砂浆找平层。

保温层上部：294.41m²

女儿墙内边上翻：（25.20m+12.0m-0.24m×2）×2×0.50m=36.72m²

小计：294.41m²+36.72m²=331.13m²

防水砂浆掺防水粉　厚25mm　套9-2-69和9-2-70　单价（换）

170.76元/10m²+55.59元/10m²÷2=198.56元/10m²

费用：331.13m²×198.56元/10m²=6574.92元

（5）细石混凝土刚性防水层。

工程量：294.41m²

细石混凝土　厚40mm　套9-2-65　单价=256.17元/10m²

费用：294.41m²×256.17元/10m²=7541.90元

（6）分隔缝。

工程量：（25.20m-0.24m）×3+（12.0m-0.24m）×5=133.68m

分隔缝　细石混凝土面　厚40mm　套9-2-77　单价=68.58元/10m

费用：133.68m×68.58元/10m=916.78元

分隔缝　水泥砂浆面　厚25mm　套9-2-78　单价=50.91元/10m

费用：133.68m×50.91元/10m=680.56元

（7）塑料雨水管Φ100。

工程量：6.3m×10=63.0m

塑料管排水　雨水管Φ≤110mm　套9-3-10　单价=202.18元/10m

费用：63.0m×202.18元/10m=1273.73元

（8）塑料水斗工程量：10个

塑料管排水　雨水斗　套9-3-13　单价=230.56元/10个

费用：10个×230.56元/10个=230.56元

（9）塑料雨水口工程量：10个

塑料管排水　弯头雨水口　套9-3-14　单价=403.12元/10个

费用：10个×403.12元/10个=403.12元

[例5-42]　南方某地区教学楼屋面防水做法如图5-67所示，在现浇C30钢筋混凝土屋面板上做1:3水泥砂浆找平层厚20mm，刷冷底子油一遍，冷粘一层改性沥青卷材，干铺100mm厚挤塑聚苯乙烯保温隔热板（压缩强度≥250kPa）；1:10水泥珍珠岩找坡2%（最薄处40mm）；在找坡层上作1:2水泥砂浆（加防水剂，并上翻500mm）找平层；两层3mm×2共6mm厚聚酯毡胎SBS高聚物改性沥青防水卷材；防水卷材上做20mm厚1:3水泥砂浆保护层（切割成大约600mm×600mm的方块）；预制混凝土板（点式支撑）架空隔热层。计算屋面工程量及费用。

解：（1）屋面板上1:3水泥砂浆找平层。

工程量：（3.6m×6+2.1m+6.0m-0.24m）×（6.6m+2.1m-0.24m）+（2.1m+6.0m-0.24m）×（3.6m×4）=362.42m²

水泥砂浆在混凝土或硬基层上20mm　套11-1-1　单价=150.04元/10m²

费用：362.42m²×150.04元/10m²=5437.75元

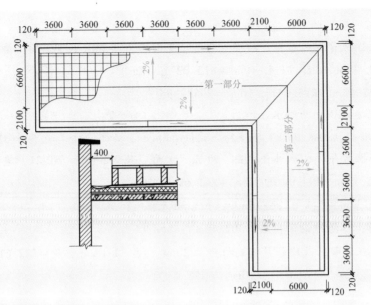

图　5-67

（2）隔气层工程量：362.42m²。

改性沥青卷材冷粘法　一层平面　套9-2-14　单价=532.27元/10m²

费用：362.42m²×532.27元/10m²=19290.53元

冷底子油　第一遍　套9-2-59　单价=41.19元/10m²

费用：362.42m²×41.19元/10m²=1492.81元

（3）保温层工程量：362.42m²。

干铺聚苯保温板　套10-1-16　单价=238.65元/10m²

费用：362.42m²×238.65元/10m²=8649.15元

（4）找坡层。

第一部分平均厚度：（6.6m+2.1m-0.24m）÷2×2%÷2+0.04m=0.08m

水平面积：（6×3.6m+6×3.6m+2.1m+6.0m-0.24m）×（6.6m+2.1m-0.24m）÷2=215.98m²

第二部分平均厚度：（6.0m+2.1m-0.24m）÷2×2%÷2+0.04m=0.08m

水平面积：（3.6m×4+3.6m×4+2.1m+6.6m-0.24m）×（6.0m+2.1m-0.24m）÷2=146.43m²

工程量小计：0.08m×（215.98m²+146.43m²）=28.99m³

现浇水泥珍珠岩　套10-1-11　单价=2793.86元/10m³

费用：28.99m³×2793.86元/10m³=8099.40元

（5）找坡上面的水泥砂浆找平层。

362.42m²+[（3.6m×6+2.1m+6.0m+3.6m×4+2.1m+6.6m）×2-4×0.24m]×0.5m=414.74m²

防水砂浆掺防水剂　厚20mm　套9-2-71　单价=182.63元/10m²

费用：414.74m²×182.63元/10m²=7574.40元

（6）屋顶平面防水工程量：362.42m²。

高聚物改性沥青防水卷材自粘法 两层 平面 套9-2-18和9-2-20 单价（换）

423.29元/10m²+391.73元/10m²=815.02元/10m²

费用：362.42m²×815.02元/10m²=29537.95元

（7）女儿墙内侧立面防水。

[（3.6m×6+2.1m+6.0m+3.6m×4+2.1m+6.6m）×2−4×0.24m]×0.5m=52.32m²

高聚物改性沥青防水卷材自粘法 两层 立面 套9-2-19和9-2-21 单价（换）

437.54元/10m²+404.08元/10m²=841.62元/10m²

费用：52.32m²×841.62元/10m²=4403.36元

（8）卷材上水泥砂浆保护层：362.42m²。

水泥砂浆在混凝土或硬基层填充材料上20mm 套11-1-2 单价=172.61元/10m²

费用：362.42m²×172.61元/10m²=6255.73元

（9）隔热层。

工程量：（3.6m×6+2.1m+6.0m−0.24m−0.4m）×（6.6m+2.1m−0.24m−0.4m×2）+

（2.1m+6.0m−0.24m−0.4m×2）×（3.6m×4+0.4m）=327.09m²

架空隔热层 预制混凝土板 套10-1-30 单价=286.42元/10m²

费用：327.09m²×286.42元/10m²=9368.51元

二、防腐工程

防腐工程

（1）整体面层定额项目，适用于平面、立面、沟槽的防腐工程。

（2）块料面层定额项目按平面铺砌编制。铺砌立面时，相应定额人工乘以系数1.30，块料乘以系数1.02，其他不变。

（3）整体面层踢脚板按整体面层相应项目执行，块料面层踢脚板按立面砌块相应项目人工乘以系数1.2。

（4）各种砂浆、混凝土、胶泥的种类、配合比，各种整体面层的厚度及各种块料面层规格，设计与定额不同时可以换算。各种块料面层的结合层砂浆、胶泥用量不变。

（5）卷材防腐接缝、附加层、收头工料已包括在定额内，不再另行计算。

（6）耐酸防腐工程区分不同材料以及厚度，按设计图示尺寸以面积计算。平面防腐工程量应扣除凸出地面的构筑物、设备基础等以及面积>0.3m²孔洞、柱、垛等所占面积，门洞、空圈、暖气包槽、壁龛的开口部分不增加面积。立面防腐工程量应扣除门、窗、洞口以及面积>0.3m²孔洞、梁所占面积，门、窗、洞口侧壁、垛凸出部分按展开面积并入墙面内。

（7）平面铺砌双层防腐块料时，按单层工程量乘以系数2计算。

（8）池、槽块料防腐面层工程量按设计图示尺寸以展开面积计算。

（9）踢脚板防腐工程量按设计图示长度乘以高度以面积计算，扣除门洞所占面积，并相应增加侧壁展开面积。

[例5-43] 某二层仓库如图5-68所示，墙厚度均为240mm，一层储藏室地面做防腐处理，具体做法：地面抹1.3∶2.6∶7.4耐酸沥青砂浆防腐面层；踢脚线（高度200mm）抹

1:0.3:1.5 钢屑砂浆，厚度均为 20mm，门洞地面做防腐面层，侧边（立面）做踢脚线。试计算防腐工程量及费用。

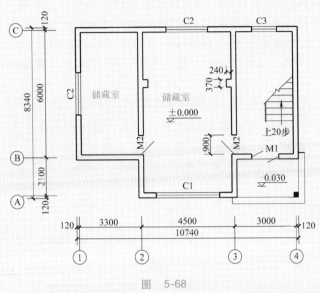

图 5-68

解：（1）地面防腐。

$(3.3m-0.24m)×(6.0m-0.24m)+(4.5m-0.24m)×(2.1m+6.0m-0.24m)-0.37m×0.24m×2=50.93m^2$

耐酸沥青砂浆 厚度 20mm 套 10-2-1 和 10-2-2 单价（换）

$784.52 元/10m^2-2×113.26 元/10m^2=558.00 元/10m^2$

费用：$50.93m^2×558.00 元/10m^2=2841.89 元$

（2）踢脚线。

$[(6.0m-0.24m)×4+2.1m×2+(3.3m+4.5m-0.24m)×2+0.24m×4+0.12m×2-0.9m×3]×0.20m=8.17m^2$

钢屑砂浆 厚度 20mm 套 10-2-10 单价 $=437.77 元/10m^2$

费用：$8.17m^2×437.77 元/10m^2=357.66 元$

任务8 计算楼地面、墙柱面装饰工程

一、楼地面工程

（1）楼地面中的水泥砂浆、混凝土的配合比，当设计、施工选用配比与定额取定不同时，可以换算，其他不变。

（2）整体面层、块料面层中，楼地面项目不包括踢脚板（线）；楼梯项目不包括踢脚板（线）、楼梯梁侧面、牵边；台阶不包括侧面、牵边，设计有要求时，按墙柱面装饰与隔断、幕墙工程和天棚工程相应定额项目计算。

楼地面
块料面层

（3）石材块料各项目的工作内容均不包括开槽、开孔、倒角、磨异形边等特殊加工内容。

（4）楼地面铺贴石材块料、地板砖等，遇异形房间需现场切割时（按经过批准的排版方案），部分并入相应异形块料加套"图案周边异形块料铺贴另加工料"项目。

（5）楼地面找平层和整体面层均按设计图示尺寸以面积计算。计算时应扣除凸出地面构筑物、设备基础、室内铁道、室内地沟等所占面积，不扣除间壁墙及≤0.3m² 的柱、垛、附墙烟囱及孔洞所占面积，门洞、空圈、暖气包槽、壁龛的开口部分亦不增加（间壁墙指墙厚≤120mm 的墙）。

楼面找平层和整体面层工程量=主墙间净长度×主墙间净宽度-构筑物等所占面积

[例5-44] 某学校宿舍楼如图 5-69 所示，宿舍、走廊楼面做法为：先在楼板上现浇 35mm 厚 C20 细石混凝土，然后抹 20mm 厚 1∶2.5 水泥砂浆面层。

试计算宿舍及走廊的楼面工程量及费用。

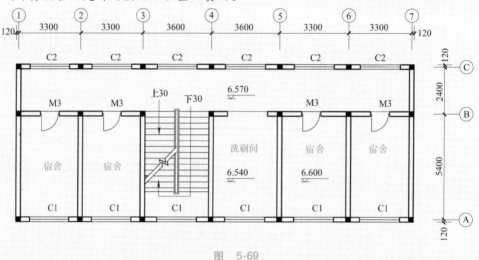

图 5-69

解：（1）C20 细石混凝土找平层。

（3.3m×4 + 3.6m×2 - 0.24m）×（2.4m - 0.24m）+（5.4m - 0.24m）×（3.3m - 0.24m）× 4 = 106.70m²

细石混凝土 35mm 套 11-1-4 和 11-1-5 单价（换）

217.86 元/10m² - 25.43 元/10m² = 192.43 元/10m²

费用：106.70m² × 192.43 元/10m² = 2053.23 元

（2）水泥砂浆面层工程量：106.70m²

水泥砂浆 楼地面 20mm 套 11-2-1 单价（换）

查山东省人工、材料、机械台班单价表得：序号 5458（编码 80050009）水泥抹灰砂浆单价（除税）345.67 元/m³；序号 5459（编码 80050011）水泥抹灰砂浆单价（除税）331.76 元/m³。

203.20 元/10m² - 0.2050×（345.67-331.76）= 200.35 元/10m²

费用：106.70m² × 200.35 元/10m² = 2137.73 元

（6）楼、地面块料面层，按设计图示尺寸以面积计算。门洞、空圈、暖气包槽和壁龛的开口部分并入相应的工程量内。

（7）块料零星项目按设计图示尺寸以面积计算。

（8）踢脚线按长度计算工程量。水泥砂浆踢脚线计算长度时，不扣除门洞口的长度，洞口侧壁亦不增加。

踢脚线工程量=踢脚线净长度

（9）踢脚板按图示尺寸以面积计算。

踢脚板工程量=踢脚线净长度×高度

[例5-45] 某地面工程如图5-70所示，室内地面做法：素土夯实；C20细石混凝土垫层厚60mm；采用干硬性1:2水泥砂浆厚30mm，铺800mm×800mm全瓷地板砖；踢脚线为全瓷地板砖踢脚线，高度为100mm，胶粘剂粘贴，门侧边镶贴踢脚宽按110mm考虑。

试求：垫层、地板砖、踢脚板的工程量及费用。

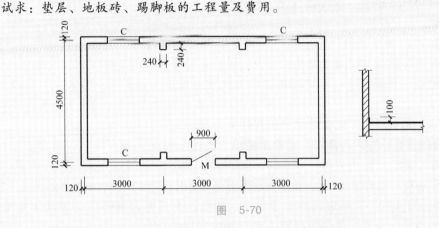

图 5-70

解：（1）C20细石混凝土垫层。

工程量：$(3.0m×3-0.24m)×(4.5m-0.24m)=37.32m^2$

C20细石混凝土垫层厚60mm 套11-1-4，11-1-5 单价（换）

217.86元$/10m^2+25.43$元$/10m^2×4=319.58$元$/10m^2$

费用：$37.32m^2×319.58$元$/10m^2=1192.67$元

（2）地板砖。

工程量：$(3.0m×3-0.24m)×(4.5m-0.24m)-0.24m×0.24m×4+0.9m×0.12m=37.20m^2$

楼地面干硬性水泥砂浆 周长≤3200mm 套11-3-37 单价=1422.02元$/10m^2$

费用：$37.20m^2×1422.02$元$/10m^2=5289.91$元

（3）踢脚板。

工程量：$[(3.0m×3-0.24m+4.5m-0.24m)×2+0.24m×8+0.11m×2-0.9m]×0.10m=2.73m^2$

踢脚板 直线形 胶粘剂 套11-3-46 单价=1986.74元$/10m^2$

费用：$2.73m^2×1986.74$元$/10m^2=542.38$元

二、墙、柱面工程

（一）定额说明

（1）本项定额包括墙、柱面抹灰，镶贴块料面层，墙、柱饰面，隔断，幕墙，墙、柱面吸音五部分。

（2）凡注明砂浆种类、配合比、饰面材料型号规格的，设计与定额不同时，可按设计规定调整，其他不变。

（3）如设计要求在水泥砂浆中掺防水粉等外加剂时，可按设计比例增加外加剂，其他工料不变。

（4）圆弧形、锯齿形等不规则的墙面抹灰、镶贴块料、饰面，按相应项目人工乘以系数 1.15。

（5）墙面抹灰的工程量，不扣除各种装饰线条所占面积。

"装饰线条"抹灰适用于门窗套、挑檐、腰线、压顶、遮阳板、楼梯边梁、宣传栏边框等展开宽度≤300mm 的竖、横线条抹灰，展开宽度>300mm 时，按图示尺寸以展开面积并入相应墙面计算。

（6）镶贴块料面层子目，除定额已注明留缝宽度的项目外，其余项目均按密缝编制。若设计留缝宽度与定额不同时，其相应项目的块料和勾缝砂浆用量可以调整，其他不变。

（7）粘贴瓷质外墙砖子目，定额按三种不同灰缝宽度分别列项，其人工、材料已综合考虑。如灰缝宽度>20mm 时，应调整定额中瓷质外墙砖和勾缝砂浆（1∶1.5 水泥砂浆）或填缝剂的用量，其他不变。瓷质外墙砖的损耗率为 3%。

（8）块料镶贴的"零星项目"适用于挑檐、天沟、腰线、窗台线、门窗套、压顶、栏板、扶手、遮阳板、雨篷周边等。

（9）镶贴块料高度>300mm 时，按墙面、墙裙项目套用；高度≤300mm 按踢脚线项目套用。

（10）墙柱面抹灰、镶贴块料面层等均未包括墙面专用界面剂做法，如设计有要求时，按定额"第十四章 油漆、涂料及裱糊工程"相应项目执行。

（11）粘贴块料面层子目，定额中的砂浆种类、配合比、厚度与定额不同时，允许调整，砂浆损耗率 2.5%。

（12）挂贴块料面层子目，定额中包括了块料面层的灌缝砂浆（均为 50mm 厚），其砂浆种类、配合比，可按定额相应规定换算；其厚度设计与定额不同时，调整砂浆用量，其他不变。

（二）内墙抹灰工程量计算规则

（1）按设计图示尺寸以面积计算。计算时应扣除门窗洞口和空圈所占的面积，不扣除踢脚板（线）、挂镜线、单个面积≤0.3m^2 的孔洞以及墙与构件交接处的面积，洞侧壁和顶面不增加面积。墙垛和附墙烟囱侧壁面积与内墙抹灰工程量合并计算。

（2）内墙面抹灰的长度，以主墙间的图示净长尺寸计算。其中"主墙"一般是指在结构上起承重作用和功能性隔断的墙体（轻体隔断墙、间壁墙除外）。其高度确定如下：

1）无墙裙的，其高度按室内地面或楼面至天棚底面之间距离计算。

2）有墙裙的，其高度按墙裙顶至天棚底面之间的距离计算。

内墙抹灰工程量=主墙间净长度×墙面高度-门窗等面积+垛的侧面抹灰面积

（3）内墙裙抹灰面积按内墙净长乘以高度计算（扣除或不扣除内容同内墙抹灰）。

内墙裙抹灰工程量=主墙间净长度×墙裙高度-门窗所占面积+垛的侧面抹灰面积

（4）柱抹灰按设计断面周长乘以柱抹灰高度以面积计算。

柱抹灰工程量=柱结构断面周长×设计柱抹灰高度

（三）外墙抹灰工程量计算规则

（1）外墙抹灰面积，按设计外墙抹灰的设计图示尺寸以面积计算。计算时应扣除门窗洞口、外墙裙和单个面积>0.3m² 孔洞所占面积，洞口侧壁面积不另增加。附墙垛凸出外墙面增加的抹灰面积并入外墙面工程量内计算。

外墙抹灰工程量＝外墙面长度×墙面高度－门窗等面积+垛梁柱的侧面抹灰面积

（2）外墙裙抹灰面积按其设计长度乘以高度计算（扣除或不扣除内容同外墙抹灰）。

外墙裙抹灰工程量＝外墙面长度×墙裙高度－门窗所占面积+垛梁柱侧面抹灰面积

（3）墙面勾缝按设计勾缝墙面的设计图示尺寸以面积计算。不扣除门窗洞口、门窗套、腰线等零星抹灰所占的面积，附墙柱和门窗洞口侧面的勾缝面积亦不增加。独立柱、房上烟囱勾缝，按设计图示尺寸以面积计算。

（四）墙、柱面块料工程量计算规则

墙、柱面块料面层工程量按设计图示尺寸以面积计算。

[例5-46] 某楼管室的平面图及墙身剖面如图5-71所示，其装饰做法如下：

（1）外墙裙：高900mm，贴240mm×60mm 瓷质外墙砖，缝宽10mm，窗台、门边另加80mm，M1：1000mm×2400mm，M2：900mm×2400mm，C1：1500mm×1500mm。

（2）外墙面：1:1:6混合砂浆打底厚9mm，1:1:4混浆罩面厚6mm。

（3）内墙面：2:1:8水泥石灰膏砂浆厚7mm；1:1:6水泥石灰膏砂浆厚7mm；麻刀石灰浆厚3mm。

（4）踢脚线：外边2间，水泥砂浆粘贴块料踢脚板（采用600mm×600mm 地板砖）高100mm；里边1间，1:3水泥砂浆18mm 厚，高150mm。

试计算外墙裙、外墙面、内墙面、踢脚线的费用。

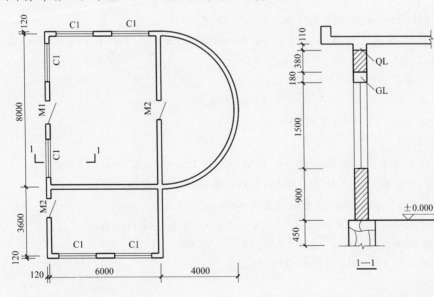

图 5-71

解： 外墙平直部分长度：(6.0m+0.24m)×2+(8.0m+3.6m+0.24m)+3.6m＝27.92m

外边2间内墙周边长度：(6.0m-0.24m)×4+(8.0m+3.6m-0.24m×2)×2＝45.28m

（1）外墙裙。

平直部分工程量：(27.92m+0.08m×4-1.0m-0.9m)×0.9m+1.5m×6×0.08m＝24.43m²

水泥砂浆粘贴瓷质外墙砖　灰缝宽度≤10mm　套12-2-46　单价=1007.42元/10m²

费用：24.43m²×1007.42元/10m²=2461.13元

弧形部分工程量：π·4.0m×0.9m=11.31m²

水泥砂浆粘贴瓷质外墙砖　灰缝宽度≤10mm　套12-2-40　单价（换）

1018.03元/10m²+543.84元/10m²×0.15=1099.61元/10m²

费用：11.31m²×1099.61元/10m²=1243.66元

（2）外墙面抹灰。

平直部分工程量：27.92m×（1.5m+0.18m+0.38m+0.11m）-1.5m×1.5m×6-（2.4m-0.9m）×（1.0m+0.90m）=44.24m²

混合砂浆［厚（9+6）mm］　墙面　套12-1-9　单价=178.21元/10m²

费用：44.24m²×178.21元/10m²=788.40元

圆弧部分工程量：π·4.0m×（1.5m+0.18m+0.38m+0.11m）=27.27m²

混合砂浆［厚（9+6）mm］　墙面　套12-1-9　单价（换）

178.21元/10m²+126.69元/10m²×0.15=197.21元/10m²

费用：27.27m²×197.21元/10m²=537.79元

（3）内墙面抹灰。

平直部分工程量：（45.28m+8.0m-0.24m）×（0.9m+1.5m+0.18m+0.38m+0.11m）-（1.0m×2.4m+0.9m×2.4m×3+1.5m×1.5m×6）=140.45m²

麻刀灰（厚7+7+3mm）面　套12-1-1　单价=180.81元/10m²

费用：140.45m²×180.81元/10m²=2539.48元

圆弧墙内墙抹石膏砂浆工程量：（4.0m-0.24m）π×（0.9m+1.5m+0.18m+0.38m+0.11m）=36.26m²

麻刀灰（厚7+7+3mm）面　套12-1-1　单价（换）

180.81元/10m²+120.51元/10m²×0.15=198.89元/10m²

费用：36.26m²×198.89元/10m²=721.18元

（4）踢脚线。

外边2间工程量：（45.28m-1.0m-0.9m×2+0.12m×6）×0.10m=4.32m²

踢脚板　直线形　水泥砂浆　套11-3-45　单价=1329.88元/10m²

费用：4.32m²×1329.88元/10m²=574.51元

里边1间工程量：8.0m-0.24m-0.9m+（4.m-0.24m）π=18.67m

水泥砂浆踢脚线　18mm　套11-2-6　单价=56.90元/10m

费用：18.67m×56.90元/10m=106.23元

任务9　计算天棚、油漆、涂料及裱糊工程

一、天棚工程

（一）定额说明

（1）凡注明砂浆种类、配合比、饰面材料型号规格的，设计规定与定额不同时，可以

按设计规定换算，其他不变。

（2）天棚划分为平面天棚、跌级天棚和艺术造型天棚。

1）平面天棚指天棚面层在同一标高者。

2）跌级天棚指天棚面层不在同一标高者。

3）艺术造型天棚包括藻井天棚、吊挂式天棚、阶梯形天棚、锯齿形天棚，如图 5-72 所示。

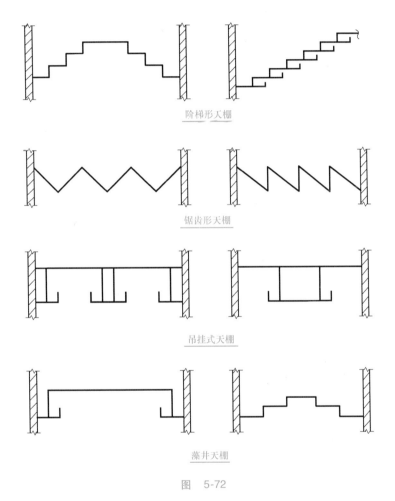

阶梯形天棚

锯齿形天棚

吊挂式天棚

藻井天棚

图　5-72

（3）天棚龙骨是按平面天棚、跌级天棚、艺术造型天棚龙骨设计项目。按照常用材料及规格编制，设计规定与定额不同时，可以换算，其他不变。若龙骨需要进行处理（如煨弯曲线等），其加工费另行计算。材料的损耗率分别为：木龙骨 5%，轻钢龙骨 6%，铝合金龙骨 6%。

（4）天棚木龙骨子目，区分单层结构和双层结构。单层结构是指双向木龙骨形成的龙骨网片，直接由吊杆引上、与吊点固定的情况；双层结构是指双向木龙骨形成的龙骨网片，首先固定在单向设置的主木龙骨上，再由主木龙骨与吊杆连接、引上、与吊点固定的情况。

（5）非艺术造型天棚中，天棚面层在同一标高者为平面天棚，天棚面层不在同一标高者为跌级天棚。跌级天棚基层、面层按平面定额项目人工乘以系数 1.1，其他不变。

1）平面天棚与跌级天棚的划分。房间内全部、局部吊顶向下跌落，最大跌落线向外、最小跌落线向里每边各加 0.60m，两条 0.60m 线范围内的吊顶，为跌级吊顶天棚，其余为平面吊顶天棚，如图 5-73 所示。

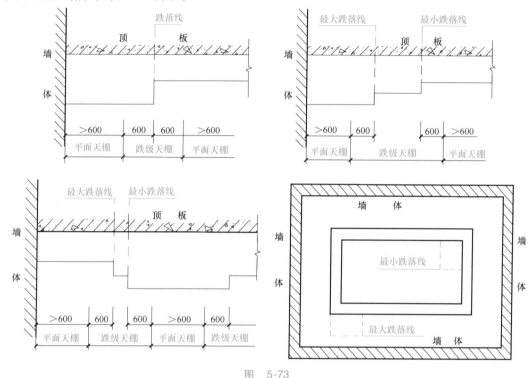

图 5-73

若最大跌落线向外，距墙边≤1.2m 时，最大跌落线以外的全部吊顶为跌级吊顶天棚，如图 5-74 所示。

若最小跌落线任意两边之间的距离≤1.8m 时，最小跌落线以内的全部吊顶为跌级吊顶天棚，如图 5-75 所示。

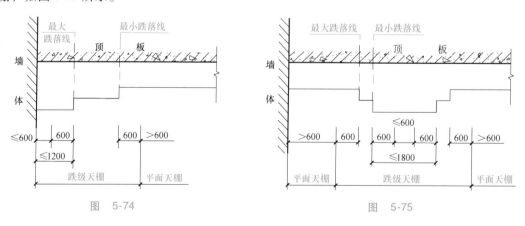

图 5-74　　　　　　　　　　图 5-75

若房间内局部为板底抹灰天棚，局部向下跌落时，两条 0.6m 线范围内的抹灰天棚，不得计算为吊顶天棚；吊顶天棚与抹灰天棚只有一个跌级时，该吊顶天棚的龙骨则为平面天棚龙骨，该吊顶天棚的饰面按跌级天棚饰面计算，如图 5-76 所示。

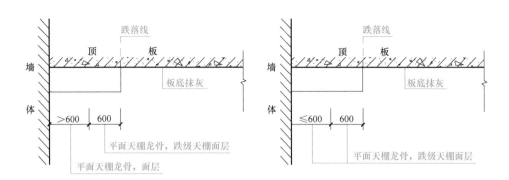

图 5-76

2）跌级天棚与艺术造型天棚的划分。天棚面层不在同一标高时，高差≤400mm且跌级≤三级的一般直线形平面天棚按跌级天棚相应项目执行；高差>400mm或跌级>三级以及圆弧形、拱形等造型天棚，按吊顶天棚中的艺术造型天棚相应项目执行。

（6）艺术造型天棚基层、面层按平面定额项目人工乘以系数1.3，其他不变。

（7）轻钢龙骨、铝合金龙骨定额按双层结构编制，如采用单层结构时，人工乘以系数0.85。

（8）平面天棚和跌级天棚指一般直线形天棚，不包括灯光槽的制作安装。

（9）圆形、弧形等不规则的软膜吊顶，人工系数乘以1.1。

（10）点式雨篷的型钢、爪件的规格和数量是按常用做法考虑的，设计规定与定额不同时，可以按设计规定换算，其他不变。斜拉杆费用另计。

（11）天棚饰面中喷刷涂料，龙骨、基层、面层防火处理执行本定额"第十四章 油漆、涂料及裱糊工程"相应项目。

（12）天棚检查孔的工料已包含在项目内，面层材料不同时，另增加材料，其他不变。

（13）定额内除另有注明者外，均未包括压条、收边、装饰线（板），设计有要求时，执行本定额"第十五章 其他装饰工程"相应定额子目。

（14）天棚装饰面开挖灯孔，按每开10个灯孔用工1.0工日计算。

（二）天棚抹灰计算规则

（1）按设计图示尺寸以面积计算，不扣除柱、垛、间壁墙、附墙烟囱、检查口和管道所占的面积。

（2）带梁天棚的梁两侧抹灰面积并入天棚抹灰工程量内计算。

（3）楼梯底面（包括侧面及连接梁、平台梁、斜梁的侧面）抹灰，按楼梯水平投影面积乘以系数1.37，并入相应天棚抹灰工程量内计算。

（4）有坡度及拱顶的天棚抹灰面积按展开面积计算。

（5）檐口、阳台、雨篷底的抹灰面积，并入相应的天棚抹灰工程量内计算。

[例5-47] 如图5-77所示，现浇钢筋混凝土有梁板工程，墙厚240mm。天棚做法为：抹水泥砂浆；满刮成品腻子二遍；顶棚刷乳胶漆二遍；梁板墙角处贴150mm宽石膏线。试计算天棚抹灰的工程量及费用。

解：（1）天棚底面抹灰。

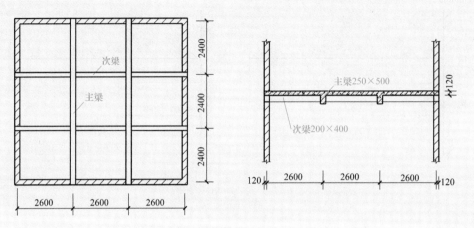

图 5-77

工程量：（2.60m×3-0.24m）×（2.4m×3-0.24m）＝52.62m²

（2）主梁侧面抹灰。

工程量：（2.40m×3-0.24m）×（0.5m-0.12m）×4-（0.40m-0.12m）×0.2m×8＝10.13m²

（3）次梁侧面抹灰。

工程量：（2.6m×3-0.24m-0.25m×2）×（0.4m-0.12m）×4＝7.91m²

（4）工程量小计。

52.62m²＋10.13m²＋7.91m²＝70.66m²

（5）顶棚抹灰费用。

混凝土面天棚　水泥砂浆（厚度5+3mm）　套 13-1-2　单价＝173.60 元/10m²

费用：70.66m²×173.60 元/10m²＝1226.66 元

（三）吊顶天棚龙骨计算规则

吊顶天棚龙骨（除特殊说明外）按主墙间净空水平投影面积计算；不扣除间壁墙、检查口、附墙烟囱、柱、灯孔、窗帘盒、垛和管道所占面积，由于上述原因所引起的工料也不增加；天棚中的折线、跌落、高低吊顶槽等面积不展开计算。

（四）天棚饰面计算规则

（1）按设计图示尺寸以面积计算，不扣除间壁墙、检查口、附墙烟囱、附墙柱、垛和管道所占面积，但应扣除独立柱、灯带、>0.3m² 的灯孔及与天棚相连的窗帘盒所占的面积。

（2）天棚中的折线、跌落等圆弧形、高低吊灯槽及其他艺术形式等天棚面层按展开面积计算。

（3）格栅吊顶、藤条造型悬挂吊顶、软膜吊顶和装饰网架吊顶按设计图示尺寸以水平投影面积计算。

（4）吊筒吊顶按最大外围水平投影尺寸，以外接矩形面积计算。

（5）送风口、回风口及成品检修口按设计图示数量计算。

（五）雨篷计算规则

雨篷工程量按设计图示尺寸以水平投影面积计算。

二、油漆、涂料及裱糊工程

（1）项目中刷油漆、涂料采用手工操作，喷涂采用机械操作，实际操作方法不同时，不做调整。

（2）定额中油漆项目已综合考虑高光、半亚光、亚光等因素；如油漆种类不同时，换算油漆种类，用量不变。

（3）定额已综合考虑了在同一片面上的分色及门窗内外分色。油漆中深浅各种不同的颜色已综合在定额子目中，不另调整。如需做美术图案者另行计算。

（4）油漆、涂料及裱糊工程规定的喷、涂、刷遍数与设计要求不同时，按每增一遍定额子目调整。

（5）墙面、墙裙、天棚及其他饰面上的装饰线油漆与附着面的油漆种类相同时，装饰线油漆不单独计算。

（6）抹灰面涂料项目中均未包括刮腻子内容，刮腻子按基层处理相应子目单独套用。

（7）木踢脚板油漆，若与木地板油漆相同时，并入地板工程量内计算，其工程量计算方法和系数不变。

（8）墙、柱面真石漆项目不包括分格嵌缝，当设计要求做分格缝时，按本定额"第十二章　墙、柱面装饰与隔断、幕墙工程"相应项目计算。

（9）楼地面，天棚面，墙、柱面的喷（刷）涂料和油漆工程，其工程量按各自抹灰的工程量计算规则计算。涂料系数表中有规定的，按规定计算工程量并乘以系数表中的系数。

（10）木材面，金属面，金属构件油漆工程量按油漆和涂料系数表的工程量计算方法，并乘以系数表内的系数计算。油漆、涂料分为木材面、金属面、抹灰面三大类，其中木材面工程量系数表见表5-9~表5-14；金属面工程量系数表见表5-15、表5-16；抹灰面工程量系数表见表5-17。

表5-9　单层木门工程量系数表

项目名称	系数	工程量计算规则
单层木门	1.00	按设计图示洞口尺寸以面积计算
双层（一板一纱）木门	1.36	
单层全玻门	0.83	
木百叶门	1.25	
厂库木门	1.10	
无框装饰门、成品门	1.10	按设计图示门扇面积计算

表5-10　单层木窗工程量系数表

项目名称	系数	工程量计算方法
单层玻璃窗	1.00	按设计图示洞口尺寸以面积计算
单层组合窗	0.83	
双层（一玻一纱）木窗	1.36	
木百叶窗	1.50	

表 5-11　木材墙面墙裙工程量系数表

项目名称	系数	工程量计算方法
无造型墙面墙裙	1.00	按设计图示尺寸以面积计算
有造型墙面墙裙	1.25	

表 5-12　木扶手工程量系数表

项目名称	系数	工程量计算方法
木扶手	1.00	按设计图示尺寸以长度计算
木门框	0.88	
明式窗帘盒	2.04	
封檐板、博风板	1.74	
挂衣板	0.52	
挂镜线	0.35	
木线条（宽度 50mm 内）	0.20	
木线条（宽度 100mm 内）	0.35	
木线条（宽度 200mm 内）	0.45	

表 5-13　其他木材面工程量系数表

项目名称	系数	工程量计算方法
装饰木夹板、胶合板及其他木材面天棚	1.00	按设计图示尺寸以面积计算
木方格吊顶天棚	1.20	
吸音板墙面、天棚面	0.87	
窗台板、门窗套、踢脚线、暗式窗帘盒	1.00	
暖气罩	1.28	
木间壁、木隔断	1.90	按设计图示尺寸以单面外围面积计算
玻璃间壁露明墙筋	1.65	
木栅栏、木栏杆（带扶手）	1.82	
木屋架	1.79	跨度（长）×高×1/2
屋面板（带檩条）	1.11	按设计图示尺寸以面积计算
柜类、货架	1.00	按设计图示尺寸以油漆部分展开面积计算
零星木装饰	1.10	

表 5-14　木地板工程量系数表

项目名称	系数	工程量计算方法
木地板	1.00	按设计图示尺寸以面积计算。孔洞、空圈、暖气包槽、壁龛的开口部分并入相应工程量内
木楼梯（不包括底面）	2.30	按设计图示尺寸以水平投影面积计算，不扣除宽度<300mm 的楼梯井

表 5-15 单层钢门窗工程量系数表

项目名称	系数	工程量计算方法
单层钢门窗	1.00	按设计图示洞口尺寸以面积计算
双层(一玻一纱)钢门窗	1.48	
满钢门或包铁皮门	1.63	
钢折叠门	2.30	
厂库房平开、推拉门	1.70	
铁丝网大门	0.81	
间壁	1.85	按设计图示尺寸以面积计算
平板屋面	0.74	
瓦垄板屋面	0.89	
排水、伸缩缝盖板	0.78	按展开面积计算
吸气罩	1.63	按水平投影面积计算

表 5-16 其他金属面工程量系数表

项目名称	系数	工程量计算方法
钢屋架、天窗架、挡风架、屋架梁、支撑、檩条	1.00	按设计图示尺寸以质量计算
墙架(空腹式)	0.50	
墙架(格板式)	0.82	
钢柱、吊车梁、花式梁柱、空花构件	0.63	
操作台、走台、制动梁、钢梁车挡	0.71	
钢栅栏门、栏杆、窗栅	1.71	
钢爬梯	1.18	
轻型屋架	1.42	
踏步式钢扶梯	1.05	
零星构件	1.32	

表 5-17 抹灰面工程量系数表

项目名称	系数	工程量计算方法
槽形底板、混凝土折板	1.30	按设计图示尺寸以投影面积计算
有梁板底	1.10	
密肋、井字梁底板	1.50	
混凝土楼梯板底	1.37	按水平投影面积计算

（11）木材面刷油漆、涂料工程量，按所刷木材面的面积计算；木方面刷油漆、涂料工程量，按木方所附墙、板面的投影面积计算。

（12）基层处理工程量，按其面层的工程量计算。

（13）裱糊项目工程量，按设计图示尺寸以面积计算。

（14）装饰线条应区分材质及规格，按设计图示尺寸以长度计算。

[例5-48]　如图5-77所示，现浇钢筋混凝土有梁板工程，墙厚240mm。天棚做法为：抹水泥砂浆；满刮成品腻子二遍；顶棚刷乳胶漆二遍；梁板墙角处贴150mm宽石膏线。试计算天棚刮腻子、乳胶漆、石膏线（宽度100mm）的工程量及费用。

解：（1）天棚满刮腻子。

梁、板底面面积：（2.60m×3-0.24m）×（2.4m×3-0.24m）=52.62m²

主梁侧面面积：（2.40m×3-0.24m）×（0.5m-0.12m）×4-（0.40m-0.12m）×0.2m×8=10.13m²

次梁侧面面积：（2.6m×3-0.24m-0.25m×2）×（0.4m-0.12m）×4=7.91m²

（2）天棚满刮腻子工程量小计：52.62m²+10.13m²+7.91m²=70.66m²

满刮成品腻子　天棚抹灰面　二遍　套14-4-11　单价=187.08元/10m²

费用：70.66m²×187.08元/10m²=1321.91元

（3）顶棚刷乳胶漆二遍工程量：70.66m²

室内乳胶漆二遍　天棚　套14-3-9　单价=93.74元/10m²

费用：70.66m²×93.74元/10m²=662.37元

（4）石膏线。

工程量：（2.4m×3-0.24m-0.2m×2）×6+（2.6m×3-0.24m-0.25m×2）×6=81.72m

石膏线装饰线　宽度≤100mm　套15-2-24　单价=119.79元/10m

费用：81.72m×119.79元/10m=978.92元

[例5-49]　某教学楼单层门连窗尺寸如图5-78所示，共40樘，刷底油一遍，调和漆二遍，计算油漆工程量及费用。

分析：计算门窗油漆工程量时，需要考虑工程量系数。查表5-9得，单层木门油漆系数为1.0；查表5-10得，单层木窗油漆系数为1.0。

解：（1）单层木门工程量：0.9m×2.4m×1.0×40=86.40m²

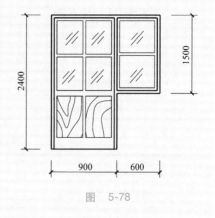

图　5-78

调和漆二遍　刷底油一遍　单层木门　套14-1-1

单价=290.88元/10m²

费用：86.40m²×290.88元/10m²=2513.20元

（2）单层木窗工程量：1.5m×0.6m×1.0×40=36.00m²

调和漆二遍　刷底油一遍　单层木窗　套14-1-2　单价=278.48元/10m²

费用：36.00m²×278.48元/10m²=1002.53元

[例5-50]　平开钢板大门，如图5-79所示。若刷红丹防锈漆二遍，银粉漆二遍，计算工程量及费用。

分析：计算门窗油漆工程量时，需要考虑工程量系数。查表5-15得，厂库房平开、推拉门油漆系数为1.7。

解：工程量：3.0m×3.3m×1.7 = 16.83m²

红丹防锈漆二遍　金属面　套14-2-31　单价（换）

53.25元/10m²×2 = 106.50元/10m²

费用：16.83m²×106.50元/10m² = 179.24元

银粉漆二遍　金属面　套14-2-33　单价 = 122.85元/10m²

费用：16.83m²×122.85元/10m² = 206.76元

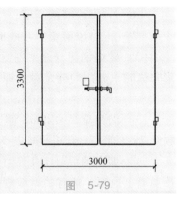

图　5-79

任务10　计算构筑物及其他工程

一、烟囱

（1）构筑物单项定额凡涉及土方、钢筋、混凝土、砂浆、模板、脚手架、垂直运输机械及超高增加等相关内容，实际发生时按照相应规定计算。

（2）砖烟囱筒身不分矩形、圆形，均按筒身高度执行相应子目。

（3）烟囱内衬项目也适用于烟道内衬。

（4）毛石混凝土，系按毛石占混凝土体积20%计算。如设计要求不同时，可以换算。

（一）烟囱基础

（1）烟囱基础与筒身的划分以基础大放脚为分界，大放脚以下为基础，以上为筒身，工程量按设计图示尺寸以体积计算。

（2）烟囱的砖基础与混凝土基础与筒身的分界线，如图5-80所示。

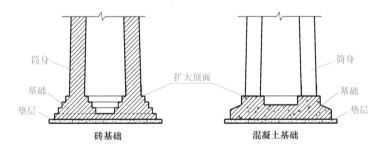

图　5-80

（二）烟囱筒身

（1）圆形、方形筒身均按图示筒壁平均中心线周长乘以厚度并扣除筒身>0.3m²孔洞、钢筋混凝土圈梁、过梁等体积以体积计算，其筒壁周长不同时可按下式分段计算。

$$V = \sum HC\pi D$$

式中　V——筒身体积；

　　　H——每段筒身垂直高度；

C——每段筒壁高度；

D——每段筒壁中心线的平均直径。

（2）砖烟囱筒身原浆勾缝和烟囱帽抹灰已包括在定额内，不另行计算。如设计要求加浆勾缝时，套用勾缝定额，原浆勾缝所含工料不予扣除。

$$勾缝面积 = 1/2\pi \times 烟囱高 \times (上口直径 + 下口直径)$$

（3）囱身全高≤20m，垂直运输以人力吊运为准，如使用机械者，运输时间定额乘以系数0.75，即人工消耗量减去2.4工日/10m^3；囱身全高>20m，垂直运输以机械为准。

（4）烟囱的混凝土集灰斗（包括分隔墙、水平隔墙、梁、柱）、轻质混凝土填充砌块以及混凝土地面，按有关章节规定计算，套用相应定额。

（5）砖烟囱、烟道及其砖内衬，如设计要求采用楔形砖时，其数量按设计规定计算，套用相应定额项目。

（6）砖烟囱砌体内采用钢筋加固时，其钢筋用量按设计规定计算，套用相应定额。

（三）烟囱内衬及内表面涂刷隔绝层

（1）烟囱内衬，按不同内衬材料并扣除孔洞后，以图示实体积计算。

（2）填料按烟囱筒身与内衬之间的体积以体积计算，不扣除连接横砖（防沉带）的体积。

筒身与内衬之间留有一定空隙作隔绝层。定额是按空气隔绝层编制的，若采用填充材料，填充料另行计算，所需人工已包括在内衬定额内，不另计算。

为防止填充料下沉，从内衬每隔一定间距挑出一圈砌体作防沉带，防沉带工料已包括在定额内，不另计算。烟囱内衬和防沉带，如图5-81所示。

（3）内衬伸入筒身的连接横砖已包括在内衬定额内，不另行计算。

（4）为防止酸性凝液渗入内衬及筒身间，而在内衬上抹水泥砂浆排水坡的工料已包括在定额内，不单独计算。

（5）烟囱内表面涂刷隔绝层，按筒身内壁并扣除各种孔洞后的面积以面积计算。

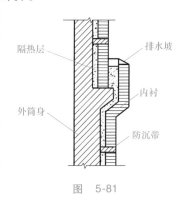

图 5-81

（四）烟道砌砖

（1）烟道与炉体的划分以第一道闸门为界，炉体内的烟道部分列入炉体工程量计算。

（2）烟道中的混凝土构件，按相应定额项目计算。

（3）混凝土烟道以体积计算（扣除各种孔洞所占体积），套用地沟定额（架空烟道除外）。

[例5-51] 某砖烟囱（如图5-82所示）采用M5混合砂浆砌筑，烟囱上口封顶圈梁和底圈梁断面尺寸为240mm×240mm，计算筒身工程量，确定定额项目并计算其费用。

解： 烟囱上口中心直径：1.60m - 0.24m = 1.36m

烟囱下口中心直径：2.40m - 0.24m = 2.16m

上口圈梁和底圈梁体积：0.24m × 0.24m × π × (1.36m + 2.16m) = 0.64m^3

M5混浆砌筒身工程量：$\sum HC\pi D = 0.24m \times 18.0m \times (1.36m + 2.16m) \times 1/2\pi - 0.64m^3 = 23.25m^3$

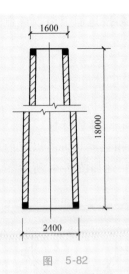

图 5-82

M5 混浆砖烟囱 筒身高度≤20m 套 16-1-5 单价=5304.34 元/10m³

费用：23.25m³×5304.34 元/10m³=12332.59 元

二、水塔

（一）砖水塔

（1）水塔基础与塔身划分：以砖砌体的扩大部分顶面为界，以上为塔身，以下为基础。水塔基础工程量按设计图示尺寸以体积计算，套用烟囱基础的相应项目。

（2）塔身以图示实砌体积计算，扣除门窗洞口、>0.3m² 孔洞和混凝土构件所占的体积，砖平拱璇及砖出檐等并入塔身体积内计算。

（3）砖水箱内外壁，不分壁厚，均以图示实砌体积计算，套用相应的内外砖墙定额。

（4）定额内已包括原浆勾缝，如设计要求加浆勾缝时，套用勾缝定额，原浆勾缝的工料不予扣除。

砖水塔如图 5-83 所示。

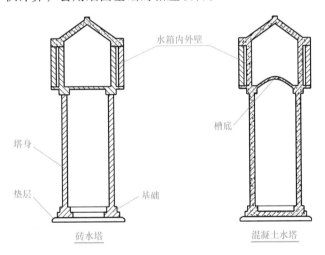

图 5-83

（二）混凝土水塔

（1）混凝土水塔按设计图示尺寸以体积计算工程量，并扣除>0.3m² 孔洞所占体积。

（2）筒身与槽底以槽底连接的圈梁底为界，以上为槽底，以下为筒身。

（3）筒式塔身及依附于筒身的过梁、雨篷挑檐等并入筒身体积内计算，柱式塔身、柱、梁合并计算。

（4）塔顶及槽底，塔顶包括顶板和圈梁，槽底包括底板挑出的斜壁板和圈梁等合并计算。

（5）倒锥壳水塔中的水箱，定额按地面上浇筑编制。水箱的提升，另按定额有关规定计算。

混凝土水塔如图 5-83 所示。

三、贮水（油）池、贮仓

（1）贮水（油）池、贮仓、筒仓以体积计算。

（2）贮水（油）池仅适用于容积在 ≤100m³ 以下的项目，壁基梁、池壁不分圆形壁和矩形壁，均按池壁计算，贮水（油）池如图 5-84 所示。容积>100m³ 的，池底按地面、池壁按墙、池盖按板的相应项目计算。

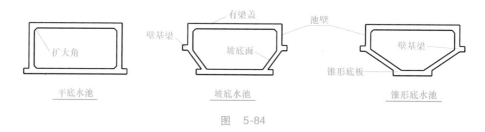

图　5-84

（3）贮仓，区分立壁、斜壁、底板、顶板，分别套用相应项目。基础、支撑漏斗的柱和柱之间的连系梁根据构成材料的不同，按有关规定计算，套相应定额。

混凝土独立筒仓如图 5-85 所示。

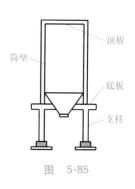

图　5-85

四、检查井、化粪池及其他

（1）砖砌井（池）壁不分厚度均以体积计算，洞口上的砖平拱璇等并入砌体体积内计算。与井壁相连接的管道及其内径≤200m 的孔洞所占体积不予扣除。

（2）渗井系指上部浆砌、下部干砌的渗水井。干砌部分不分方形、圆形，均以体积计算。计算时不扣除渗水孔所占体积。浆砌部分套用砖砌井（池）壁定额。

（3）成品检查井、化粪池安装以"座"为单位计算。定额内考虑的是成品混凝土检查井、成品玻璃钢化粪池的安装，当主材材质不同时，可换算主材，其他不变。

（4）混凝土井（池）按实体积计算，与井壁相连接的管道及内径≤200mm 孔洞所占体积不予扣除。

（5）井盖、雨水篦的安装以"套"为单位按数量计算，混凝土井圈的制作以体积计算，排水沟铸铁盖板的安装以长度计算。

五、场区道路

（1）路面工程量按设计图示尺寸以面积计算，定额内已包括伸缩缝及嵌缝的工料，如机械割缝时执行本章相关项目，路面项目中不再进行调整。

（2）沥青混凝土路面是根据山东省标准图集《13 系列建筑标准设计图集》中所列做法按面积计算，如实际工程中沥青混凝土粒径与定额不同时，可以体积换算。

（3）道路垫层按定额"第二章　地基处理与边坡支护工程"的机械碾压相关项目计算。

（4）铸铁围墙工程量按设计图示尺寸以长度计算，定额内已包括与柱或墙连接的预埋铁件的工料。

六、构筑物综合项目

（1）构筑物综合项目中的井、池均根据山东省标准图集《13系列建筑标准设计图集》《建筑给水与排水设备安装图集》（L03S001-002）以"座"为单位计算。

（2）散水、坡道均根据山东省标准图集《13系列建筑标准设计图集》以面积计算。

（3）台阶根据山东省标准图集《13系列建筑标准设计图集》按投影面积以面积计算。

（4）路沿根据山东省标准图集《13系列建筑标准设计图集》以长度计算。

（5）凡按省标图集设计和施工的构筑物综合项目，均执行定额项目不得调整。

[例5-52]　某生活小区的化粪池、给水阀门井均根据山东省标准图集《13系列建筑标准设计图集》《建筑给水与排水设备安装图集》（L03S001-002）设计，其中钢筋混凝土化粪池1号3座；砖砌化粪池2号5座；φ1000的圆形给水阀门井（DN≤65）共36座，深1.1m。经计算，沥青混凝土路面（厚100mm）共4873.66m²，混凝土整体路面（厚80mm）9669.85m²，铺预制混凝土路沿793.68m，料石路沿为937.72m。据勘探资料得知，小区的地下水深为6.40m。试计算上述项目的费用。

解：（1）混凝土整体路面工程量：9669.85m²

混凝土整体路面　80mm厚　套16-5-1　单价=356.29元/10m²

费用：9669.85m²×356.29元/10m²=344527.08元

（2）沥青混凝土路面工程量：4873.66m²

沥青混凝土路面　100mm厚　套16-5-4　单价=6967.33元/10m²

费用：4873.66m²×6967.33元/10m²=3395638.70元

（3）钢筋混凝土化粪池1号工程量：3座

钢筋混凝土化粪池1号　无地下水　套16-6-1　单价=9724.77元/座

费用：3座×9724.77元/座=29174.31元

（4）砖砌化粪池2号工程量：5座

砖砌化粪池2号　无地下水　套16-6-25　单价=12190.60元/座

费用：5座×12190.60元/座=60953.00元

（5）圆形给水阀门井工程量：36座

圆形给水阀门井DN≤65　φ1000无地下水1.1m深　套16-6-71　单价=1457.44元/座

费用：36座×1457.44元/座=52467.84元

（6）预制混凝土路沿工程量：793.68m

铺预制混凝土路沿　套16-6-92　单价=557.27元/10m

费用：793.68m×557.27元/10m=44229.41元

（7）料石路沿工程量：937.72m

铺料石路沿　套16-6-93　单价=657.87元/10m

费用：937.72m×657.87元/10m=61689.79元

任务11 计算脚手架工程

一、定额说明

（1）脚手架工程包括外脚手架、里脚手架、满堂脚手架、悬空脚手架、挑脚手架、防护架、依附斜道、安全网、烟囱（水塔）脚手架、电梯井字架等共八部分。

1）脚手架按搭设材料分为木制、钢管式，按搭设形式及作用分为落地钢管式脚手架、型钢平台挑钢管式脚手架、烟囱脚手架和电梯井脚手架等。

2）脚手架工作内容中，包括底层脚手架的平土、挖坑，实际与定额不同时不得调整。

3）脚手架作业层铺设材料按木脚手板设置，实际使用不同材质时不得调整。

4）型钢平台外挑双排钢管脚手架子目，一般适用于自然地坪、底层屋面因不满足搭设落地脚手架条件或架体搭设高度>50m等情况。

（2）外脚手架综合了上料平台、依附斜道、安全网和建筑物的垂直封闭等，应根据相应规定另行计算。落地双排钢管外脚手架如图5-86所示。

1）现浇混凝土圈梁、过梁、楼梯、雨篷、阳台、挑檐中的梁和挑梁，各种现浇混凝土板、楼梯，不单独计算脚手架。各种现浇板、现浇混凝土楼梯，不单独计算脚手架。各种现浇板，包括板式或有梁式的雨篷、阳台、挑檐等各种平面构件。

2）计算外脚手架的建筑物四周外围的现浇混凝土梁、框架梁、墙，不另计算脚手架。

3）砌筑高度≤10m，执行单排脚手架子目；高度>10m，或高度虽≤10m但外墙门窗及外墙装饰面积超过外墙表面积60%（或外墙为现浇混凝土墙、轻质砌块墙）时，执行双排脚手架子目。

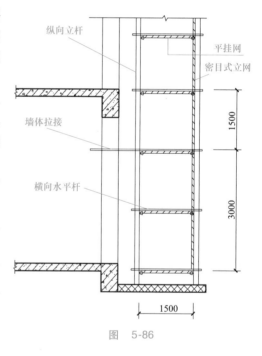

图 5-86

4）设计室内地坪至顶板下坪（或山墙高度1/2处）的高度>6m时，内墙（非轻质砌块墙）砌筑脚手架，执行单排外脚手架子目；轻质砌块墙砌筑脚手架，执行双排外脚手架子目。

5）外装饰工程的脚手架根据施工方案可执行外装饰电动提升式吊篮脚手架子目。

（3）里脚手架。

1）建筑物内墙脚手架，凡设计室内地坪至顶板下表面（或山墙高度1/2处）的高度≤3.6m（非轻质砌块墙）时，执行单排里脚手架子目；3.6m<高度≤6m时，执行双排里脚手架子目。不能在内墙上留脚手架洞的各种轻质砌块墙等，执行双排里脚手架子目。

2）石砌（带形）基础高度>1m，执行双排里脚手架子目；石砌（带形）基础高

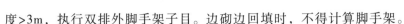

度>3m，执行双排外脚手架子目。边砌边回填时，不得计算脚手架。

（4）电梯井脚手架的搭设高度，是指电梯井底板上坪至顶板下坪（不包括建筑物顶层电梯机房）之间的高度。

（5）总包施工单位承包工程范围不包括外墙装饰工程且不为外墙装饰工程提供脚手架施工，主体工程外脚手架的材料按外脚手架乘以系数 0.8 计算，人工、机械不调整。外装饰脚手架按钢管脚手架搭设的材料费按外脚手架乘以系数 0.2 计算，人工、机械不调整。

二、工程量计算规则

（一）一般规定

（1）脚手架计取的起点高度：基础及石砌体高度>1m，其他结构高度>1.2m。

（2）计算内、外墙脚手架时，均不扣除门窗洞口、空圈洞口等所占的面积。

（二）外脚手架

（1）建筑物外脚手架，高度自设计室外地坪算至檐口（或女儿墙顶）：同一建筑物有不同檐高时，按建筑物的不同檐高纵向分割，分别计算，并按各自的檐高执行相应子目。地下室外脚手架的高度，按其底板上坪至地下室顶板上坪之间的高度计算。

（2）按外墙外边线长度乘以高度以面积计算。凸出墙面宽度大于 240mm 的墙垛、外挑阳台（板）等，按图示尺寸展开并入外墙长度内计算。

[例5-53] 某高层建筑物如图 5-87 所示，女儿墙高 2m，计算外墙脚手架工程量及费用。

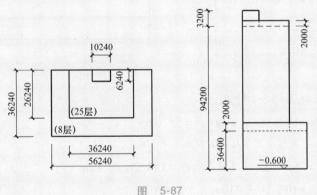

图 5-87

解：（1）高层（25 层）部分外脚手架工程量。

36.24m×（94.20m+2.00m）=3486.29m²

（36.24m+26.24m×2）×（94.20m−36.40m+2.00m）=5305.46m²

10.24m×（3.20m−2.00m）=12.29m²

合计：3486.29m²+5305.46m²+12.29m²=8804.04m²

高度=94.20m+2.00m=96.20m

说明：电梯、水箱间不计入高度以内

型钢平台外挑双排外脚手架≤100m 套 17-1-17 单价=682.96 元/10m²

费用：8804.04m²×682.96 元/10m²=601280.71 元

（2）低层（8 层）部分脚手架工程量。

$$[(36.24m+56.24m)\times2-36.24m]\times(36.40m+2.00m)=5710.85m^2$$

高度 $=36.40m+2.00m=38.40m$

钢管架 双排≤50m 套 17-1-12 单价 $=271.72$ 元/10m²

费用：$5710.85m^2\times271.72$ 元/10m² $=155175.21$ 元

（3）电梯间、水箱间部分（假定为砖砌外墙）脚手架工程量。

$$(10.24m+6.24m\times2)\times3.20m=72.70m^2$$

钢管架 单排≤6m 套 17-1-6 单价 $=108.76$ 元/10m²

费用：$72.70m^2\times108.76$ 元/10m² $=790.69$ 元

（3）若建筑物有挑出的外墙，挑出宽度大于 1.5m 时，外脚手架工程量按上部挑出外墙宽度乘以设计室外地坪至檐口或女儿墙表面高度计算，套用相应高度的外脚手架；下层缩入部分的外脚手架，工程量按缩入外墙长度乘以设计室外地坪至挑出部分的板底高度计算，不论实际需搭设单、双排脚手架，均按单排外脚手架定额项目执行。

[例5-54] 某农村信用社共3层，自2层以上往外挑出，其尺寸如图5-88所示，除缩进墙体采用单排钢管架外，其余外墙均采用双排钢管架，计算外墙脚手架工程量及费用。

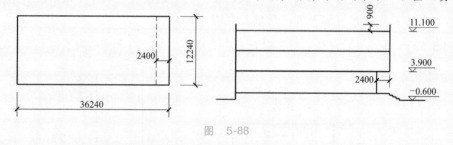

图 5-88

解：（1）缩入外墙部分脚手架。

工程量：$12.24m\times(3.90m+0.60m)=55.08m^2$

缩入外墙脚手架高度 $=3.90m+0.60m=4.50m$

钢管架 单排≤6m 套 17-1-6 单价 $=108.76$ 元/10m²

费用：$55.08m^2\times108.76$ 元/10m² $=599.05$ 元

（2）其他部分外墙脚手架。

挑出外墙脚手架高度：$11.10m+0.90m+0.60m=12.60m$

挑出部分工程量：$12.24m\times12.60m=154.22m^2$

其他三面工程量：$(36.24m\times2+12.24m)\times12.60m=1067.47m^2$

工程量小计：$154.22m^2+1067.47m^2=1221.69m^2$

钢管架 双排≤15m 套 17-1-9 单价 $=182.26$ 元/10m²

费用：$1221.69m^2\times182.26$ 元/10m² $=22266.52$ 元

（4）独立柱（混凝土框架柱）按柱图示结构外围周长另加 3.6m，乘以设计柱高以面积计算，执行单排外脚手架项目。

设计柱高指柱自基础上表面或楼层上表面，至上一层楼板上表面或屋面板上表面的高度。基础与柱或墙体的分界线以柱基的扩大顶面为界。

独立柱与坡屋面的斜板相交时，设计柱高按柱顶的高点计算。

独立柱脚手架工程量＝（柱图示结构外围周长+3.60m）×设计柱高

首层柱设计柱高＝首层层高+基础上表面至设计室内地坪高度

楼层设计柱高＝楼层层高

（5）各种现浇混凝土独立柱、框架柱、砖柱、石柱（均指不与同种材料的墙体同时施工的独立柱）等，需单独计算脚手架；与同种材料的墙体相连接且同时施工的柱，按墙垛的相应规定计算脚手架。现浇混凝土构造柱，不单独计算脚手架。

[例5-55] 某学校实训楼为现浇钢筋混凝土框架结构，其布置及尺寸如图5-89所示，共三层，柱子总高为14.80m，计算独立柱钢管脚手架费用。

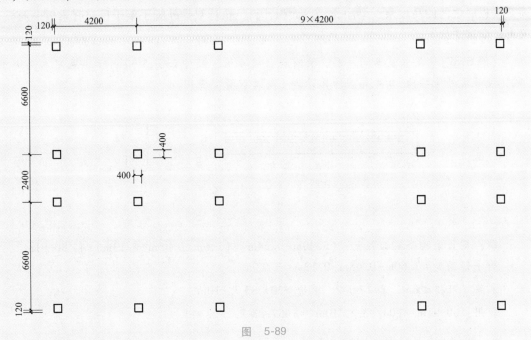

图 5-89

解：柱脚手架工程量：（0.40m×4+3.60m）×11×4×14.80m=3386.24m²

钢管架 单排≤6m 套17-1-6 单价=108.76元/10m²

费用：3386.24m²×108.76元/10m²=36828.75元

[例5-56] 某营业大厅有现浇混凝土圆柱共6根，直径为0.80m，柱高6.50m，计算圆形柱脚手架工程量及费用。

解：圆形混凝土柱脚手架工程量

（π·0.80m+3.6m）×6.50m×6=238.42m²

钢管架 单排≤10m 套17-1-8 单价=132.96元/10m²

费用：238.42m²×132.96元/10m²=3170.03元

（6）现浇混凝土梁、墙，按设计室外地坪或楼板上表面至楼板底之间的高度乘以梁、墙净长以面积计算，执行双排外脚手架子目。与混凝土墙同一轴线且同时浇筑的墙上梁不单独计取脚手架。

梁墙脚手架工程量＝梁墙净长度×地坪（或板顶）至板底高度

（7）现浇混凝土梁主体工程脚手架高度。先主体、后回填，自然地坪低于设计室外地坪时，首层（室内）脚手架的高度，从自然地坪算起。

设计室外地坪标高不同时，首层（室内）梁脚手架的高度，有错坪的，按不同标高分别计算；有坡度的，按平均高度计算。

坡屋面的山尖部分，（室内）梁脚手架的高度，按山尖部分的平均高度计算，按山尖顶坪执行定额。

现浇混凝土（室内）梁主体工程脚手架，按以上梁脚手架高度，分别执行相应高度的脚手架定额子目。

（8）现浇混凝土（室内）梁（单梁、连续梁、框架梁），按设计室外地坪或楼板上表面至楼板底之间的高度乘以梁净长，以面积计算，执行双排外脚手架子目。有梁板中的板下梁不计取脚手架。

[例5-57] 某包装车间一层，共有花篮梁4根，尺寸如图5-90所示，采用木制脚手架，设计室外地坪为-0.45m，计算梁脚手架工程量及费用。

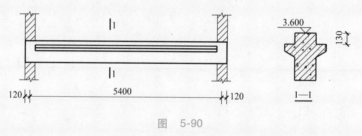

图 5-90

解： 花篮梁脚手架工程量：$(5.40\text{m}-0.24\text{m})\times(3.6\text{m}+0.45\text{m}-0.13\text{m})\times4=80.91\text{m}^2$

脚手架高度 $=3.60\text{m}+0.45\text{m}-0.13\text{m}=3.92\text{m}$

木架 双排≤6m 套17-1-2 单价=204.83元/10m²

费用：$80.91\text{m}^2\times204.83$ 元/10m² $=1657.28$ 元

（9）型钢平台外挑双排钢管脚手架：一般适用于自然地坪或高层建筑物的低层屋面因不满足搭设落地脚手架条件（不能承受脚手架荷载）或架体塔设高度>50m等情况。型钢平台外挑钢管脚手架如图5-91所示。

自然地坪不能承受外脚手架荷载，一般是因填土太深，短期达不到外脚手架荷载的能力、不能搭设落地脚手架的情况。

高层建筑物的底层屋面不能承受外脚手架荷载，一般是指高层建筑有深基坑（地下室），需做外防水处理；或有高低层的工程，其底层屋面板因荷载及屋面防水处理等原因，不能在底层屋面板

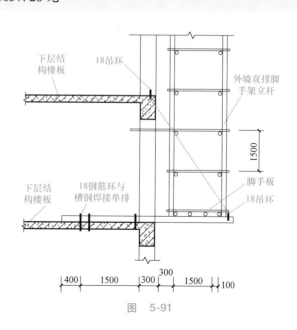

图 5-91

搭设落地外脚手架的情况。

型钢平台外挑钢管架工程量 = 外墙外边线长度×设计高度

[例 5-58] 某高层建筑下部三层为商业房，采用双排外钢管脚手架，主楼自裙楼上部开始搭设型钢平台外挑脚手架，该工程尺寸如图 5-92，计算脚手架工程量及费用。

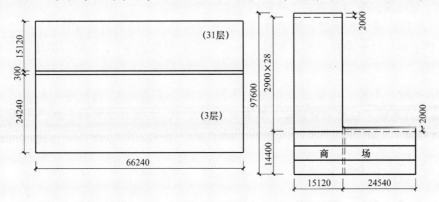

图 5-92

解： （1）裙楼部分外脚手架工程量：$[66.24m + (24.24m + 0.30m) \times 2] \times (14.40m + 2.0m) = 1891.25m^2$

脚手架高度：$14.40m + 2.0m = 16.40m$

钢管架　双排≤24m　套 17-1-10　单价 = 212.48 元/10m²

费用：$1891.25m^2 \times 212.48$ 元/10m² = 40185.28 元

（2）主楼下部三层脚手架工程量：$(15.12m \times 2 + 66.24m) \times 14.40m = 1389.31m^2$

钢管架　双排≤15m　套 17-1-9　单价 = 182.26 元/10m²

费用：$1389.31m^2 \times 182.26$ 元/10m² = 25321.56 元

（3）主楼型钢平台外挑钢管脚手架工程量：$(15.12m + 66.24m) \times 2 \times (97.60m - 14.40m) = 13538.30m^2$

脚手架高度：97.6m

型钢平台外挑双排外脚手架≤100m　套 17-1-17　单价 = 682.96 元/10m²

费用：$13538.30m^2 \times 682.96$ 元/10m² = 924611.74 元

（三）里脚手架

（1）里脚手架按墙面垂直投影面积计算。

各种石砌挡土墙的砌筑脚手架，按石砌基础的规定执行。

砖砌大放脚式带形基础，高度超过1m，按石砌带形基础的规定计算脚手架。砖砌墙式带形基础，按砖砌墙体的规定计算脚手架。

内墙体里脚手架工程量 = 内墙净长度×设计净高度

（2）内墙面装饰工程脚手架，按装饰面执行里脚手架计算规则计算装饰工程脚手架。内墙面装饰高度≤3.6m 时，按相应脚手架子目乘以系数 0.3 计算；高度>3.6m 的内墙装饰，按双排里脚手架乘以系数 0.3。

内墙装饰脚手架高度，自室内地面或楼面起，有吊顶顶棚的，计算至顶棚底面另加

100mm，无吊顶顶棚的，计算至顶棚底面。

外墙内面抹灰，外墙内面应计算内墙装饰工程脚手架；内墙双面抹灰，内墙两面均应计算内墙装饰工程脚手架。

内墙装饰工程，能够利用内墙砌筑脚手架时，不再计内墙装饰脚手架。按规定计算满堂脚手架后，室内墙面装饰工程，不再计内墙装饰脚手架。

（3）（砖砌）围墙脚手架，按室外自然地坪至围墙顶面的砌筑高度乘以长度，以面积计算。围墙脚手架，执行单排里脚手架相应子目。石砌围墙或厚>2砖的砖围墙，增加一面双排里脚手架。

[例5-59] 某教工宿舍楼平面图如5-93所示，层高3m，楼板厚100mm，其中②、⑫和⑧轴线内墙体为轻质砌块墙体，其余为实砌砖墙，本工程采用钢管架，计算该工程的里脚手架费用。

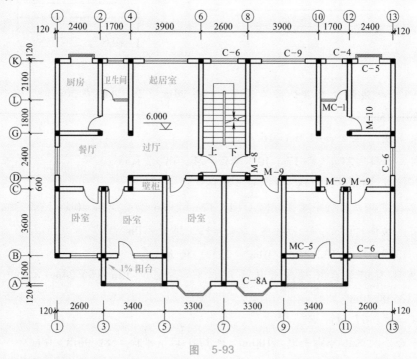

图 5-93

解：（1）轻质砌块墙里脚手架。

工程量：$(1.80m+2.10m-0.24m+3.40m-0.24m)×2×(3.0m-0.1m)=39.56m^2$

里脚手架高度：$3.0m-0.10m=2.9m$

钢管架　双排≤3.6m　套17-2-6　单价=78.44元/10m²

费用：$39.56m^2×78.44元/10m^2=310.31元$

（2）实砌砖墙体里脚手架。

ⓒ、ⓓ轴线：$(2.60m+3.40m+3.30m+0.60m-0.12m)×2×(3.0m-0.1m)=56.72m^2$

④、⑩、ⓖ轴线：$(1.80m+2.10m+1.70m+2.40m-0.24m)×2×(3.0m-0.1m)=45.01m^2$

③、⑤、⑥、⑧、⑨、⑪轴线：$[(3.60m-0.24m)+(1.50m+3.60m+0.60m-0.24m)+(2.40m+1.80m+2.10m-0.24m)]×2×(3.0m-0.1m)=86.30m^2$

⑦轴线：$(1.50m+3.60m+0.60m-0.24m)×(3.0m-0.1m)=15.83m^2$

合计：$56.72m^2+45.01m^2+86.30m^2+15.83m^2=203.86m^2$

钢管架　单排≤3.6m　套17-2-5　单价=56.74元/10m²

费用：$203.86m^2×56.74元/10m^2=1156.70元$

（四）满堂脚手架（如图5-94所示）

（1）按室内净面积计算，不扣除柱、垛所占面积。

（2）结构净高>3.6m时，可计算满堂脚手架。

（3）当3.6m<结构净高≤5.2m时，计算基本层；结构净高≤3.6m时，不计算满堂脚手架。但经建设单位批准的施工组织设计明确需要搭设满堂脚手架的可计算满堂脚手架。

$$满堂脚手架工程量=室内净长度×室内净宽度$$

（4）结构净高>5.2m时，每增加1.2m按加一层计算，不足0.6m的不计。

满堂脚手架增加层=[室内净高度-5.2(m)]÷1.2(m)（计算结果在0.5以内舍去）

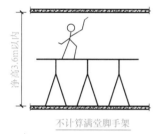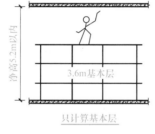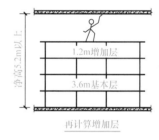

图　5-94

[**例5-60**]　某学校餐厅学生就餐大厅共2层，尺寸如图5-95所示，计算满堂脚手架（钢管架）工程量及费用。

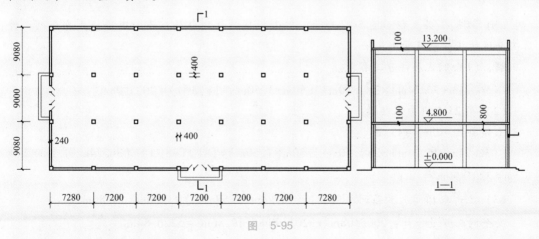

图　5-95

解：（1）底层满堂脚手架。

工程量：$(7.20m×5+7.28m×2-0.24m)×(9.08m×2+9.0m-0.24m)=1354.61m^2$

室内净高=4.80m-0.10m=4.70m<5.20m

说明：室内净高度为室内地面地坪至室内天棚装饰面距离。

钢管架 基本层 套 17-3-3 单价=170.58 元/10m²

费用：1354.61m²×170.58 元/10m²=23106.94 元

（2）二层满堂脚手架。

工程量：（7.20m×5+7.28m×2-0.24m）×（9.08m×2+9.0m-0.24m）=1354.61m²

室内净高度=13.20m-0.10m-4.80m=8.3mm

满堂脚手架增加层=（8.30m-5.20m）÷1.2m=3 层

二层满堂脚手架 套 17-3-3 和 17-3-4 单价（换）

170.58 元/10m²+24.02 元/10m²×3=242.64 元/10m²

费用：242.64 元/10m²×1354.61m²=32868.26 元

（五）安全网

（1）平挂式安全网（脚手架外侧与建筑物外墙之间的安全网），按水平挂设的投影面积计算，执行立挂式安全网子目。

平挂式安全网，水平设置于外脚手架的每一操作层（脚手板）下，网宽 1.5m。

平挂式安全网工程量=（外围周长×1.50+1.50×1.50×4）×（建筑物层数-1）

根据山东省工程建设标准《建筑施工现场管理标准》规定，距地面（设计室外地坪）3.2m 处设首层安全网，操作层下随层设安全网（按具体规定计算）。

（2）立挂式安全网，按架网部分的实际长度乘以实际高度，以面积计算。

立挂式安全网，沿脚手架外立杆内面垂直设置，且与平挂式安全网同时设置，网高按1.2m 计算。

（3）挑出式安全网，按挑出的水平投影面积计算。

挑出式安全网，沿脚手架外立杆外挑，近立杆边沿较外边沿略低，斜网展开宽度按2.20m 计算。

[例5-61] 某工程如图 5-87 所示，编制标底时计划每层搭设一道平挂式安全网，计算安全网的工程量及费用。

解：（1）低 8 层部分工程量。

[（56.24m+36.24m）×2×1.50m+1.50m×1.50m×4]×（8-1）=2005.08m²

（2）高 25 层部分工程量。

上部层数=25-8=17 层

[（36.24m+26.24m）×2×1.50m+1.50m×1.50m×4]×（25-8-1）+（36.24m+1.5m×2）×1.5m=3201.90m²

（3）上部电梯间、水箱间工程量：（10.24m+1.50m×2）×1.50m=19.86m²

安全网工程量合计：2005.08m²+3201.90m²+19.86m²=5226.84m²

立挂式 套 17-6-1 单价=44.30 元/10m²

费用：5226.84m²×44.30 元/10m²=23154.90 元

（六）密目网

（1）建筑物垂直封闭工程量，按封闭墙面的垂直投影面积计算。

建筑物垂直封闭采用交替倒用时，工程量按倒用封闭过的垂直投影面积计算，执行定额子目时，封闭材料乘以系数：竹席为0.5、竹笆和密目网为0.33。

（2）建筑物垂直封闭，根据施工组织设计确定。高出屋面的电梯间、水箱间，不计算垂直封闭。

建筑物垂直封闭工程量 =（外围周长+1.50×8）×（建筑物脚手架高度+1.5m）

上式中"外脚手架高+1.50m"为垂直封闭高度。其中，1.50m为规范要求高出外墙的安全高度。

[例5-62] 某高层建筑物如图5-87所示，下部8层长期固定封闭，上部25层密目网交替倒用，计算垂直封闭密目网的工程量及费用。

解：（1）低8层密目网固定部分。

工程量：$[(56.24m+36.24m)×2+1.5m×8]×(36.40m+2.0m+1.50m)=7858.70m^2$

建筑物垂直封闭 密目网 套17-6-6 单价=108.19元/$10m^2$

费用：$7858.70m^2×108.19元/10m^2=85023.28元$

（2）高25层密目网交替倒用部分。

工程量：$[(36.24m+26.24m×2)+1.50m×6]×(94.20m-36.40m+2.00m+1.50m)+(36.24m+1.50m×2)×(94.20m-36.40m)+(10.24m+1.50m×2)×(3.20m-2.00m)=8274.20m^2$

建筑物垂直封闭 密目网 套17-6-6 单价（换）

查消耗量定额17-6-6中得：密目网含量为11.9175m^2；查山东省人工、材料、机械台班单价表得：序号5292（编码35050003）密目网单价（除税）6.84元/m^2。

$108.19元/10m^2-[11.9175×(1-0.33)×6.84]元/10m^2=53.57元/10m^2$

费用：$8274.20m^2×53.57元/10m^2=44324.89元$

[例5-63] 某写字楼如图5-96所示，外墙采用双排钢管架，内墙单排钢管架，内外墙脚手架均自室外地坪搭设，楼板厚120mm，平挂式安全网每层一道网宽1.5m，立挂式安全网与平挂式安全网同时设置，高度1.2m，密目网固定封闭。计算外墙脚手架、里脚手架、安全网、密目网工程量及费用。

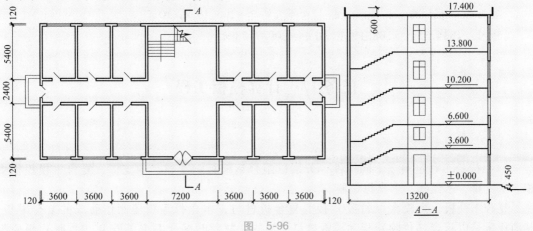

图 5-96

解：（1）外墙脚手架。

工程量：$(3.6m×6+7.2m+0.24m+5.4m×2+2.4m+0.24m)×2×(17.4m+0.6m+0.45m)=1567.51m^2$

脚手架高度：$17.4m+0.6m+0.45m=18.45m$

钢管架　双排≤24m　套17-1-10　单价=212.48 元/$10m^2$

费用：$1567.51m^2×212.48$ 元/$10m^2=33306.45$ 元

（2）里脚手架：

首层搭设高度：$0.45m+3.60m-0.15m=3.90m$

工程量：$[(5.4m-0.24m)×12+3.6m×6×2]×3.90m=409.97m^2$

钢管架　单排≤6m　套17-2-7　单价=63.66 元/$10m^2$

费用：$409.97m^2×63.66$ 元/$10m^2=2609.87$ 元

二至五层搭投高度：$17.4m-3.6m-0.12mm×4=13.32m$

工程量：$[(5.4m-0.24m)×12+3.6m×6×2]×13.32m=1400.20m^2$

钢管架　单排≤3.6m　套17-2-5　单价=56.74 元/$10m^2$

费用：$1400.20m^2×56.74$ 元/$m^2=7944.73$ 元

（3）安全网。

平挂式工程量：$[(3.6m×6+7.2m+0.24m+5.4m×2+2.4m+0.24m)×2×1.5m+1.5m×1.5m×4]×(5-1)=545.76m^2$

立挂式工程量：$[(3.6m×6+7.2m+0.24m+5.4m×2+2.4m+0.24m)×2+1.5m×8]×1.2m×(5-1)=465.41m^2$

安全网工程量小计：$545.76+465.41=1011.17m^2$

立挂式　套17-6-1　单价=44.30 元/$10m^2$

费用：$1011.17m^2×44.30$ 元/$10m^2=4479.48$ 元

（4）密目网。

工程量：$[(3.6m×6+7.2m+0.24m+5.4m×2+2.4m+0.24m)×2+1.5m×8]×(17.4m+0.6m+0.45m+1.5m)=1934.35m^2$

建筑物垂直封闭　密目网　套17-6-6　单价=108.19 元/$10m^2$

费用：$1934.35m^2×108.19$ 元/$10m^2=20927.73$ 元

任务12　计算模板工程

一、定额说明

（1）模板工程定额按不同构件，分别以组合钢模板钢支撑、木支撑，复合木模板钢支撑、木支撑，木模板、木支撑编制。

复合木模板，为胶合（竹胶）板等复合板材与方木龙骨等现场制作而成的复合模板，其消耗量是以胶合（竹胶）板为模板材料测算的，取定时综合考虑了胶合（竹胶）板模板制作、安装、拆除等工作内容所包含的人工、材料、机械含量。

（2）现浇混凝土模板。

1）现浇混凝土杯型基础的模板，执行现浇混凝土独立基础模板子目，定额人工乘以系数 1.13，其他不变。

2）现浇混凝土有梁式满堂基础模板项目是按上翻梁计算编制的。若是下翻梁形式的满堂基础，应执行无梁式满堂基础模板项目。由于下翻梁的模板无法拆除，且简易支模方式很多，施工单位按施工组织设计确定的方式另行计算梁模板费用。

3）现浇混凝土直形墙、电梯井壁等项目，按普通混凝土考虑，需增套对拉螺栓堵眼增加子目；如设计要求防水等特殊处理时，套用有关子目后，增套钢筋及混凝土工程对拉螺栓增加子目。

4）现浇混凝土板的倾斜度>15°时，其模板子目定额人工乘以系数 1.3。

5）现浇混凝土柱、梁、墙、板是按支模高度（地面支撑点至模底或支模顶）3.6m 编制的，支模高度超过 3.6m 时，另行计算模板支撑超高部分的工程量。

轻型框剪墙的模板支撑超高，执行墙支撑超高了目。

6）对拉螺栓与钢、木支撑结合的现浇混凝土模板子目，定额按不同构件、不同模板材料和不同支撑工艺综合考虑，实际使用钢、木支撑的多少，与定额不同时，不得调整。

对拉螺栓端头处理增加子目系指现浇混凝土直形墙、电梯井壁等，设计要求防水等特殊处理时，与混凝土一起浇筑的普通对拉螺栓（或对拉钢片）端头处理所需要增加的人工、材料、机械消耗量。

7）现浇混凝土楼梯、阳台、雨篷、栏板、挑檐等其他构件，凡模板子目按木模板、木支撑编制的，如实际使用复合木模板，仍执行定额相应模板子目，不另调整。

8）对拉螺栓堵眼增加子目系指现浇混凝土直形墙、电梯井壁等为普通混凝土时，拆除模板后封堵对拉螺栓套管孔道所需要增加的人工、材料消耗量。

（3）现场预制混凝土模板子目使用时，人工、材料、机械消耗量分别乘以构件操作损耗系数 1.012。

二、工程计算规则

现浇混凝土模板工程量，除另有规定外，按模板与混凝土的接触面积（扣除后浇带所占面积）计算。

（1）基础按混凝土与模板接触面的面积计算。

1）基础与基础相交时重叠的模板面积不扣除；直形基础端头的模板，也不增加。

2）杯型基础模板面积按独立基础模板计算，杯口内的模板面积并入相应基础模板工程量内。

3）现浇混凝土带形桩承台的模板，执行现浇混凝土带形基础（有梁式）模板子目。

4）现浇混凝土带形基础模板，按基础展开高度乘以基础长度计算。外墙带形基础长度按外墙中心线长度计算，内墙带形基础长度按内墙基础净长度计算。

[例5-64] 某毛石混凝土基础工程，如图 5-97 所示，模板采用复合木模板木支撑，计算素混凝土垫层及毛石基础模板工程量及费用。

解：（1）素混凝土垫层模板。

工程量：$[(3.60m+3.30m+6.60m)×2+6.60m-1.10m]×0.10m×2=6.50m^2$

混凝土基础垫层木模板　套 18-1-1　单价 =321.66 元/10m²

费用：$6.50m^2×321.66 元/10m^2=209.08 元$

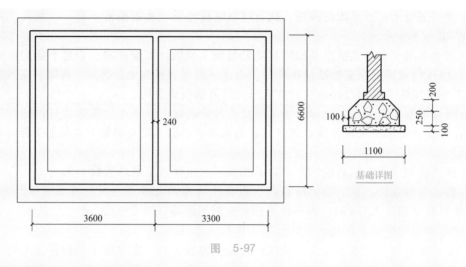

图　5-97

（2）毛石混凝土基础模板。

工程量：［(3.60m+3.30m+6.60m)×2+6.60m-(1.10m-0.10m×2)］×0.25m×2=16.35m²

带形基础（无梁式）无筋混凝土　复合木模板　木支撑　套18-1-5　单价=1577.43元/10m²

费用：16.35m²×1577.43元/10m²=2579.10元

［例5-65］　某单层工业厂房的杯型基础如图5-98所示，共48座，若采用组合钢模板木支撑，计算基础的模板工程量及费用。

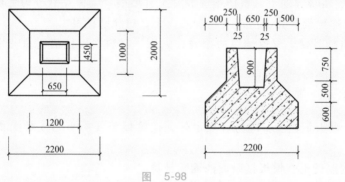

图　5-98

解：（1）单个杯型基础外模。

工程量：(2.20m+2.0m)×2×0.60m+(1.0m+1.2m)×2×0.75m=8.34m²

（2）单个杯型基础内模。

工程量：$(0.45m+0.025m)×2×\sqrt{(0.9m)^2+(0.025m)^2}+(0.65m+0.025m)×2×\sqrt{(0.9m)^2+(0.025m)^2}=2.07m^2$

杯型基础模板工程量合计：(8.34m²+2.07m²)×48=499.68m²

独立基础钢筋混凝土　组合钢模板　木支撑　套18-1-12　单价=613.97元/10m²

费用：499.68m²×613.97元/10m²=30678.85元

（2）现浇混凝土柱模板，按柱四周展开宽度乘以柱高，以面积计算。

1）柱、梁相交时，不扣除梁头所占柱模板面积。

2）柱、板相交时，不扣除板厚所占柱模板面积。

（3）构造柱模板，按混凝土外露宽度乘以柱高以面积计算；构造柱与砌体交错咬茬连接时，按混凝土外露面的最大宽度计算。构造柱与墙的接触面不计算模板面积。

构造柱与砖墙咬口模板工程量=混凝土外露面的最大宽度×柱高

构造柱模板子目，已综合考虑了各种形式的构造柱和实际支模大于混凝土外露面积等因素，适用于先砌砌体、后支模浇筑混凝土的夹墙柱情况。

（4）现浇混凝土梁模板，按混凝土与模板的接触面积计算。

1）矩形梁支座处的模板不扣除，端头处的模板不增加。

2）梁、梁相交时，不扣除次梁梁头所占主梁模板面积。

3）梁、板连接时，梁侧壁模板算至板下坪。

4）过梁与圈梁连接时，其过梁长度按洞口两端共加50cm计算。

[例5-66] 某平房施工图，如图5-99所示，内外墙均设圈梁，门窗过梁为以圈梁代替过梁，断面尺寸为240mm×240mm，底圈梁（内外墙均设）断面240mm×200mm，全部采用复合木模板木支撑，构造柱出槎宽度为60mm，高度为3.3m，M1=1000mm×2400mm，M2=900mm×2400mm，C=1800mm（宽）×1500mm（高）。计算过梁、构造柱、圈梁模板工程量及费用。

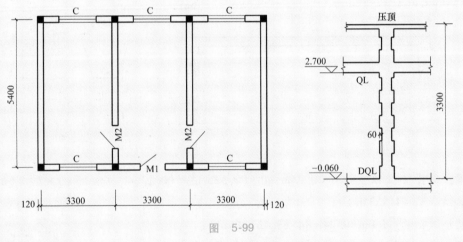

图 5-99

解：（1）过梁。

窗侧面模板工程量：$(1.80m+0.25m×2)×2×0.24m×5=5.52m^2$

M1侧面模板工程量：$(1.0m+0.25m×2)×0.24m×2=0.72m^2$

M2侧面模板工程量：$(0.90m+0.25m×2)×0.24m×4=1.34m^2$

门窗底面模板工程量：$(1.80m×5+0.90m×2+1.0m)×0.24m=2.83m^2$

模板工程量小计：$5.52m^2+0.72m^2+1.34m^2+2.83m^2=10.41m^2$

过梁复合木模板木支撑 套18-1-65 单价=1012.92元/10m²

费用：$10.41m^2×1012.92$元$/10m^2=1054.45$元

（2）构造柱。

模板工程量：$[(0.24m+0.06m×2)×12+0.06m×16]×3.30m=17.42m^2$

构造柱 复合木模板 木支撑 套18-1-41 单价=1117.98元/10m²

费用：$17.42m^2×1117.98$元$/10m^2=1947.52$元

（3）圈梁。

$$L_{中}=(3.3m×3+5.4m)×2=30.60m$$

$$L_{内}=(5.4m-0.24m)×2=10.32m$$

底圈梁模板工程量：$(30.6m+10.32m)×0.2m×2=16.37m^2$

顶圈梁模板工程量：$(30.6m+10.32m)×2×0.24m-(5.52m^2+0.72m^2+1.34m^2)-$
$0.24m×0.24m×12=11.37m^2$

圈梁模板工程量合计：$16.37m^2+11.37m^2=27.74m^2$

圈梁　直形　复合木模板　木支撑　套 18-1-61　单价=660.05 元/$10m^2$

费用：$27.74m^2×660.05$ 元/$10m^2=1830.98$ 元

说明：圈梁、构造柱、过梁整体现浇时，圈梁部分模板工程量应扣除圈梁与构造柱、过梁交接处模板的面积。

[例5-67]　某实验楼共有花篮梁39根，如图5-100所示，采用复合木模板木支撑，计算花篮梁模板工程量及费用。

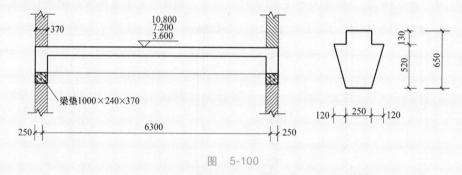

图　5-100

解： 花篮梁工程量：$[0.25m+(\sqrt{(0.52m)^2+(0.12m)^2}+0.13m)×2]×(6.3m+$
$0.25m×2)×39=418.31m^2$

梁垫工程量：$1.0m×0.24m×4×39=37.44m^2$

模板工程量合计：$418.31m^2+37.44m^2=455.75m^2$

异形梁　复合木模板木支撑　套 18-1-59　单价=1073.68 元/$10m^2$

费用：$455.75m^2×1073.68$ 元/$10m^2=48932.97$ 元

（5）现浇混凝土墙的模板，按混凝土与模板接触面积计算。

1）现浇钢筋混凝土墙、板上单孔面积≤$0.3m^2$ 的孔洞，不予扣除；洞侧壁模板亦不增加；单孔面积>$0.3m^2$ 时，应予扣除，洞侧壁模板面积并入墙、板模板工程量内计算。

2）墙、柱连接时，柱侧壁按展开宽度，并入墙模板面积内计算。

3）墙、梁相交时，不扣除梁头所占墙模板面积。

（6）现浇钢筋混凝土框架结构分别按柱、梁、墙、板有关规定计算。轻型框剪墙子目已综合轻体框架中的梁、墙、柱内容，但不包括电梯井壁、矩形梁、挑梁，其工程量按混凝土与模板接触面积计算。

（7）现浇混凝土板的模板，按混凝土与模板的接触面积计算。

1）伸入梁、墙内的板头，不计算模板面积。

2）周边带翻檐的板（如卫生间混凝土防水带等），底板的板厚部分不计算模板面积；翻檐两侧的模板，按翻檐净高度，并入板的模板工程量内计算。

3）板、柱相接时，板与柱接触面的面积≤0.3m²时，不予扣除；面积>0.3m²时，应予扣除。柱、墙相接时，柱与墙接触面的面积，应予扣除。

4）现浇混凝土有梁板的板下梁的模板支撑高度，自地（楼）面支撑点计算至板底，执行板的支撑高度超高子目。

5）柱帽模板面积按无梁板模板计算，其工程量并入无梁板模板工程量中，模板支撑超高按板支撑超高计算。

（8）柱与梁、柱与墙、梁与梁等连接的重叠部分，以及伸入墙内的梁头、板头部分均不计算模板面积。

[例5-68] 某框架结构建筑物如图5-101所示，所有混凝土工程采用组合钢模板钢支撑，柱基扩大面标高为-0.60m，计算柱、梁、板的模板工程量及费用。

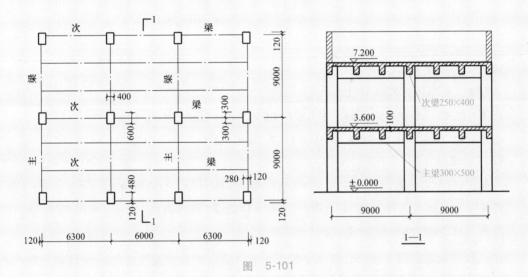

图 5-101

解：（1）框架柱模板。

工程量：$(0.40m+0.60m)×2×(7.20m+0.60m)×12=187.20m^2$

矩形柱 组合钢模板 钢支撑 套18-1-34 单价=495.23元/10m²

费用：$187.20m^2×495.23元/10m^2=9270.71元$

（2）有梁板模板。

一层梁、板底工程量：$(6.30m×2+6.0m+0.24m)×(9.0m×2+0.24m)=343.64m^2$

一层主梁梁侧工程量：$(0.50m-0.10m)×(9.0m-0.3m-0.48m)×2×8=52.61m^2$

一层次梁梁侧工程量：$(0.40m-0.10m)×[(6.30m-0.20m-0.28m)×2×6+(6.0m-0.40m)×2×3+(6.30m+0.12m-0.30m-0.30m/2)×2×8+(6.0m-0.3m)×2×4]=73.37m^2$

两层合计：$(343.64m^2+52.61m^2+73.37m^2)×2=939.24m^2$

有梁板 组合钢模板 钢支撑 套18-1-90 单价=449.79元/10m²

费用：$939.24m^2×449.79元/10m^2=42246.08元$

（9）现浇钢筋混凝土雨篷、悬挑板、阳台板按图示外挑部分尺寸的水平投影面积计算。挑出墙外的牛腿梁及板边模板不另计算。现浇混凝土悬挑板的翻檐，其模板工程量按翻檐净高计算，执行"天沟、挑檐"子目；若翻檐高度>300mm时，执行"栏板"子目。

现浇混凝土天沟、挑檐按模板与混凝土接触面积计算。

[例5-69] 某教学楼无柱雨篷如图5-102所示，计算雨篷板和翻檐的模板工程量及费用。

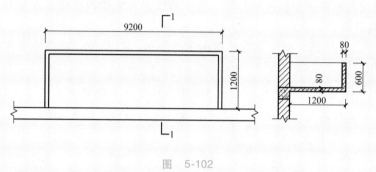

图 5-102

解：（1）雨篷板。

工程量：9.2m×1.2m=11.04m²

雨篷　直形　木模板木支撑　套18-1-108　单价=1600.78元/10m²

费用：11.04m²×1600.78元/10m²=1767.26元

（2）翻檐板。

工程量：（9.2m+1.2m×2-2×0.08m）×（0.6m-0.08m）×2=11.90m²

栏板　木模板木支撑　套18-1-106　单价=1169.20元/10m²

费用：11.90m²×1169.20元/10m²=1391.35元

（10）现浇钢筋混凝土楼梯，按水平投影面积计算，不扣除宽度≤500mm楼梯井所占面积。楼梯的踏步、踏步板、平台梁等侧面模板，不另计算，伸入墙内部分亦不增加。

[例5-70] 某教工宿舍楼共5层，其楼梯平面图，如图5-103所示，计算楼梯的模板工程量及费用。

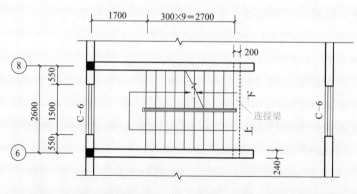

图 5-103

解： 楼梯模板。

工程量：$(1.70m+2.70m-0.12m+0.20m)×(2.60m-0.24m)×4=42.29m^2$

说明：混凝土楼梯（含直形或旋转形）与楼板的分界线，以楼梯顶部与楼板的连接梁为界，连接梁以外为楼板，以内为楼梯。

楼梯 直形 木模板木支撑 套 18-1-110 单价 $=1835.11$ 元/$10m^2$

费用：$42.29m^2×1835.11$ 元/$10m^2=7760.68$ 元

（11）混凝土台阶（不包括梯带）按图示台阶尺寸的水平投影面积计算，台阶端头两侧不另计算模板面积。

混凝土台阶模板工程量＝台阶水平投影面积

（12）小型构件是指单件体积 $≤0.1m^3$ 的木列项目构件。

现浇混凝土小型池槽按构件外围体积计算，不扣除池槽中间的空心部分。池槽内、外侧及底部的模板不另计算。

现浇混凝土小型池槽模板工程量＝池槽外围体积

[例5-71] 某工程共有如图 5-104 所示的小型水槽 30 个，试计算水槽的模板工程量及费用。

解： 水槽的模板。

工程量：$0.60m×0.45m×0.25m×30=2.03m^3$

小型池槽 木模板木支撑 套 18-1-113 单价 $=7679.57$ 元/$10m^3$

费用：$2.03m^3×7679.57$ 元/$10m^3=1558.95$ 元

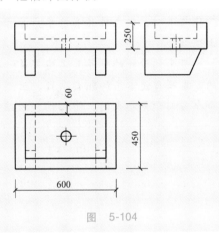

图 5-104

1. 想一想沟槽与地坑如何区分？工程量如何计算？

2. 地面、基础垫层如何计算工程量？

3. 现浇混凝土柱、梁、板工程量计算规则有哪些？

4. 简述屋面防水、保温工程量计算规则。

5. 木门窗工程量应如何计算？

6. 楼地面采用块料面层时应如何计算工程量？

7. 如何计算建筑物外脚手架工程量？

8. 如何计算现浇混凝土有梁板模板工程量？

9. 认真阅读某单位职工宿舍楼施工图（见附录B），并计算指定部分工程量。

（1）若该工程为坚土，采用挖掘机大开挖，待基槽坑边及房心回填后再考虑运土，计算挖土工程量。

（2）若基础大开挖后，从基底（-1.75m）以上0.45m全部做成3：7灰土垫层，就地取土，计算基础垫层费用。

（3）若该工程采用C25毛石混凝土基础，计算370mm墙体的毛石混凝土工程量，确定定额项目。

（4）已知M7过梁尺寸为240mm×180mm×1500mm，采用M5混凝土砂浆砌筑，计算标准层墙体工程量。

（5）如果建筑物外墙窗户全部采用塑钢推拉窗带纱窗，计算C6、C7、C8工程量，确定定额项目。

工匠驿站：

贝聿铭，现代建筑设计大师，设计以公共建筑、文教建筑为主，善用钢材、混凝土、玻璃与石材，代表作品有巴黎卢浮宫扩建工程、香港中国银行大厦、苏州博物馆新馆、香山饭店等。

贝聿铭设计的世界著名建筑是一砖、一石、一瓦等建筑材料按照设计，逐步建造而成的。本项目是本书的核心项目，虽然内容很丰富，但也是由一条条解释、一条条规则、一个个案例积累起来的，请相信，积跬步，至千里，加油！

项目6

编制建筑工程预算、结算书

学习目标

了解施工图预算书编制步骤。

掌握工程量计算的步骤、顺序。

学会填写各种预结算表格。

任务1　编制工程预算书

施工图预算书
编制步骤

一、工程预算书的编制依据

（1）经过批准和会审的全部施工图设计文件。

（2）经过批准的工程设计概算文件。

（3）经过批准的项目管理实施规划或施工组织设计。

（4）建设工程预算定额或计价规范。

（5）单位估价或价目表。

（6）人工工资标准、材料预算价格、施工机械台班单价。

（7）建筑工程费用定额。

（8）预算工作手册。

（9）工程承发包合同文件。

二、单位工程施工图预算书编制内容

1. 预算书封面

预算书的封面应有统一的格式，在编制人位置加盖造价师或预算员印章，在公章位置加盖单位公章。预算书封面见表6-1。

2. 编制说明

编制预算书之前，编制预算说明，一般应包括：本工程按几类工程取费；所采用的预算定额、单位估价表和费用定额；施工组织设计方案；设计变更或图纸会审记录；图纸存在的问题及处理方法。

3. 取费程序表

按建筑工程费用计算程序进行取费，注意次序不能颠倒。

表 6-1 预算书封面

工程预( )算书

建设单位＿＿＿＿＿＿＿＿＿＿＿＿

工程名称＿＿＿＿＿＿＿＿＿＿＿＿

结构类型＿＿＿＿＿＿＿＿＿＿＿

建筑面积＿＿＿＿＿＿＿＿（平方米 ）

结算造价＿＿＿＿＿＿＿＿＿＿（元）

施工单位(公章)

审核单位(公章)

审核人＿＿＿＿＿＿＿＿＿＿＿＿＿

编制人＿＿＿＿＿＿＿＿＿＿＿＿＿

编制日期＿＿＿＿＿＿＿＿＿＿＿＿

4. 单位工程预算表

填写工程预算表时，应按定额编号从小到大依次填写，各部分之间留一定空行，以便遗漏项目的增添，单位应和定额单位统一，工程量的小数位数按规定保留。工程预（结）算表见表 6-2。

表 6-2 工程预（结）算表

单位工程名称：＿＿＿＿＿＿＿＿＿ 　　 年 月 日 　　 共 页，第 页

定额编号	分部分项工程名称	单位	数量	省定额价		地区（市）价	
				单价	合价	单价	合价

5. 工程量计算表

工程量应采用表格形式计算，其中定额编号、工程项目名称要和定额保持一致。工程量计算表见表 6-3。

表 6-3 工程量计算表

单位工程名称：＿＿＿＿＿＿＿＿＿＿＿＿ 　　　　　　 共 页，第 页

序号	定额编号	分项工程名称	单位	工程量	计 算 式
9	1-4-3	竣工清理	$10m^3$	1172.79	$24.68×6.6×7.2=1172.79$

负责人 ×××　　　　　　审核 ×××　　　　　　计算 ×××

6. 工料分析及工日、材料、机械台班汇总表

工料分析表的前半部分与工程量计算表相同，后半部分按先人工后材料顺序依次填写，注意和定额顺序保持一致。工料分析表见表 6-4，工日、材料、机械台班汇总表见表 6-5。

表 6-4　工料分析表

单位工程名称：＿＿＿＿＿＿＿　　　　　　　　　　　　　　　　　　　共 页，第 页

序号	定额编号	分项工程名称	单位	工程量	工日		材料用量	
					单位用工	小计	C15 现浇混凝土	水
13	2-1-28	无筋混凝土垫层	$10m^3$	72.79	8.30	604.16	$\dfrac{10.10}{735.18}$	$\dfrac{3.750}{272.96}$

注：分数中，分子为定额用量，分母为工程量乘以分子后的结果。

表 6-5　工日、材料、机械台班汇总表

工程名称：＿＿＿＿＿＿＿　　　　　　　　　　　　　　　　　　　　共 页，第 页

序号	名称	单位	数量	其　中
一	综合工日	工日	872.79	土石方：150.03，砌筑：246.56，混凝土：56.23，……
二	材料			
…	…			
12	普通砖	千块	82.23	基础：25.69，墙体：56.54
…	…			
三	机械			
…	…			
5	混凝土搅拌机 400L	台班	15.70	基础：2.35，圈梁：3.85，柱：2.37，……
…	…			

三、单位工程施工图预算书编制步骤

1. 收集编制预算的基础文件和资料

编制预算的基础文件和资料主要包括：施工图设计文件、施工组织设计文件、设计概算文件、建筑安装工程消耗定额、建筑工程费用定额、工程承包合同文件、材料预算价格及设备预算价格表、人工和机械台班单价以及造价工作手册等文件和资料。

2. 熟悉施工图设计文件

（1）首先熟悉图纸目录及总说明，了解工程性质、建筑面积、建筑单位名称、设计单位名称、图纸张数等，做到对工程情况有一个初步了解。

（2）按图纸目录检查各类图纸是否齐全；建筑、结构、设备图纸是否配套；施工图纸与说明书是否一致；各单位工程施工图纸之间有无矛盾。

（3）熟悉建筑总平面图，了解建筑物的地理位置、高程、朝向以及有关建筑情况；掌握工程结构形式、特点和全貌，了解工程地质和水文地质资料。

（4）熟悉建筑平面图，了解房屋的长度、宽度、轴线尺寸、开间大小、平面布局，并核对分尺寸之和是否等于总尺寸。然后再看立面图和剖面图，了解构造做法、标高等。同时要核对平、立、剖面图之间有无矛盾。如发现错误，及时与设计部门联系，以取得设计变更通知单，作为编制预算的依据。

（5）根据索引查看详图，如做法不明，应及时提出问题、解决问题，以便于施工。

（6）熟悉建筑构件、配件、标准图集及设计变更。根据施工图中注明的图集名称、编号及编制单位，查找选用图集。阅读图集时要注意了解图集的总说明，了解编制该图集的设计依据、使用范围、选用标准构件、配件的条件、施工要求及注意事项。同时还要了解图集编号及表示方法。

3. 熟悉施工组织设计和施工现场情况

为了编制合格的建筑工程预算书，工程造价师或预算员必须熟悉施工组织设计文件，另外还要掌握施工现场的情况。如施工现场障碍物的拆除情况，场地平整情况，工程地质和水文状况，土方开挖和基础施工状况等。这些对工程预算的准确性影响很大，必须随时观察和掌握，并做好记录以备应用。

4. 划分工程项目与计算工程量

根据建筑工程预算定额和施工技术合理划分工程项目，确定分部分项工程。在一般情况下，项目内容、排列顺序和计量单位应与消耗量定额一致，这样不仅能避免重复和漏项，也便于套用消耗量定额和价目表来计算分项工程单价。

5. 工料分析及工日、材料、机械台班汇总表

工料分析是单位工程预算书的重要组成部分，也是施工企业内部经济核算和加强经营管理的重要措施。工料分析是建筑安装企业施工管理工作中必不可少的一项技术经济指标。

分部工程的工料分析，首先根据单位工程中的分项工程，逐项从消耗量定额中查出定额用工量和定额材料用量等数据并将其分别乘以相应分项工程量，得出该分项工程各工种和各材料消耗量，然后将所用人工、材料、机械台班数量按种类分别汇总。

6. 计算各项费用

计算人工费、材料费、机械费，计算单位工程总造价和各项经济指标。

7. 编制说明、填写封面（略）

8. 复核、装订、审批

工程预算书经复查、审核无误后，一式多份，装订成册，报送建设单位、财政或审计部门，审核批准。

任务2 计算工程量

一、工程量的作用和计算依据

（一）工程量的作用

工程量是以规定的计量单位表示的工程数量。它是编制建设工程招投标文件和编制建筑安装工程预算、施工组织设计、施工作业计划、材料供应计划、建筑统计和经济核算的依据，也是编制基本建设计划和基本建设财务管理的重要依据。在编制单位工程预算过程中，计算工程量是既费力又费时间的工作，其计算快慢和准确程度，直接影响预算速度和质量。因此，必须认真、准确、迅速地进行工程量计算。

（二）工程量的计算依据

工程量是根据施工图纸所标注的分项工程尺寸和数量，以及构配件和设备明细表等数据，按照施工组织设计和工程量计算规则的要求，逐个分项进行计算，并经过汇总计算出

来。具体依据有以下几个方面：

（1）施工图纸设计文件。

（2）项目管理实施规划（施工组织设计）文件。

（3）建设工程定额说明。

（4）建设工程工程量计算规则。

（5）建设工程消耗量定额。

（6）造价工程手册。

二、工程量计算的要求和步骤

（一）工程量计算的要求

（1）工程量计算应采取表格形式，定额编号要正确，项目名称要完整，单位要用国际单位制表示，如 m、t 等，还要在工程量计算表中列出计算公式，以便于计算和审查。

（2）工程量计算是根据设计图纸规定的各个分部分项工程的尺寸、数量，以及构件、设备明细表等，以物理计量单位或自然单位计算出来的各个具体工程和结构配件的数量。工程量的计量单位应与消耗量定额中各个项目的单位一致，一般应以每延长米、m^2、m^3、kg、t、个、组套等为计量单位。实际计算中应注意：有些工程工程量计量单位一样，但含义有所不同。如抹灰工程的计量单位大部分按平方米计算，但有的项目按水平投影面积；有的按垂直投影面积；还有的按展开面积计算。因此，对定额中的工程量计算规则应很好地理解。

（3）必须在熟悉和审查图纸的基础上进行。要严格按照定额规定和工程量计算规则，结合施工图所注位置与尺寸进行计算，不能人为地加大或缩小构件的尺寸，以免影响工程量计算的准确性。施工图设计文件上的标志尺寸，通常有两种：标高均以米为单位，其他尺寸均以毫米为单位。为了简单明了和便于检查核对，在列计算式时，应将图纸上标明的毫米数，换算成米数。各个数据应按宽、高（厚）、长、数量、系数的次序填写，尺寸一般要取图纸所注的尺寸（可读尺寸），计算式一定要注明轴线或部位。

（4）数字计算要精确。在计算过程中，小数点后要保留三位；汇总时一般可以取小数点后两位，应本着单位大、价值较高的可多保留几位，单位小、价值低的可少保留几位的原则。如钢材、木材及使用贵重材料的项目其结果可保留三位小数。位数的保留应按照有关要求去确定。

（5）要按一定的顺序计算。为了便于计算和审核工程量，防止重复和漏算，计算工程量时除了按定额项目的顺序进行计算外，对于每一个工程分项也要按一定的顺序进行计算。在计算过程中，如发现新项目，要随时补进去，以免遗忘。

（6）要结合图纸，尽量做到结构按分层计算；内装饰按分层分房间计算，外装饰分立面计算或按施工方案的要求分段计算，有些则要按使用材料的不同分别进行计算。如钢筋混凝土框架工程量要一层层计算；外装饰可先计算出正立面，再计算背立面，其次计算侧立面等。这样做可以避免漏项，同时也为编制工料分析和施工时安排进度计划，人工、材料计划创造有利条件。

（7）计算底稿要整齐，数字清楚，数值准确，切忌草率凌乱，辨认不清。工程量计算是预算的原始单据，计算书要考虑可修改和补充的余地，一般每一个分部工程计算完后，可留部分空白，各分部工程量计算之间不要挤得太紧。

（二）工程量计算的步骤

计算工程量的具体步骤与"统筹图"是一致的。大体上可分为熟悉图纸、基数计算、计算分项工程量、计算其他不能用基数计算的项目、整理与汇总等五个步骤。

在掌握了基础资料、熟悉了图纸之后，不要急于计算，应该先把在计算工程量中需要的数据统计并计算出来。其内容包括：

（1）计算出基数：所谓基数，是指在工程量计算中需要反复使用的基本数据。如在土建工程预算中主要项目的工程量计算，一般都与建筑物中心线长度有关，因此，它是计算和描述许多分项工程量的基数，在计算中要反复多次使用，为了避免重复计算，一般都事先把它们计算出来，随用随取。

（2）编制统计表：所谓统计表，在土建工程中主要是指门窗洞口面积统计表和墙体构件体积统计表。另外，还应统计好各种预制混凝土构件的数量、体积以及所在的位置。

（3）编制预制构件加工委托计划：为了不影响正常的施工进度，一般需要把预制构件加工或订购计划提前编出来。这项工作多数由预算员来做，也有施工技术员来做的。需要注意的是：此项委托计划应把施工现场自己加工的，委托预制构件厂加工的或去厂家订购的分开编制，以满足施工实际需要。

以上三项内容是属于为工程量计算所准备的工作，做好了这些工作，则可进行下一项内容。

（4）计算工程量：计算工程量要按照一定的顺序计算，根据各项工程的相互关系，统筹安排，既保证不重复、不漏算，还要能加快预算速度。

（5）计算其他项目：不能用线面技术计算的其他项目工程量，如水槽、水池、炉灶、楼梯扶手和栏杆、花台、阳台、台阶等，这些零星项目应该分别计算，列入相关内容中，要特别注意清点，防止遗漏。

（6）工程量整理、汇总：最后对工程量进行整理、汇总，核对无误，为套用定额或单价做准备。

三、工程量计算顺序

（一）单位工程工程量计算顺序

一个单位工程，其工程量计算顺序一般有以下几种。

（1）按图纸顺序计算：根据图纸排列的先后顺序，由建施到结施；每个专业图纸由前到后，先算平面，后算立面，再算剖面；先算基本图，再算详图。用这种方法计算工程量要对消耗量定额的内容很熟，否则容易出现项目间的混淆及漏项。

（2）按消耗量定额的分部分项顺序计算：按消耗量定额的章、节、子目次序，由前到后，逐项对照，定额项与图纸设计内容对上时就计算。这种方法一是要先熟悉图纸，二是要熟练掌握定额。使用这种方法要注意，工程图纸是按使用要求设计的，其平立面造型、内外装修、结构形式以及内部设施千变万化，有些设计采用了新工艺、新材料，或有些零星项目，可能套不上定额项目，在计算时，应单列出来，待以后编补充定额或补充单位估价表，不要因定额缺项而漏掉。

（3）按施工顺序计算：按施工顺序计算工程量，就是先施工的先算，后施工的后算，即由平整场地、基础挖土算起，直到装饰工程等全部施工内容结束为止。如带形基础工程，它一般是由挖基槽土方、做垫层、砌基础和回填土等四个分项工程组成，各分项工程量计算顺序可采用：挖基槽土方——做垫层——砌基础——回填土。用这种方法计算工程量，要求编制人具有一定的施工经验，能掌握组织施工的全过程，并且要求对定额及图纸内容要十分熟悉，否则容易漏项。

（4）按统筹图计算：工程量运用统筹法计算时，必须先行编制工程量计算统筹图和工程量计算手册，其目的是将定额中的项目、单位、计算公式以及计算次序，通过统筹安排后反映在统筹图上，既能看到整个工程计算的全貌及其重点，又能看到每一个具体项目的计算方法和前后关系。编好工程量计算手册，且将多次应用的一些数据，按照标准图册和一定的计算公式，先行算出，纳入手册中。这样可以避免临时进行复杂的计算，以缩短计算过程，节省时间，并做到一次计算、多次应用。

工程量计算统筹图的优点是既能反映一个单位工程中工程量计算的全部概况和具体的计算方法，又能做到简化使用，有条不紊，前后呼应，规律性强，有利于具体计算工作，提高工作效率。这种方法能大量减少重复计算，加快计算进度，提高运算质量，缩短预算的编制时间。统筹图一般采用网络图的形式表示。

（5）按造价软件程序计算：计算机计算工程量的优点是快速、准确、简便、完整。现在的造价软件大多都能计算工程量。工程量计算及钢筋算量软件在工程量计算方面给用户提供适用于造价人员习惯的上机环境，将五花八门的工程量计算草稿按统一表格形式输出，从而实现由计算草稿到各种预算表格的全过程电子表格化。钢筋算量模块加入了图形功能，并增加了平法（建筑结构施工图平面整体设计方法）和图法（结构施工图法）输入功能，造价人员在抽取钢筋时只需将平法施工图中的相关数据，依照图纸中的标注形式，直接输入软件中，便可自动抽取钢筋长度及重量。

（6）管线工程一般按下列顺序进行：水暖和电器照明工程中的管道和线路系统存在一定逻辑关系。因此，计算时，应由进户管线开始，沿着管线的走向，先主管线，后支管线，最后设备，依次进行计算。

此外，计算工程量，还可以先计算平面的项目、后计算立面的项目，先地下、后地上、先主体、后一般，先内墙、后外墙。住宅也可按建筑设计对称规律及单元个数计算。因为单元组合住宅设计，一般是由一个到两个单元平面布置类型组合的，所以在这种情况下，只需计算一个或两个单元的工程量，最后乘以单元的个数，把相同单元的工程量汇总，即得该栋住宅的工程量。这种算法，要注意山墙和公共墙部位工程量的调整，计算时可灵活处理。

应当注意，建施图之间、结施图之间、建施图与结施图之间都是相互关联、相互补充的。无论是采用哪种计算顺序，在计算一项工程量，查找图纸中的数据时，都要互相对照着看图，多数项目凭一张图纸是计算不了的。如计算墙砌体，就要利用建施的平面图、立面图、剖面图、墙身详图及结施图的结构平面布置图和圈梁布置图等，要注意图纸的连贯性。

（二）分项工程量计算顺序

在同一分项工程内部各个组成部分之间，为了防止重复计算或漏算，也应该遵循一定的计算顺序。分项工程量计算通常采用以下四种不同的顺序。

（1）按照顺时针方向计算：它是从施工图左上角开始，按顺时针方向计算，当计算路线绕图一周后，再重新回到施工图纸左上角的计算方法。这种方法适用于外墙挖地槽、外墙墙基垫层、外墙砖石基础、外墙砖石墙、圈梁、过梁、楼地面、天棚、外墙粉饰、内墙粉饰等。

（2）按照横竖分割计算：横竖分割计算是采用先横后竖、先左后右、先上后下的计算顺序。在同一施工图纸上，先计算横向工程量，后计算竖向工程量。在横向采用先左后右、从上到下；在竖向采用先上后下，从左至右。这种方法适用于内墙挖地槽、内墙墙基垫层、内墙砖石基础、内墙砖石墙、间壁墙、内墙面抹灰等。

（3）按照图纸注明编号、分类计算：这种方法主要用于图纸上进行分类编号的钢筋混凝土结构、金属结构、门窗、钢筋等构件工程量的计算。如钢筋混凝土工程中的桩、框架、柱、梁、板等构件，都可按图纸注明编号、分类计算。

（4）按照图纸轴线编号计算：为计算和审核方便，对于造型或结构复杂的工程，可以根据施工图纸轴线编号确定工程量计算顺序。因为轴线一般都是按国家制图标准编号的，可以先算横轴线上的项目，再算纵轴线上的项目。同一方向按轴线编号顺序计算。

四、工程量计算技巧和方法

（一）工程量计算技巧

（1）熟记消耗量定额说明和工程量计算规则：在建筑安装工程消耗量定额中，除了最前面的总说明之外，各个分部、分项工程都有相应说明。在《建筑工程工程量清单计价规范》（GB 50500—2013）和《山东省建筑工程量计算规则》中还有专门的工程量计算规则，这些内容都应牢牢记住。在计算开始之前，先要熟悉有关分项工程规定内容，将所选定编号记下来，然后开始工程量计算工作。这样既可以保证准确性，也可以加快计算速度。

（2）准确而详细地填列工程内容：工程量计算表中各项内容填列的准确和详细程度，对于整个单位工程预算表编制的准确性和速度快慢影响很大。因此，在计算每项工程量的同时，要准确而详细地填列工程量计算表中的各项内容，尤其要准确填写各分项工程名称。对于钢筋混凝土工程，要填写现浇、预制、断面形式和尺寸等字样；对于砌筑工程，要填写砌体类型、厚度和砂浆强度等级等字样；对于装饰工程，要填写装饰类型、材料种类等字样，以此类推，目的是为选套定额和单位估价表项目提供方便，加快预算编制速度。

（3）结合设计说明看图纸：在计算工程量时，切不可忘记建施及结施图纸的设计总说明，每张图纸的说明以及选用标准图集的总说明和分项说明等，因为很多项目的做法及工程量来自于这里。另外，对于初学预算者来说，最好是在计算每项工程量的同时，随即采项，这样可以防止因不熟悉消耗量定额而造成的计算结果与定额规定或计算单位不符而发生的返工；还要找出设计与定额不相符的部分，在采项的同时将定额计价换算过来或写出换算要求，以防止漏换。

（4）统筹主体兼顾其他工程：主体结构工程量计算是全部工程量计算的核心，在计算主体工程时，要积极地为其他工程计算提供基本数据。这不但能加快预算编制速度，还会收到事半功倍的效果。例如，在计算现浇钢筋混凝土密肋型楼盖时，不仅要算出混凝土、钢筋和模板工程量，而且要同时算出梁的侧表面积，为天棚装饰工程量计算提供方便，在计算外墙砌筑体积时，除了计算外墙砌筑工程量外，还应按施工组织设计文件规定，同时计算出外墙装饰工程量和脚手架工程量等。

（二）工程量计算的一般方法

在建筑工程中，计算工程量的原则是"先分后合，先零后整"。分别计算工程量后，如果各部分均套同一定额，可以合并套用。如果工程量合并计算，而各部分必须分别套定额，就必须重新计算工程量，就会造成返工。在建筑工程中，各部分的建筑结构和构造做法不完全相同，要求也不一样，必须分别计算工程量。

工程量计算的一般方法有分段法、分层法、分块法、补加补减法、平衡法或近似法。

（1）分段法：如当基础断面不同时，所有基础垫层和基础等都应分段计算。又如内外墙各有几种墙厚，或者各段采用的砂浆强度等级不同时，也应分段计算。高低跨单层工业厂房，由于山墙的高度不同，计算墙体也应分段计算。

（2）分层法：如果多层建筑物的各楼层建筑面积不等，或者各层的墙厚及砂浆强度等级不同时，要分层计算。有时为了按层进行工料分析、编制施工预算、下达施工任务书、备工备料等，则均可采用上述类同的办法，分层、分段、分面计算工程量。

（3）分块法：如果楼地面、天棚、墙面抹灰等有多种构造和做法时，应分别计算，即先计算小块，然后在总的面积中减去这些小块的面积，得最大的一块面积。对复杂的工程，可用这种方法进行计算。

（4）补加补减法：如每层的墙体都相同，只是顶层多（或少）一个隔墙，可先按照每层都无（有）这一隔墙的情况计算，然后在顶层补加（补减）这一隔墙。

（5）平衡法或近似法：当工程量不大或因计算复杂难以正确计算时，可采用平衡抵销或近似计算的方法。如复杂地形土方工程就可以采用近似法计算。

五、运用统筹法原理计算工程量

（一）统筹法在计算工程量中的运用

统筹法是按照事物内部固有的规律性，逐步地、系统地、全面解决问题的一种方法。利用统筹法原理计算工程量，是抓住工程量计算的主要矛盾加以解决的方法，可以使计算工作快、准、好地进行。

工程量计算中有许多共性的因素，如外墙条形基础垫层工程量按外墙中心线长度乘垫层断面面积计算，而条形基础工程量按外墙中心线长度乘以设计断面面积计算；地面垫层按室内主墙间净面积乘以设计厚度以立方米为单位计算，而楼地面找平层和整体面层均按主墙间净面积以平方米为单位计算等。可见，有许多子项工程量的计算都会用到外墙中心线长度和主墙间净面积等，即"线""面"可以作为许多工程量计算的基数，它们在整个工程量计算过程中要反复多次被使用，在工程量计算之前，就可以根据工程图纸尺寸将这些基数先计算好，在工程量计算时利用这些基数分别计算与它们各自有关子项的工程量。各种型钢、圆钢，只要计算出长度，就可以查表求出其质量；混凝土标准构件，只要列出其型号，就可以查标准图，知道其构件的质量、体积和各种材料的用量等，都可以列"册"表示。总之，利用"线""面""册"计算工程量，就是运用统筹法的原理，在编制预算中，以减少不必要的重复工作的一种简捷方法，亦称"四线""二面""一册"计算法。

所谓"四线"是指在建筑设计平面图中外墙中心线的总长度（代号 $L_{中}$）；外墙外边线的总长度（代号 $L_{外}$）；内墙净长线长度（代号 $L_{内}$）；内墙基槽或垫层净长度（代号 $L_{净}$）。

"二面"是指在建筑设计平面图中底层建筑面积（代号 $S_{底}$）和房心净面积（代号 $S_{房}$）。

"一册"是指与各种工程量计算有关的系数；标准钢筋混凝土构件、标准木门窗等个体工程量计算手册（造价手册）。它是根据各地区具体情况自行编制的，以补充"四线""二面"的不足，扩大统筹范围。

（二）统筹法计算工程量的基本要求

统筹法计算工程量的基本要点是：统筹程序、合理安排，利用基数、连续计算，一次算出、多次应用，结合实际、灵活机动。

（1）统筹程序、合理安排：按以往的习惯，工程量大多数是按施工顺序或定额顺序进行计算，按统筹方法计算，已突破了这种习惯的计算方法。例如，按定额顺序应先计算墙体，后计算门窗。在计算墙体时要扣除门窗面积，在计算门窗面积时又要重新计算。计算顺序不应该受到定额顺序和施工顺序的约束，可以先计算门窗，后计算墙体，合理安排顺序，避免重复劳动，加快计算速度。

（2）利用基数、连续计算：就是根据图纸的尺寸，把"四条线""二个面"的长度和面积先算好，作为基数，然后利用基数分别计算与它们各自有关的分项工程量。例如，同外墙中心线长度计算有关的分项工程有：外墙基础垫层、外墙基础、外墙现浇混凝土圈梁、外墙身砌筑等项目。

利用基数把与它有关的许多计算项目串起来，使前面的计算项目为后面的计算项目创造条件，后面的计算项目利用前面计算项目的结果连续计算，彼此衔接，就能减少许多重复劳动，提高计算速度。

（3）一次算出、多次应用：就是把不能用"线""面"基数进行连续计算的项目，如常用的定型混凝土构件和建筑构件项目的工程量，以及那些有规律性的项目的系数，预先组织力量，一次编好，汇编成工程量计算手册，供计算工程量时使用。如知道某一型号混凝土板的块数，就可以用块数乘以系数得出砂子、石子、水泥、钢筋的数量；又如定额需要换算的项目，一次换算出，以后就可以多次使用，因此这种方法方便易行。

（4）结合实际、灵活机动：由于建筑物的造型，各楼层面积的大小以及它的墙厚、基础断面、砂浆强度等级、各部位的装饰标准等都可能不同，不一定都能用上"线""面""册"进行计算，在具体的计算中要结合图纸的情况，分段、分层等灵活计算。

工程量运用统筹法计算时，应先行编制工程量计算统筹图和工程量计算手册，其目的是将定额中的项目、单位、计算公式以及计算次序，通过统筹安排后反映在统筹图上，既能看到整个工程计算的全貌及其重点，又能看到每一个具体项目的计算方法和前后关系。编好工程量计算手册，且将多次应用的一些数据，按照标准图册和一定的计算公式，先行算出，纳入手册中。这样可以避免临时进行复杂的计算，以缩短计算过程，节省时间，并做到一次计算，多次应用。

任务3　编制工程结算书

一、工程结算

工程结算亦称工程竣工结算，是指单位工程竣工后，施工单位根据施工实施过程中实际发生的变更情况，对原施工图预算工程造价或工程承包价进行调整、修正，重新确定工程造价的经济文件。

虽然承包商与业主签订了工程承包合同，按合同价支付工程价款，但是，施工过程中往往往会发生地质条件的变化、设计变更、业主新的要求、施工情况发生了变化等。这些变化通过工程索赔已确认，那么，工程竣工后就要在原承包合同价的基础上进行调整，重新确定工程造价。这一过程就是编制工程结算的主要过程。

二、工程结算与竣工决算的联系和区别

（1）工程结算是由施工单位编制的，一般以单位工程为对象；竣工决算是由建设单位编制的，一般以一个建设项目或单项工程为对象。

（2）工程结算如实反映了单位工程竣工后的工程造价；竣工决算综合反映了竣工项目建设成果和财务情况。

（3）竣工决算由若干个工程结算和费用概算汇总而成。

三、工程结算的内容

1. 封面

封面内容包括：工程名称、建设单位、建筑面积、结构类型、结算造价、编制日期等，并设有施工单位、审核单位以及编制人、审核人的签字盖章的位置。

2. 编制说明

编制说明内容包括：编制依据、结算范围、变更内容、双方协商处理的事项及其他必须说明的问题。

3. 工程结算计算表

工程结算计算表内容包括：定额编号、分项工程名称、单位、工程量、定额单价、合价、人工费、机械费等。

4. 工程结算费用计算表

工程结算费用计算表内容包括：费用名称、费用计算基础、费率、计算式、金额等。

5. 附表

附表内容包括：工程量增减计算表、材料价差计算表、补充单价分析表等。

四、工程结算编制依据

编制工程结算除了应具备全套竣工图纸、预算定额、材料价格、人工单价、取费标准外，还应具备以下资料。

（1）工程施工合同。

（2）施工图预算书。

（3）设计变更通知单。

（4）施工技术核定单。

（5）隐蔽工程验收单。

（6）材料代用核定单。

（7）分包工程结算书。

（8）经业主、监理工程师同意确认的应列入工程结算的其他事项。

五、工程结算编制程序和方法

单位工程竣工结算的编制，是在施工图预算的基础上，根据业主和监理工程师确认的设

计变更资料、修改后的竣工图、其他有关工程索赔资料，先进行费用增减调整计算，再按取费标准计算各项费用，最后汇总为工程结算造价。其编制程序和方法概述为：

（1）收集、整理、熟悉有关原始资料。

（2）深入现场，对照观察竣工工程。

（3）认真检查复核有关原始资料。

（4）计算调整工程量。

（5）套定额单价，计算调整分部分项费。

（6）计算结算造价。

1. 想一想，编制工程预算书需要哪些基础文件和资料？

2. 请思考，工程量计算有哪些技巧？分几步？

3. 试填写一份工程预算书封面。

工匠驿站：

　　梁思成，是我国著名的建筑学家，被人们誉为"中国近代建筑之父"，也是建筑历史学家、建筑教育家和建筑师，毕生致力于我国古代建筑的研究和保护，参与了人民英雄纪念碑、中华人民共和国国徽等作品的设计。

　　通晓中国古代建筑史的梁思成毕生都在研究北宋李诫主编的《营造法式》，并将其精髓发扬光大。本项目总结归纳提炼了编制施工图预算书的步骤、顺序、技巧及注意问题，貌似枯燥的理论，其实里面蕴含了前人的很多智慧和经验，值得精读，更要熟练掌握。

项目7

建筑工程计量与计价综合应用

学习目标

学会利用定额编制工料分析表。

领会工程量计算的技巧和方法。

学会编制工程预算书。

任务 1　工程量计算及工料分析实例

某工程为二层办公楼，施工图、建筑设计说明及做法如下。

一、图样

一层平面图如图 7-1 所示。

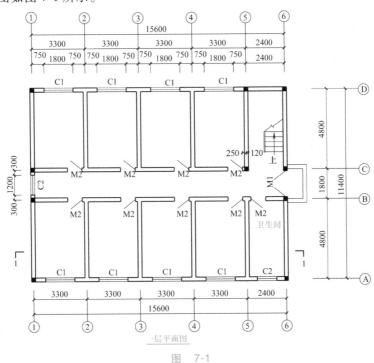

图　7-1

二层平面图如图 7-2 所示。

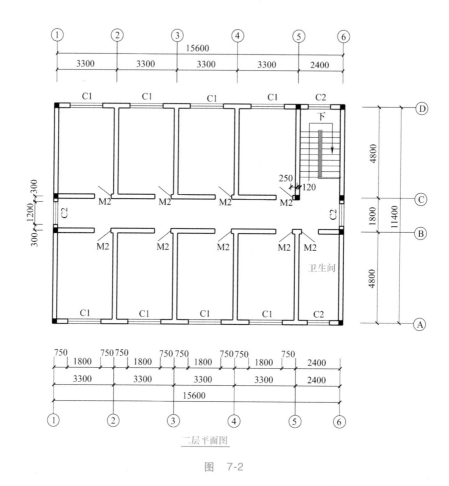

二层平面图

图　7-2

正立面图如图 7-3 所示。

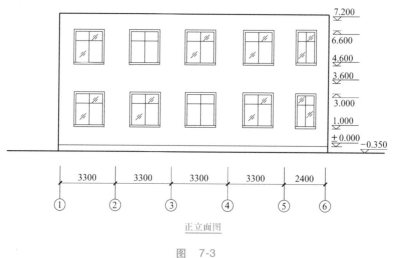

正立面图

图　7-3

右侧立面图如图 7-4 所示。

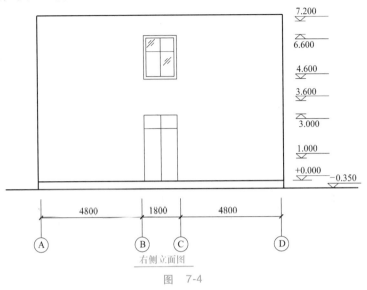

右侧立面图

图　7-4

1-1 剖面图如图 7-5 所示。

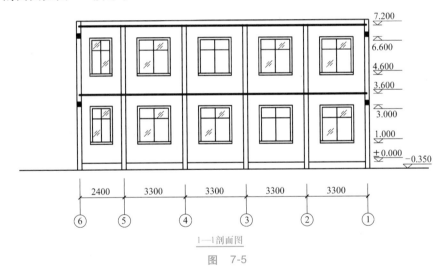

1—1剖面图

图　7-5

圈梁布置图如图 7-6 所示。

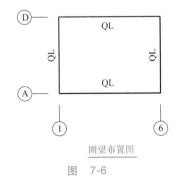

圈梁布置图

图　7-6

基础平面图如图 7-7 所示。

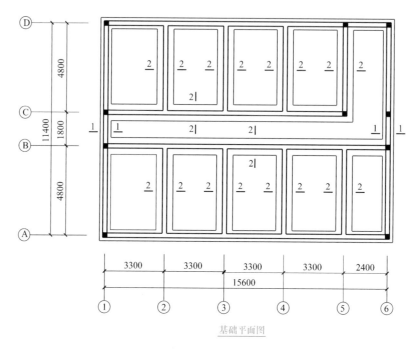

基础平面图

图　7-7

二层楼面结构平面图如图 7-8 所示。

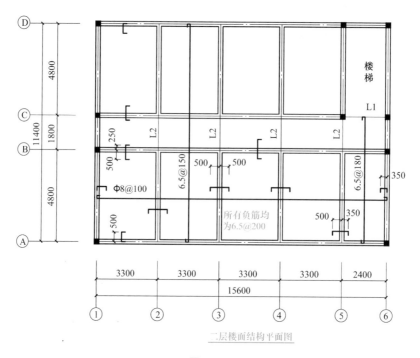

二层楼面结构平面图

图　7-8

屋面结构平面图如图 7-9 所示。

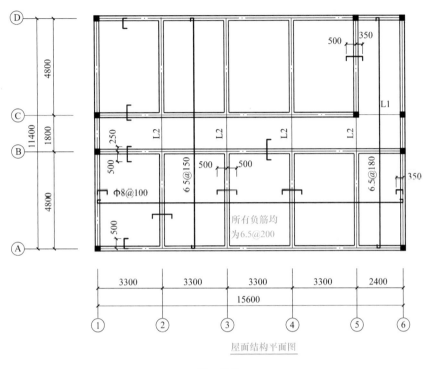

屋面结构平面图

图 7-9

屋顶平面图如图 7-10 所示。

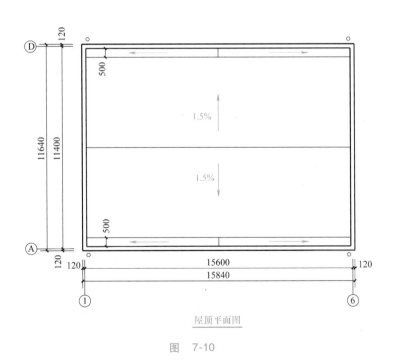

屋顶平面图

图 7-10

构造柱、L1、L2 的配筋图如图 7-11 所示。

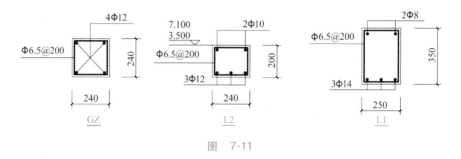

图　7-11

基础详图如图 7-12 所示。

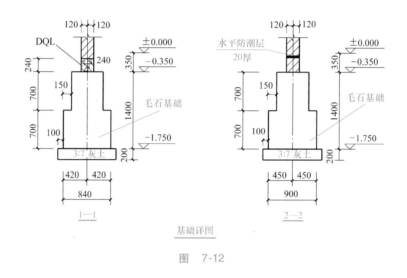

基础详图

图　7-12

过梁、女儿墙檐沟详图如图 7-13 所示。

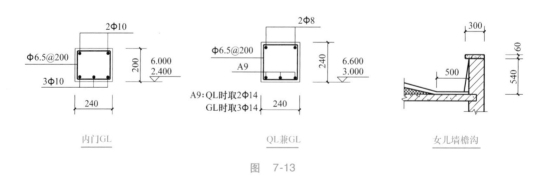

图　7-13

二、建筑设计说明及做法

（1）土方为一类土，无地下水，人工挖槽，人工夯填土，人力车余土运输 150m。

（2）砌体与砂浆：毛石与普通黏土砖条形基础，烧结普通砖墙，均为 M5 混合砂浆砌筑。

（3）混凝土：现浇混凝土梁、板、构造柱均为C25，圈梁为C20，构造柱马牙槎伸入砖墙60mm。圈梁遇构造柱整浇。外墙构造柱至女儿墙顶，其余至二层板顶。所有混凝土均为现场搅拌。模板为组合钢模板，木支撑。

（4）梁柱受力筋保护层为25mm，板保护层为15mm；现浇板厚100mm。

（5）外墙圈梁兼过梁，内墙不设圈梁，内门上设现浇混凝土过梁，断面为墙厚240mm×200mm。

（6）木门窗按山东省建筑标准设计相应图集制作，不做纱门窗扇、盖口条和披水条，制作完成后刷防护底油一遍。木门窗框外围均按洞口每边各留10mm塞缝，后塞框安装。

（7）地面：①一层地面：素土夯实，1∶3水泥砂浆灌铺地瓜石厚150mm，1∶3水泥砂浆找平厚20mm，1∶2.5水泥细砂浆厚10mm，粘贴全瓷抛光地板砖。②二层地面：刷素水泥浆一遍，1∶3水泥砂浆找平厚20mm，1∶2.5水泥细砂浆厚10mm，粘贴全瓷抛光地板砖。

（8）内墙面：卫生间，1∶3水泥砂浆打底厚6mm，1∶2.5水泥砂浆找平厚6mm，1∶1水泥细砂浆厚6mm，粘贴瓷砖152mm×152mm高1500mm，白水泥浆擦缝；其余，1∶3水泥砂浆打底厚14mm，1∶2.5水泥砂浆压光厚6mm，满刮腻子二遍。乳胶漆刷光二遍。

（9）天棚：刷素水泥浆一遍，1∶3水泥砂浆打底厚10mm，1∶2.5水泥砂浆压光厚7mm，满刮腻子二遍。乳胶漆刷光二遍。

（10）外墙面：1∶3水泥砂浆打底厚14mm，1∶2水泥砂浆找平厚6mm，刷素水泥浆一遍，1∶1水泥细砂浆厚5mm，粘贴面砖，素水泥浆擦缝。

（11）屋面：刷素水泥浆一遍，1∶3水泥砂浆找平厚20mm，刷聚氨酯防水涂膜厚2mm（刷至压顶底），干铺憎水珍珠岩块厚100mm，1∶10水泥珍珠岩找坡1.5%。1∶2防水砂浆（掺防水剂）找平厚20mm，改性卷材平面二层，女儿墙立面一层。

（12）门窗明细表见表7-1。

表7-1　门窗明细表

分　类		洞口尺寸（宽/mm×高/mm）	个数	备注
门	M1	1500×3000	1	铝合金自由门
	M2	900×2400	18	胶合板门
窗	C1	1800×2000	16	铝合金窗
	C2	1200×2000	6	铝合金窗

三、试计算并分析

（1）计算建筑物的所有基数。

（2）计算墙体工程量确定定额项目，并进行人工、材料、机械消耗量分析。

（3）计算人工挖土方、垫层、基础工程量，确定定额项目。

（4）计算内门现浇过梁钢筋工程量，确定定额项目。计算过梁、圈梁混凝土工程量，确定定额项目及其人工消耗量。计算过梁、圈梁模板工程量，确定定额项目及其人工消耗量。

（5）计算屋面工程量及人工消耗量。

解：（1）基数计算。

$L_{中} = (3.30m \times 4 + 2.40m + 4.80m \times 2 + 1.80m) \times 2 = 54.0m$

或$(15.60m + 11.40m) \times 2 = 54.0m$

$L_{外} = (15.60m + 11.40m + 0.24m \times 2) \times 2 = 54.96m$

或$54.0m + 0.24m \times 4 = 54.96m$

$L_{内} = (4.80m - 0.24m) \times 7 + (15.60m - 0.24m) + (3.30m \times 4 + 4.80m - 0.24m) = 65.04m$

或$(4.80m - 0.24m) \times 8 + (15.60m - 0.24m) \times 2 - 2.40m + 0.24m = 65.04m$

$L_{净} = (4.80m - 1.04m \div 2 - 1.10m \div 2) \times 7 + (15.60m - 1.04m) + (3.30m \times 4 + 4.80m - 1.04m) = 57.63m$

或$(4.80m - 1.04m \div 2 - 1.10m \div 2) \times 8 + (15.60m - 1.04m) \times 2 - 2.40m + 1.10m \div 2 + 1.04m \div 2 = 57.63m$

$S_{底建} = (15.60m + 0.24m) \times (11.40m + 0.24m) = 184.38m^2$

$S_{房} = S_{底建} - (L_{中} + L_{内}) \times 0.24m = 184.38m^2 - (54.0m + 65.04m) \times 0.24m = 155.81m^2$

（2）计算墙体工程量确定定额项目，并进行人工、材料、机械消耗量分析。

外墙工程量：$[(54.0m - 0.24m \times 9 - 0.06m \times 9) \times (0.35m - 0.24m + 7.2m + 0.54m - 0.24m \times 2) - (1.50m \times 3.0m + 1.80m \times 2.0m \times 16 + 1.20m \times 2.0m \times 6)] \times 0.24 = 72.38m^3$

内墙工程量：$[(65.04m - 0.24m \times 1 - 0.06m \times 3) \times (7.2m - 0.1m \times 2) - 0.9m \times 2.4m \times 18] \times 0.24m - (0.90m + 0.50m) \times 0.24m \times 0.20m \times 18 = 98.02m^3$

合计：$72.38m^3 + 98.02m^3 = 170.40m^3 = 17.040 \times 10m^3$

M5混合砂浆实心砖墙　墙厚240mm　套4-1-7

砖墙的人工、材料、机械消耗量分析见表7-2。

表7-2　××办公楼砖墙消耗量分析表

定　额　编　号			4-1-7	工料消耗
项　　　目			240混水砖墙	工程量
名称		单位	10m³	17.040
人工	综合工日	工日	12.72	216.75
材料	混合砂浆M5	m³	2.3165	39.47
	普通砖	千块	5.3833	91.73
	水	m³	1.0767	18.35
机械	灰浆搅拌机200L	台班	0.2900	4.94

（3）计算人工挖土方、垫层、基础工程量，确定定额项目，并分析人工、主材消耗量。

① 人工挖土方。

挖土深度：$H = 1.75m - 0.35m + 0.20m = 1.6m > 1.2m$，放坡。

基础土方为普通土，查表5-2得：毛石基础工作面宽度为250mm；3:7灰土无工作面；查表5-3得：放坡系数K取0.5，3:7灰土放坡起点为3:7灰土垫层底部。

沿毛石基础外边线向外250mm开挖放坡时，垫层底坪增加的开挖宽度：

$d = c_2 - t - c_1 - kh_1 = 0.25m - 0.10m - 0.5 \times 0.20m = 0.05m$（$d$含义见图5-1）

外墙挖土：$V_{外挖} = (0.84m + 0.10m \times 2 + 0.05m \times 2 + 0.5 \times 1.6m) \times 1.6m \times 54.0m = 167.62m^3$

内墙挖土：$V_{内基挖} = (0.90m + 0.10m \times 2 + 0.05m \times 2 + 0.5 \times 1.6m) \times 1.6m \times 57.63m = 184.42m^3$

人工挖槽工程量（合计）：$167.62m^3+184.42m^3=352.04m^3$

人工挖沟槽土方　槽深≤2m　普通土　套1-2-6

② 3:7灰土垫层。

工程量：$(0.84m+0.1m×2)×0.2m×54.0m+(0.90m+0.1m×2)×0.2m×57.63m=23.91m^3$

3:7灰土垫层（条基）　机械振动　套2-1-1

③ 毛石基础。

$V_{外基}=(0.84m×2-0.15m×2)×0.70m×54.0m=52.16m^3$

$V_{内基}=(0.90m×2-0.15m×2)×0.70m×65.04m=68.29m^3$

毛石基础工程量合计：$52.16m^3+68.29m^3=120.45m^3$

M5水泥砂浆毛石基础　套4-3-1

④ 砖基础。

$V_{砖}=(0.35m-0.02m)×0.24m×(65.04m-0.24m-0.06m×2)=5.12m^3$

M5水泥砂浆砖基础　套4-1-1

土石方、垫层、基础工料分析见表7-3。

表7-3　土石方、垫层、基础工料分析

序号	定额编号	分项工程名称	单位	工程量	工日		材料用量				
					单位用工	小计	3:7灰土	混浆M5	毛石	水	标准砖
1	1-2-6	人工挖沟槽	$10m^3$	35.204	3.52	123.92					
2	2-1-1	3:7灰土垫层	$10m^3$	2.391	6.88	16.45	$\dfrac{10.20}{24.39}$				
3	4-3-1	毛石基础	$10m^3$	12.045	9.06	109.13		$\dfrac{3.9862}{48.01}$	$\dfrac{11.22}{135.14}$	$\dfrac{0.7850}{9.46}$	
4	4-1-1	砖基础	$10m^3$	0.512	10.97	5.62		$\dfrac{2.3985}{1.23}$		$\dfrac{1.0606}{0.54}$	$\dfrac{5.3032}{2.72}$

注：分数中，分子为定额用量，分母为工程量乘以分子后的结果。

（4）1）计算内门现浇过梁钢筋工程量确定定额项目。

① 5Φ10。

$(0.90m+0.50m-0.025m×2+12.5×0.01m)×5×18×0.617kg/m=81.91kg=0.082t$

现浇构件钢筋 HPB300≤Φ10　套5-4-1

② 箍筋Φ6.5@200。

根数：$(0.90m+0.50m-0.025m×2)÷0.2$根/m+1根=8根

单长：$(0.24m+0.20m)×2-0.05m=0.83m$

工程量：$0.83m×8×18×0.26kg/m=31kg$

现浇构件箍筋≤Φ10　套5-4-30

2）计算过梁、圈梁混凝土工程量，确定定额项目及其人工消耗量。

① 过梁。

M1：$0.24m×0.24m×(1.80m-0.24m)=0.09m^3$

M2：$0.24m×0.20m×(0.90m+0.25m×2)×16+0.24m×0.20m×(0.90m+0.25m×2-0.12m)×2=1.20m^3$

C1：$(1.80m+0.50m)×0.24m×0.24m×16=2.12m^3$

C2：$(1.20m+0.50m)×0.24m×0.24m×3+(1.80m-0.24m)×0.24m×0.24m×3=0.56m^3$

合计：$0.09m^3+1.20m^3+2.12m^3+0.56m^3=3.97m^3$

现浇混凝土过梁 套5-1-22

人工消耗量：30.24 工日$/10m^3×3.97m^3=12.01$ 工日

② 混凝土圈梁。

$0.24m×0.24m×(54.0m-9×0.24m)×2-(0.09m^3+2.12m^3+0.56m^3)+0.24m×0.24m×54.0m(DQL)=6.31m^3$

现浇混凝土圈梁 套5-1-21

人工消耗量：25.60 工日$/10m^3×6.31m^3=16.15$ 工日

3）计算过梁、圈梁模板工程量，确定定额项目及其人工消耗量。

① 过梁模板。

$(1.5m+0.9m×18+1.8m×16+1.2m×6)×0.24m+[1.8m-0.24m+(0.9m+0.25m×2)×18+(1.8m+0.25m×2)×16+(1.2m+0.25m×2)×3+(1.8m-0.24m)×3]×0.24m×2=54.12m^2$

现浇过梁 组合钢模板木支撑 套18-1-64

人工消耗量：4.94 工日$/10m^2×54.12m^2=26.74$ 工日

② 圈梁模板。

$54.0m×0.24m×2×2-[(1.8m-0.24m)+(1.8m+0.25m×2)×16+(1.2m+0.25m×2)×3+(1.8m-0.24m)×3]×0.24m×2+54.0m×0.24m×2(DQL)=54.65m^2$

现浇圈梁 直形 组合钢模板木支撑 套18-1-60

人工消耗量：3.15 工日$/10m^2×54.65m^2=17.21$ 工日

（5）计算屋面工程量及人工消耗量。

1）刷素水泥浆一遍，1：3水泥砂浆找平厚20mm。

工程量：$(15.60m-0.24m)×(11.40m-0.24m)=171.42m^2$

水泥砂浆在混凝土或硬基层上20mm 套11-1-1

人工消耗量：0.76 工日$/10m^2×171.42m^2=13.03$ 工日

2）刷聚氨酯防水涂膜厚2mm。

屋面工程量：$(15.60m-0.24m)×(11.40m-0.24m)=171.42m^2$

刷聚氨酯防水涂膜厚2mm 平面 套9-2-47

人工消耗量：0.28 工日$/10m^2×171.42m^2=4.80$ 工日

女儿墙内侧立面工程量：$(54.0m-4×0.24m)×0.54m=28.64m^2$

刷聚氨酯防水涂膜厚2mm 立面 套9-2-48

人工消耗量：0.45 工日/10m²×28.64m² = 1.29 工日

3）干铺憎水珍珠岩块厚 100mm。

工程量：（15.60m-0.24m）×（11.40m-0.24m-0.50m×2）×0.10m = 15.61m³

憎水珍珠岩块　套 10-1-2

人工消耗量：14.72 工日/10m³×15.61m³ = 22.98 工日

4）1:10 水泥珍珠岩找坡 1.5%。

工程量：（15.60m-0.24m）×（11.40m-0.24m）×（11.40m-0.24m）÷4×1.5% = 7.17m³

现浇水泥珍珠岩　套 10-1-11

人工消耗量：9.33 工日/10m³×7.17m³ = 6.69 工日

5）1:2 防水砂浆（掺防水剂）找平厚 20mm。

工程量：（15.60m-0.24m）×（11.40m-0.24m）+（54.0m-4×0.24m）×0.54m = 200.06m²

防水砂浆掺防水剂　厚 20mm　套 9-2-71

人工消耗量：0.83 工日/10m²×200.06m² = 16.60 工日

6）改性沥青卷材。

屋面工程量：（15.60m-0.24m）×（11.40m-0.24m）= 171.42m²

改性沥青卷材冷粘法　平面　套 9-2-14

改性沥青卷材冷粘法　每增一层　平面　套 9-2-16

人工消耗量：（0.22+0.19）工日/10m²×171.42m² = 7.03 工日

女儿墙内侧立面工程量：（54.0m-4×0.24m）×0.54m = 28.64m²

刷聚氨酯防水涂膜厚 2mm　立面　套 9-2-15

人工消耗量：0.39 工日/10m²×28.64m² = 1.12 工日

任务2　施工图预算书编制实例

一、建筑施工图及说明

（一）施工说明

（1）墙体采用 75# 机制黏土砖，墙厚均为 240mm。

（2）基础采用 M5 水泥砂浆砌筑，墙体采用 M5 混合砂浆砌筑。

（3）垫层采用 3:7 灰土，圈梁及现浇屋面板采用 C20 混凝土。

（4）外墙抹灰做法：1:3 水泥砂浆打底厚 9mm，1:2 水泥砂浆抹光厚 6mm。

外墙涂料做法：满刮腻子二遍，刷丙烯酸外墙涂料（一底二涂）；外墙装饰分格条（水泥粘贴）二道。

（5）内墙做法：1:1:6 混浆打底厚 9mm，1:0.5:3 混浆抹面厚 6mm，满刮腻子二遍，刮仿瓷涂料二遍。

（6）顶棚做法：采用水泥抹灰砂浆 1:3 抹面，水泥抹灰砂浆 1:2 打底，满刮腻子二遍，刮瓷二遍，墙角贴石膏线宽 100mm。

（7）室内地面：3:7 灰土厚 220mm，C20 混凝土厚 40mm，30mm 厚 1:2.5 水泥砂浆

粘贴 600mm×600mm 普通地面砖（地面砖厚 10mm）。

（8）散水：3∶7 灰土夯实，C20 混凝土 60mm 厚，边打边抹光。

（9）混凝土坡道：1∶1 水泥砂浆抹光，C20 混凝土垫层厚 60mm，3∶7 灰土夯实。

（10）圈梁遇门窗洞口另加 1φ14 钢筋，内外墙均设圈梁，梁的保护层为 20mm，现浇板的保护层为 15mm。

（11）屋面板配筋时，紧贴所有负筋下边加配⑩6φ6.5 通长分布筋。

（12）内墙踢脚线为成品踢脚线（600mm×100mm），水泥砂浆粘贴。

（13）M1 为铝合金平开门，带上亮，玻璃厚 5mm，带普通锁。M2 为无纱镶木板门，带上亮，不上锁，用马尾松制作，刷调和漆三遍。窗户为铝合金推拉窗，带上亮，玻璃厚 5mm，门窗明细见表 7-4。

表 7-4　门窗明细表

类别	名称	宽度（洞口）/mm	高度（洞口）/mm	数量	门扇（宽/mm×高/mm）	纱扇（宽/mm×高/mm）
门	M1	1000	2700	1	950×2100	无
	M2	800	2700	1	700×2100	无
窗	C1	1200	1800	1		580×1380
	C2	1500	1800	2		720×1380
	C3	1800	1800	1		850×1380

（14）屋面做法：SBS 改性沥青卷材（热熔法）一遍；刷石油沥青一遍厚 2mm，冷底子油二遍；1∶3 水泥砂浆找平层厚 20mm；1∶10 现浇水泥珍珠岩找坡最薄处 20mm；干铺憎水珍珠岩块厚 500mm×500mm×100mm；现浇钢筋混凝土屋面板。

（二）施工组织设计

（1）土石方工程。

1）使用挖掘机挖沟槽（普通土），挖土弃于槽边 1m，待室内外回填用土完成后，若有余土，用人工装车，自卸汽车外运 2km，否则同距离内运。

2）沟槽边要人工夯填，室内地坪机械夯填。

3）人工平整场地。

（2）砌体脚手架采用钢管脚手架，内外墙脚手架均自室外地坪开始搭设。

（3）混凝土模板采用复合木模板，钢管支撑。

（4）本工程座落在县城以内。

二、建筑施工图预算书

预算书编写说明。

根据所提供的楼管室施工图样（图 7-14～图 7-17），编制一份完整的建筑施工图预算书。编制时采用：

（1）山东省价（地区价）目表采用 2017 年 3 月省统一颁布的价目表。

（2）本工程采用增值税（一般计税）。工程排污费率为 0.27%，住房公积金费率为 0.21%，建设项目工伤保险费率为 0.24%。

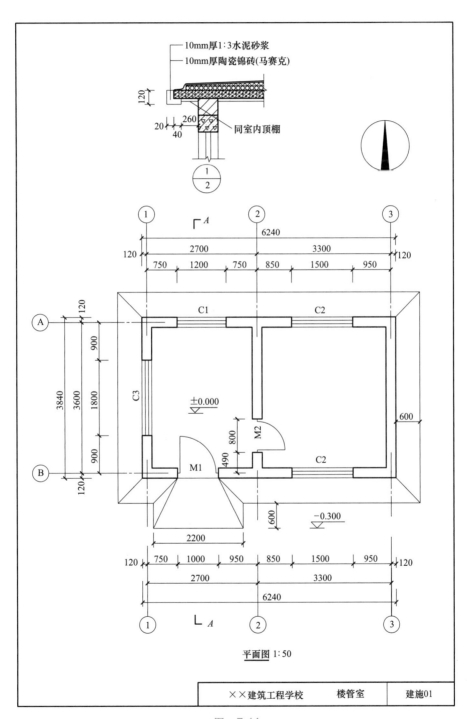

平面图 1:50

××建筑工程学校	楼管室	建施01

图 7-14

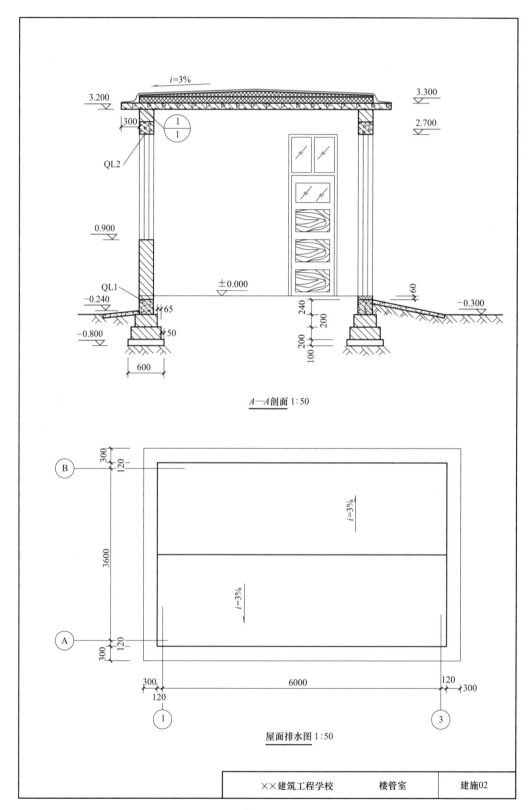

A—A剖面 1:50

屋面排水图 1:50

| ××建筑工程学校 | 楼管室 | 建施02 |

图　7-15

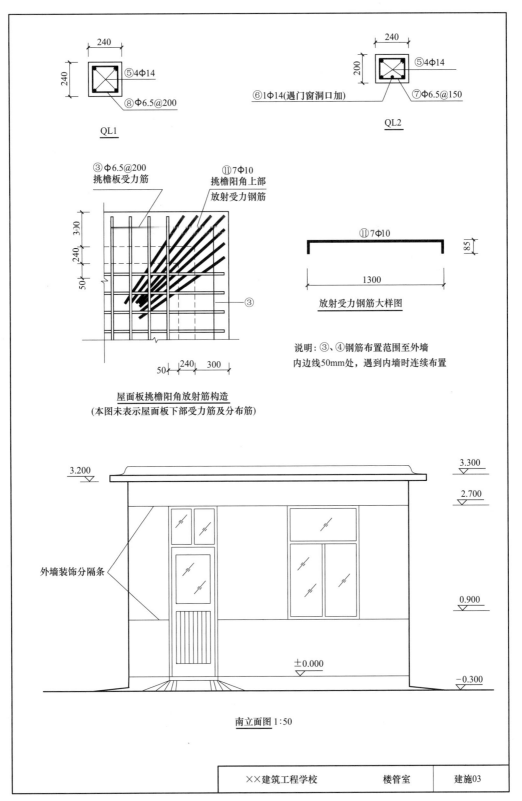

图 7-16

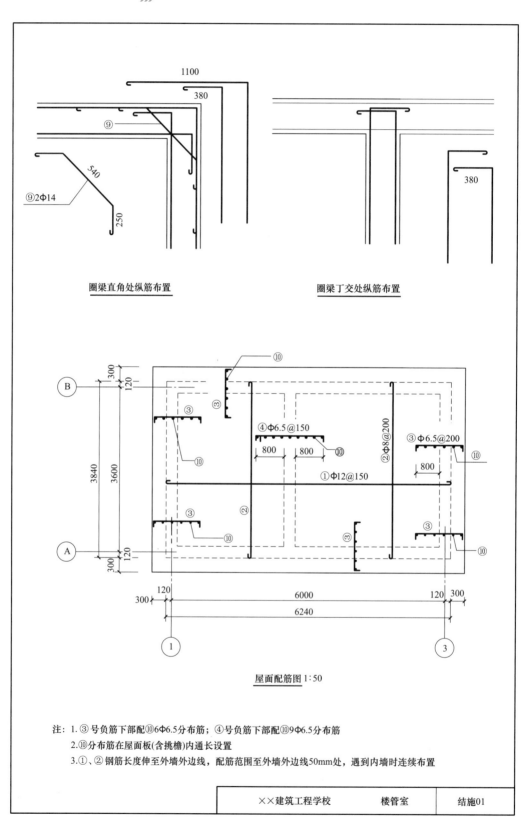

圈梁直角处纵筋布置   圈梁丁交处纵筋布置

屋面配筋图 1:50

注：1.③号负筋下部配⑩6Φ6.5分布筋；④号负筋下部配⑩9Φ6.5分布筋

　　2.⑩分布筋在屋面板(含挑檐)内通长设置

　　3.①、②钢筋长度伸至外墙外边线，配筋范围至外墙外边线50mm处，遇到内墙时连续布置

××建筑工程学校	楼管室	结施01

图　7-17

（一）计算基数

（1）$L_中 = (3.3m+2.7m+3.6m)×2 = 19.20m$

（2）$L_外 = (6.24m+3.84m)×2 = 20.16m$

或 $L_外 = 19.20m+4×0.24m = 20.16m$

（3）$L_内 = 3.60m-0.24m = 3.36m$

（4）$S_{建(底)} = 6.24m×3.84m = 23.96m^2$

（5）$S_房 = (2.7m-0.24m+3.3m-0.24m)×(3.6m-0.24m) = 18.55m^2$

或 $S_房 = S_{建(底)} - (L_中+L_内)×0.24 = 23.96m^2-(19.20m+3.36m)×0.24m = 18.55m^2$

（6）$L_净 = 3.6m-0.60m = 3.00m$

（二）工程量计算

建筑工程学校楼管室工程量计算表见表7-5。

表7-5　工程量计算表

单位工程名称：建筑工程学校楼管室

序号	定额编号	分项工程名称	单位	工程量	计　算　式
					（一）土石方工程
1	1-2-47	小型挖掘机挖沟槽普通土	10m³	0.899	开挖沟槽（普通土）： (1)挖土深度：0.8m-0.3m＝0.5m<1.2m（允许放坡深度），不需放坡 (2)垫层3:7灰土工作面宽度为0；砖基础工作面宽度为200mm，故以砖基础工作面为边界开挖基槽 (3)挖土工程量：[19.2m($L_中$)+3.0m($L_净$)]×(0.6m-0.05m×2+0.20×2)×0.5m＝9.99m³ (4)其中机械（挖掘机）挖土：9.99m³×0.90＝8.99m³
2	1-2-6	人工挖沟槽	10m³	1.25	人工挖土：9.99m³×0.125＝1.25m³
3	1-4-11	夯填土人工槽边	10m³	0.473	条基垫层体积：0.6m×0.1m×[19.2m($L_中$)+3.0m($L_净$)]＝1.33m³ 室外地坪以下砖基础体积：(0.6m-0.05m×2+0.24m+0.065m×2)×0.2m×[19.2m($L_中$)+3.36m($L_内$)]＝3.93m³ 槽边回填：9.99m³-(1.33m³+3.93m³)＝4.73m³
4	1-4-10	室外斜坡道	10m³	0.016	室外斜坡道3:7灰土夯填工程量（按三棱柱计算，并扣除散水部分）：(1.2m-0.06m)×(0.3m-0.06m×2)÷2×(2.2m-0.6m)＝0.16m³
5	1-2-25	人工装车	10m³	0.198	取运土： (1)室内回填用黏土：18.55m²($S_房$)×0.22m×1.02×1.15＝4.79m³ (2)基础垫层3:7灰土中黏土含量：1.33m³×1.02×1.15＝1.56m³ (3)取运土：9.99m³-(4.73m³+0.16m³)×1.15-(4.79m³+1.56m³)＝-1.98m³（取土内运） 说明：10m³3:7灰土垫层定额含10.2m³灰土；1m³3:7灰土用1.15m³黏土
6	1-2-58	自卸汽车运输	10m³	0.198	自卸汽车运土方1km以内工程量：1.75m³

负责人 ×××　　　　审核 ×××　　　　计算 ×××

（续）

序号	定额编号	分项工程名称	单位	工程量	计 算 式
				（一）土石方工程	
7	1-2-59	自卸汽车运输增运1km	10m³	0.198	自卸汽车运土方每增运1km,工程量:1.75m³
8	1-4-1	人工场地平整	10m²	2.396	6.24m×3.84m=23.96m²
9	1-4-3	竣工清理	10m³	7.907	23.96m²($S_底$)×3.3m=79.07m³
10	1-4-4	基底钎探	10m³	1.354	[19.20m($L_中$)+3.36m($L_内$)]×0.60m=13.54m²
				（二）地基处理与边坡支护工程	
11	2-1-1	条形基础3:7灰土垫层	10m³	0.133	0.6m×0.1m×[19.2m($L_中$)+3.0m($L_净$)]=1.33m³
12	2-1-1	室内地面3:7灰土垫层	10m³	0.408	18.55m²($S_房$)×0.22m=4.08m³
				（三）砌筑工程	
13	4-1-1	条形砖基础	10m³	0.429	$S_断$=(0.6m-0.05m×2+0.24m+0.065m×2)×0.2m+0.24m×0.06m=0.19m² $V_砖基$=0.19m²×[19.20m($L_中$)+3.36m($L_内$)]=4.29m³
14	4-1-7	混浆砌筑砖墙	10m³	1.248	门窗面积:1.0m×2.7m+0.8m×2.7m+1.2m×1.8m+1.5m×1.8m×2+1.8m×1.8m=15.66m² 墙体高度:3.2m-0.2m=3.0m 砖墙体积:{[19.20m($L_中$)+3.36m($L_内$)]×3.0m-15.66m²}×0.24m=12.48m³
				（四）钢筋及混凝土工程	
15	5-1-21	C20现浇混凝土圈梁	10m³	0.186	0.24m×0.24m×[19.2m($L_中$)+3.36m($L_内$)]+0.24m×0.20m×[19.2m($L_中$)+3.36m($L_内$)]-0.52m³=1.86m³
16	5-1-22	C20现浇混凝土过梁	10m³	0.052	过梁长度:1.0m+0.8m+1.2m+1.5m×2+1.8m+0.25m×2×6=10.80m 过梁体积:0.24m×0.2m×10.80m=0.52m³
17	5-1-33	C20现浇混凝土屋面板	10m³	0.240	6.24m×3.84m×0.1m=2.40m³
18	5-1-49	C20现浇混凝土挑檐	10m³	0.064	[20.16m($L_外$)+4×0.3m]×0.3m×0.1m=0.64m³
19	5-3-2	现场搅拌混凝土	10m³	0.483	(1.86m³+0.52m³+2.40m³)×10.10÷10=4.83m³

负责人 ×××　　　　　　审核 ×××　　　　　　计算 ×××

（续）

序号	定额编号	分项工程名称	单位	工程量	计　算　式
					（四）钢筋及混凝土工程
20	5-3-3	现场搅拌混凝土	10m³	0.065	0.64m³<现浇混凝土挑檐>×10. 10÷10＝0.65m³
21	5-4-1	现浇构件钢筋HPB300≤Φ10	t	0.146	（1）屋面板钢筋：③φ6.5@ 200 单根：L＝0.8m+0.24m+0.3m-0.015m+（0.1m-0.015m）×2＝1.50m ①、③轴根数：n＝［（3.6m-0.24m-0.05×2）÷0.2m/根+1 根］×2＝（17 根+1 根）×2＝36 根 Ⓐ、Ⓑ轴根数：n＝［（6.0m-0.24m-0.05×2）÷0.2 m/根+1 根］×2＝（29 根+1 根）×2＝60 根 工程量：1.50m×（36 +60）×0.260kg /m＝37kg （2）④φ6.5@ 150 单根：L＝0.8m×2+0.24m+（0.1m-0.015m）×2＝2.01m 根数：n＝（3.6m-0.24m-0.05m×2）÷0.15m/根+1 根＝23 根 工程量：2.01m×23×0.260kg /m＝12kg （3）⑩φ6.5 分布筋： Ⓐ、Ⓑ轴线上的③负筋下的⑩分布筋： 工程量：（6.24m+0.3m×2-0.015m×2+2×6.25×0.0065m）×（6×2）×0.26kg /m＝22kg ①、③轴线上的③负筋下和②轴线上的④负筋下的⑩分布筋： 工程量：（3.84m+0.3m×2-0.015m×2+2×6.25×0.0065m）×（6×2+9）×0.26kg/m＝25kg （4）φ6.5 钢筋工程量小计： 37kg+12kg+（22kg+25kg）＝96kg＝0.096t （5）屋面板钢筋：②φ8@ 200 单根：L＝3.84m+2×6.25×0.008m＝3.94m 根数：n＝（6.24m-0.05m×2）÷0.2m/根+1＝32 根 工程量：3.94m×32×0.395kg/m＝50kg＝0.050t （6）≤φ10 钢筋工程量合计： 0.096t+0.050t＝0.146t
22	5-4-2	现浇构件钢筋HPB300≤Φ18	t	0.489	（1）屋面板钢筋：①φ12@ 150 单根：L＝6.24m+2×6.25×0.012m＝6.39m 根数：n＝（3.84m-0.05m×2）÷0.15m/根+1＝26 根 工程量：6.39m×26×0.888kg /m＝148kg＝0.148t （2）过梁、圈梁钢筋：⑤4φ14 ①、③轴线单根长： L＝3.84m-0.02m×2+（0.38m+1.1m）+2×6.25×0.014m＝5.46m ②轴线单根长度： L＝3.84m-0.02m×2+0.38m×2+2×6.25×0.014m＝4.74m Ⓐ、Ⓑ轴线单根长： L＝6.24m-0.02m×2+（0.38m+1.1m）+2×6.25×0.014m＝7.86m ⑥1φ14： 总长度L＝（1.0m+0.8m+1.2m+1.5m×2+1.8m）+0.25m×2×6+6.25×2×0.014m×6＝11.85m ⑨φ14附加筋： 单根长度：L＝0.54m+（0.25m+6.25×0.014m）×2＝1.22m ⑤、⑥、⑨φ14 钢筋工程量合计： （5.46m×4×4+4.74m×4×2+7.86m×4×4+11.85m+1.22m×16）×1.208kg/m＝341kg＝0.341t （3）≤φ18 钢筋工程量合计： 0.148t+0.341t＝0.489t

负责人 ×××　　　　　　　　审核　×××　　　　　　　　计算 ×××

（续）

序号	定额编号	分项工程名称	单位	工程量	计 算 式
\multicolumn{6}{c}{（四）钢筋及混凝土工程}					

<table>
<tr><th>序号</th><th>定额编号</th><th>分项工程名称</th><th>单位</th><th>工程量</th><th>计　算　式</th></tr>
<tr><td colspan="6" align="center">（四）钢筋及混凝土工程</td></tr>
<tr><td>23</td><td>5-4-30</td><td>现浇构件箍筋≤φ10</td><td>t</td><td>0.061</td><td>过梁、圈梁箍筋：⑦φ6.5@150
单根：$L=(0.24\text{m}+0.20\text{m})\times2-8\times0.02\text{m}+6.9\times0.0065\text{m}\times2=0.81\text{m}$
说明：钢筋长度按非抗震来计算，弯钩增加值为6.9d，具体查阅图7-14～图7-17。
根数：$n=(6.24\text{m}+3.84\text{m}-0.02\text{m}\times4)\times2\div0.15\text{m}/根+[(3.6\text{m}-0.24\text{m})\div0.15\text{m}/根+1根]=134根+24根=158根$
⑧φ6.5@200：
单根：$L=(0.24\text{m}+0.24\text{m})\times2-8\times0.02\text{m}+6.9\times0.0065\text{m}\times2=0.89\text{m}$
根数：$n=(6.24\text{m}+3.84\text{m}-0.02\text{m}\times4)\times2\div0.2\text{m}/根+[(3.6\text{m}-0.24\text{m})\div0.2\text{m}/根+1根]=100根+18根=118根$
⑦、⑧φ6.5箍筋工程量合计：
$(0.81\text{m}\times158+0.89\text{m}\times118)\times0.26\text{kg/m}=61\text{kg}=0.061\text{t}$</td></tr>
<tr><td colspan="6" align="center">（五）门窗工程</td></tr>
<tr><td>24</td><td>8-1-2</td><td>成品木门框安装</td><td>10m</td><td>0.7</td><td>$(0.8\text{m}+2.7\text{m})\times2=7.00\text{m}$</td></tr>
<tr><td>25</td><td>8-1-3</td><td>普通成品木门扇安装</td><td>10m²</td><td>0.147</td><td>$0.7\text{m}\times2.1\text{m}=1.47\text{m}^2$</td></tr>
<tr><td>26</td><td>8-2-2</td><td>铝合金平开门</td><td>10m²</td><td>0.27</td><td>$1.0\text{m}\times2.7\text{m}=2.70\text{m}^2$</td></tr>
<tr><td>27</td><td>8-7-1</td><td>铝合金推拉窗</td><td>10m²</td><td>1.080</td><td>$1.2\text{m}\times1.8\text{m}+1.5\text{m}\times1.8\text{m}\times2+1.8\text{m}\times1.8\text{m}=10.80\text{m}^2$</td></tr>
<tr><td>28</td><td>8-7-5</td><td>铝合金纱窗扇</td><td>10m²</td><td>0.396</td><td>$(0.58\text{m}+0.72\text{m}\times2+0.85\text{m})\times1.38\text{m}=3.96\text{m}^2$</td></tr>
<tr><td colspan="6" align="center">（六）屋面及防水工程</td></tr>
<tr><td>29</td><td>9-2-10</td><td>改性沥青卷材（热熔法）一遍</td><td>10m²</td><td>3.037</td><td>$(6.24\text{m}+0.3\text{m}\times2)\times(3.84\text{m}+0.3\text{m}\times2)=30.37\text{m}^2$</td></tr>
<tr><td>30</td><td>9-2-35</td><td>改性石油沥青一遍</td><td>10m²</td><td>3.037</td><td>30.37m^2</td></tr>
<tr><td>31</td><td>9-2-59</td><td>冷底子油第一遍</td><td>10m²</td><td>3.037</td><td>30.37m^2</td></tr>
<tr><td>32</td><td>9-2-60</td><td>冷底子油第二遍</td><td>10m²</td><td>3.037</td><td>30.37m^2</td></tr>
<tr><td colspan="6" align="center">（七）保温、隔热、防腐工程</td></tr>
<tr><td>33</td><td>10-1-2</td><td>憎水珍珠岩块</td><td>10m³</td><td>0.240</td><td>$6.24\text{m}\times3.84\text{m}\times0.1\text{m}=2.40\text{m}^3$</td></tr>
</table>

负责人 ×××　　　　　　　审核 ×××　　　　　　　计算 ×××

（续）

序号	定额编号	分项工程名称	单位	工程量	计　算　式
\multicolumn{6}					（七）保温、隔热、防腐工程
34	10-1-11	现浇水泥珍珠岩	$10m^3$	0.162	$[0.02m+3\%\times(3.84m+0.3m\times2)\div4]\times(3.84m+0.3m\times2)\times(6.24m+0.3m\times2)=1.62m^3$
					（八）楼地面装饰工程
35	11-1-2	屋面水泥砂浆找平层	$10m^2$	3.037	$(6.24m+0.3m\times2)\times(3.84m+0.3m\times2)=30.37m^2$
36	11-1-3	水泥砂浆每增减5mm	$10m^2$	3.710	$S_{房}\times2=18.55m^2\times2=37.10m^2$
37	11-1-4	C20细石混凝土找平层	$10m^2$	1.855	$S_{房}=18.55m^2$
38	11-3-30	全瓷地板砖面层	$10m^2$	1.886	$18.55m^2(S_{房})+0.24m\times0.8m+0.12m\times1.0m=18.86m^2$
39	11-3-45	踢脚板直线形水泥砂浆	$10m^2$	0.226	$[(3.60m-0.24m)\times4-0.8m\times2+(2.7m+3.3m-0.24m\times2)\times2-1.0m+0.12m\times6]\times0.10m=2.26m^2$
					（九）墙、柱面装饰与隔断幕墙工程
40	12-1-3	外墙水泥砂浆	$10m^2$	5.706	$20.16m(L_{外})\times(3.2m+0.3m)-[2.7m^2(M1面积)+10.80\ m^2(铝合金窗面积)]=57.06m^2$
41	12-1-9	内墙抹混合砂浆	$10m^2$	6.052	$[(3.6m-0.24m)\times4+(3.3m+2.7m-0.24m\times2)\times2]\times3.2m-[2.7m^2(M1面积)+2.16m^2\times2(M1面积)+10.80\ m^2(铝合金窗面积)]=60.52m^2$
42	12-1-25	外墙分格嵌缝	$10m$	2.632	$20.16m(L_{外})\times2-(1.0m+1.8m+1.2m+1.5m\times2)\times2=26.32m$
43	12-2-18	陶瓷锦砖零星项目	$10m^2$	0.360	$[20.16m(L_{外})+8\times0.3m]\times0.12m+[20.16m(L_{外})+8\times(0.3m-0.02m)]\times0.04m=3.60m^2$
					（十）天棚工程
44	13-1-2	顶棚抹水泥砂浆	$10m^2$	2.406	$18.55m^2(S_{房})+[20.16m(L_{外})+4\times0.26m]\times0.26m=24.06m^2$
					（十一）油漆、涂料及裱糊工程
45	14-1-1	调和漆二遍刷底油一遍单层木门	$10m^2$	0.216	$0.8m\times2.7mm\times1.0(油漆系数)=2.16m^2$

负责人 ×××　　　　　　　　审核　×××　　　　　　　　计算 ×××

（续）

序号	定额编号	分项工程名称	单位	工程量	计 算 式
（十一）油漆、涂料及裱糊工程					
46	14-1-21	调和漆每增一遍单层木门	$10m^2$	0.216	$2.16m^2$
47	14-3-21	内墙刮瓷	$10m^2$	6.052	$[(3.6m-0.24m)\times4+(3.3m+2.7m-0.24m\times2)\times2]\times3.2m-[2.7m^2$（M1 面积）$+2.16m^2\times2$（M1 面积）$+10.80\ m^2$（铝合金窗面积）$]=60.52m^2$
48	14-3-22	顶棚刮瓷	$10m^2$	2.406	$18.55m^2(S_房)+[20.16m(L_外)+4\times0.26m]\times0.26m=24.06m^2$
49	14-3-29	外墙丙烯酸涂料	$10m^2$	5.585	$20.16m(L_外)\times(3.2m+0.24m)-[2.7m^2$（M1 面积）$+10.80\ m^2$（铝合金窗面积）$]=55.85m^2$
50	14-4-5	外墙满刮腻子二遍	$10m^2$	5.706	$20.16m(L_外)\times(3.2m+0.3m)-[2.7m^2$（M1 面积）$+10.80\ m^2$（铝合金窗面积）$]=57.06m^2$
51	14-4-9	内墙面满刮腻子	$10m^2$	6.052	$60.52m^2$
52	14-4-11	顶棚满刮腻子	$10m^2$	2.406	$24.06m^2$
（十二）油漆、涂料及裱糊工程					
53	15-2-24	顶棚石膏线	10m	2.448	$(3.6m-0.24m)\times4+(3.3m+2.7m-0.24m\times2)\times2=24.48m$
（十三）构筑物及其他工程					
54	16-6-80	混凝土散水	$10m^2$	1.258	$[20.16m(L_外)+0.6m\times4]\times0.6m-(2.2m-0.6m)\times0.6m=12.58m^2$
55	16-6-83	水泥砂浆（带礓磋）坡道	$10m^2$	0.228	$2.2m\times1.2m-0.6m\times0.6m=2.28m^2$
（十四）施工技术措施项目					
56	17-1-6	外钢管架单排≤6m	$10m^2$	7.258	$20.16m(L_外)\times(3.3m+0.3m)=72.58m^2$
57	17-2-5	里钢管架单排≤3.6m	$10m^2$	1.176	$3.36m(L_内)\times(3.2m+0.3m)=11.76m^2$
（十五）模板工程					
58	18-1-61	圈梁复合木模板木支撑	$10m^2$	1.553	$[19.20m(L_中)+3.36m(L_内)]\times2\times0.24m+[19.20m(L_中)+3.36m(L_内)]\times0.2m\times2-10.80m\times0.2m\times2=15.53m^2$
59	18-1-65	过梁复合木模板木支撑	$10m^2$	0.619	过梁底模长度：$1.0m+0.8m+1.2m+1.5m\times2+1.8m=7.80m$ 过梁侧模长度：$1.0m+0.8m+1.2m+1.5m\times2+1.8m+0.25m\times2\times6=10.80m$ 过梁模板面积：$7.80m\times0.24m+10.80m\times0.2m\times2=6.19\ m^2$

负责人 ×××　　　　　　　　审核 ×××　　　　　　　　计算 ×××

(续)

序号	定额编号	分项工程名称	单位	工程量	计 算 式
					(十五)模板工程
60	18-1-100	平板复合木模板钢支撑	10m^2	1.855	$S_房=18.55\text{m}^2$
61	18-1-107	挑檐木模板木支撑	10m^2	0.641	$[20.16\text{m}(L_外)+4\times0.3\text{m}]\times0.3=6.41\text{m}^2$

负责人 ××× 　　　　审核 ××× 　　　　计算 ×××

(三)填写建筑工程预算表

据《山东省建筑工程消耗量定额》(SD 01-31-2016)及 2011 年的《淄博市价目表》和《山东省建筑工程价目表》(2017)计算得出建筑工程预算表,见表7-6。

表7-6 建筑工程预算表

工程编号:12-018 建筑

工程名称:楼管室　　　　　　　　　　　　　　　　　　　　建筑面积:23.96m²

序号	定额号	项目名称	单位	数量	单价	合价	计费单价	计费基础
1	1-2-47	小型挖掘机挖槽坑土方,普通土	10m^3	0.899	25.46	22.89	5.70	5.12
2	1-2-6	人工挖沟槽普通土,槽深≤2m	10m^3	0.125	334.40	41.80	334.40	41.80
3	1-4-11	人工夯填槽坑	10m^3	0.473	191.61	90.63	190.95	90.32
4	1-4-10	人工夯填地坪	10m^3	0.016	146.01	2.34	145.35	2.33
5	1-2-25	人工装车,土方	10m^3	0.198	135.85	26.90	135.85	26.90
6	1-2-58	自卸汽车运土方 运距≤1km	10m^3	0.198	56.69	11.22	2.85	0.56
7	1-2-59	自卸汽车运土方 每增运 1km	10m^3	0.198	12.26	2.43		
8	1-4-1	人工平整场地	10m^2	2.396	39.90	95.60	39.90	95.60
9	1-4-3	平整场地及其他,竣工清理	10m^3	7.907	20.90	165.26	20.90	165.26
10	1-4-4	平整场地及其他,基底钎探	10m^2	1.354	60.97	82.55	39.90	54.02
11	2-1-1	3:7 灰土垫层,机械振动	10m^3	0.133	1502.56 (换1)	199.84	686.28 (换2)	91.28
12	2-1-1	3:7 灰土垫层,机械振动	10m^3	0.408	1469.24 (换3)	599.45	653.60	266.67

单位名称:

编制日期:2022 年 12 月 18 日

（续）

工程编号:12-018 建筑

工程名称:楼管室

建筑面积:23.96m²

序号	定额号	项目名称	单位	数量	单价	合价	计费单价	计费基础
13	4-1-1	M5 水泥砂浆砖基础	10m³	0.429	3493.09	1498.54	1042.15	447.08
14	4-1-7	M5 混合砂浆实心砖墙,厚240mm	10m³	1.248	3730.41	4655.55	1208.40	1508.08
15	5-1-21	C20 圈梁及压顶	10m³	0.186	6087.42	1132.26	2432.00	452.35
16	5-1-22	C20 过梁	10m³	0.052	7046.52	366.42	2872.80	149.39
17	5-1-33	C30 平板	10m³	0.24	4601.59（换 4）	1104.38	644.10	154.58
18	5-1-49	C30 挑檐、天沟	10m³	0.064	6366.52（换 5）	407.46	2255.30	144.34
19	5-3-2	现场搅拌机搅拌混凝土柱、墙、梁、板	10m³	0.483	363.21	175.43	176.70	85.35
20	5-3-3	现场搅拌机搅拌混凝土(其他)	10m³	0.065	452.23	29.39	176.70	11.49
21	5-4-1	现浇构件钢筋 HPB300 ≤φ10	t	0.146	4789.35	699.25	1499.10	218.87
22	5-4-2	现浇构件钢筋 HPB300 ≤φ18	t	0.489	4121.08	2015.21	856.90	419.02
23	5-4-30	现浇构件箍筋≤φ10	t	0.061	4694.37	286.36	2015.90	122.97
24	8-1-2	成品木门框安装	10m	0.7	139.16	97.41	44.65	31.26
25	8-1-3	普通成品门扇安装	10m²	0.147	3983.95	585.64	137.75	20.25
26	8-2-2	铝合金平开门	10m²	0.27	3099.58	836.89	285.00	76.95
27	8-7-1	铝合金推拉窗	10m²	1.08	2777.82	3000.05	193.80	209.30
28	8-7-5	铝合金纱窗扇	10m²	0.396	222.20	87.99	51.30	20.31
29	9-2-10	改性沥青卷材热熔法,一层,平面	10m²	3.037	499.71	1517.62	22.80	69.24
30	9-2-35	聚合物复合改性沥青防水涂料厚 2mm,平面	10m²	3.037	359.39	1091.47	23.75	72.13
31	9-2-59	冷底子油,第一遍	10m²	3.037	41.19	125.09	11.40	34.62
32	9-2-60	冷底子油,第二遍	10m²	3.037	28.46	86.43	5.70	17.31
33	10-1-2	混凝土板上保温憎水珍珠岩块	10m³	0.24	5111.56	1226.77	1398.40	335.62
34	10-1-11	混凝土板上保温现浇水泥珍珠岩	10m³	0.162	2793.86	452.61	886.35	143.59
35	11-1-2	水泥砂浆,在填充材料上,20mm	10m²	3.037	172.61	524.22	84.46	256.51

单位名称:

编制日期:2022 年 12 月 18 日

（续）

工程编号:12-018 建筑

工程名称:楼管室　　　　　　　　　　　　　　　　　　　　　　　　建筑面积:23.96m²

序号	定额号	项目名称	单位	数量	单价	合价	计费单价	计费基础
36	11-1-3	水泥砂浆,每增减 5mm	10m²	3.71	49.28（换6）	182.83	16.48（换7）	61.14
37	11-1-4	细石混凝土 40mm	10m²	1.815	217.86	395.42	74.16	134.60
38	11-3-30	楼地面,水泥砂浆,周长≤2400mm	10m²	1.886	988.62	1864.54	284.28	536.15
39	11-3-45	地板砖,踢脚板直线形,水泥砂浆	10m²	0.226	1329.88	300.55	559.29	126.40
40	12-1-3	水泥砂浆（厚 9mm +6mm）砖墙	10m²	5.706	200.22	1142.46	141.11	805.17
41	12-1-9	混合砂浆（厚 9mm +6mm）砖墙	10m²	6.052	178.21	1078.53	126.69	766.73
42	12-1-25	水泥粘贴塑料条	10m	2.332	70.65	164.76	59.74	139.31
43	12-2-18	陶瓷锦砖,水泥砂浆粘贴,零星项目	10m²	0.36	1550.52	558.19	950.69	342.25
44	13-1-2	混凝土面天棚水泥砂浆(厚度 5+3mm)	10m²	2.406	173.60	417.68	134.93	324.64
45	14-1-1	调和漆,刷底油一遍、调和漆二遍,单层木门	10m²	0.216	290.88	62.83	216.30	46.72
46	14-1-21	调和漆,每增一遍,单层木门	10m²	0.216	93.64	20.23	60.77	13.13
47	14-3-21	仿瓷涂料二遍内墙	10m²	6.052	42.90	259.63	27.81	168.31
48	14-3-22	仿瓷涂料二遍天棚	10m²	2.406	44.34	106.68	28.84	69.39
49	14-3-29	外墙面丙烯酸外墙涂料(一底二涂),光面	10m²	5.585	147.91	826.08	55.62	310.64
50	14-4-5	满刮调制腻子外墙抹灰面,二遍	10m²	5.706	48.38	276.06	39.14	223.33
51	14-4-9	满刮成品腻子内墙抹灰面,二遍	10m²	6.052	182.96	1107.27	33.99	205.71
52	14-4-11	满刮成品腻子天棚抹灰面,二遍	10m²	2.406	187.08	450.11	38.11	91.69
53	15-2-24	石膏装饰线宽≤100mm	10m	2.448	119.79	293.25	48.41	118.51
54	16-6-80	混凝土散水 3∶7 灰土垫层	10m²	1.258	576.39	725.10	190.95	240.22

单位名称:

编制日期:2022 年 12 月 18 日

（续）

工程编号:12-018 建筑

工程名称:楼管室　　　　　　　　　　　　　　　　　　　　　　　建筑面积:23.96m²

序号	定额号	项目名称	单位	数量	单价	合价	计费单价	计费基础
55	16-6-83	水泥砂浆（带礓磋）坡道3：7灰土垫层,混凝土厚60mm	10m²	0.228	1083.13	246.95	402.80	91.84
56	17-1-6	单排外钢管脚手架≤6m	10m²	7.258	108.76	789.38	43.70	317.17
57	17-2-5	单排里钢管脚手架≤3.6m	10m²	1.176	56.74	66.73	41.80	49.16
58	18-1-61	圈梁直形复合木模板木支撑	10m²	1.553	660.05	1025.06	222.30	345.23
59	18-1-65	过梁复合木模板木支撑	10m²	0.619	1012.92	627.00	341.05	211.11
60	18-1-100	平板复合木模板钢支撑	10m²	1.855	592.46	1099.01	228.95	424.70
61	18-1-107	天沟、挑檐木模板木支撑	10m²	0.641	712.70	456.84	422.75	270.98

单位名称:

编制日期:2022年12月18日

建筑工程预算表价格换算说明:

换1:1788.06 元/10m³+(653.60+12.77)元/10m³×0.05-(10.2×1.15×27.18)元/10m³=1502.56 元/10m³

换2:653.60 元/10m³×1.05=686.28 元/10m³

换3:1788.06 元/10m³-(10.2×1.15×27.18)元/10m³=1469.24 元/10m³

换4:4993.77 元/10m³-10.10×(359.22-320.39)元/10m³=4601.59 元/10m³

换5:6758.70 元/10m³-10.10×(359.22-320.39)元/10m³=6366.52 元/10m³

换6:24.64 元/10m²×2=49.28 元/10m²

换7:8.24 元/10m²×2=16.48 元/10m²

（四）工程费用统计

（1）建筑工程分部分项工程费用合计:23959.61 元。

（2）建筑工程省价人工费（计费基础 JD_1）为6003.60 元。

（3）建筑工程单价措施费合计:4064.02 元,其中人工费:1618.35 元。

（4）装饰工程分部分项工程费用合计:10031.32 元。

（5）装饰工程省价人工费（计费基础 JD_1）为4730.33 元。

（五）建筑工程费用计算

楼管室建筑工程费用计算程序表见表7-7。

（六）装饰工程费用计算

楼管室装饰工程费用计算程序表见表7-8。

表 7-7 建筑工程定额计价计算程序表（一般计税）

序号	费用名称	费率(%)	计算方法	费用金额/元
一	分部分项工程费		∑{[定额∑(工日消耗量×人工单价)+∑(材料消耗量×材料单价)+∑(机械台班消耗量×台班单价)]×分部分项工程量}	23959.61
	计费基础 JD₁		∑(工程量×省人工费)	6003.6
二	措施项目费		2.1+2.2	4558.63
	2.1 单价措施费		∑{[定额∑(工日消耗量×人工单价)+∑(材料消耗量×材料单价)+∑(机械台班消耗量×台班单价)]×单价措施项目工程量}	4064.02
	2.2 总价措施费		(1)+(2)+(3)+(4)	494.61
	(1)夜间施工费	2.55	计费基础 JD₁×费率	153.09
	(2)二次搬运费	2.18	计费基础 JD₁×费率	130.88
	(3)冬雨季施工增加费	2.91	计费基础 JD₁×费率	174.70
	(4)已完工程及设备保护费	0.15	省价人、材、机之和×费率	35.94
	计费基础 JD₂		∑措施费中 2.1、2.2 中省价人工费	1736.61
三	企业管理费	25.60	(JD₁+JD₂)×管理费费率	1981.49
四	利润	15.00	(JD₁+JD₂)×利润率	1161.03
五	规费		5.1+5.2+5.3+5.4+5.5	1880.65
	5.1 安全文明施工费		(1)+(2)+(3)+(4)	1171.45
	(1)安全施工费	2.34	(一+二+三+四)×费率	740.86
	(2)环境保护费	0.12	(一+二+三+四)×费率	34.83
	(3)文明施工费	0.10	(一+二+三+四)×费率	170.97
	(4)临时设施费	1.59	(一+二+三+四)×费率	224.79
	5.2 社会保险费	1.52	(一+二+三+四)×费率	481.24
	5.3 住房公积金	0.21	(一+二+三+四)×费率	66.49
	5.4 工程排污费	0.27	(一+二+三+四)×费率	85.48
	5.5 建设项目工伤保险	0.24	(一+二+三+四)×费率	75.99
六	税金	11	(一+二+三+四+五)×税率	3689.56
七	工程费用合计		一+二+三+四+五+六	37230.98

表 7-8 装饰工程定额计价计算程序表（一般计税）

序号	费用名称	费率(%)	计算方法	费用金额/元
一	分部分项工程费		∑{[定额∑(工日消耗量×人工单价)+∑(材料消耗量×材料单价)+∑(机械台班消耗量×台班单价)]×分部分项工程量}	10031.32
	计费基础 JD₁		∑(工程量×省人工费)	4730.33

（续）

序号	费用名称	费率(%)	计算方法	费用金额/元
二	措施项目费		2.1+2.2	536.32
	2.1 单价措施费		$\sum\{[定额\sum(工日消耗量×人工单价)+\sum(材料消耗量×材料单价)+\sum(机械台班消耗量×台班单价)]×单价措施项目工程量\}$	0.00
	2.2 总价措施费		(1)+(2)+(3)+(4)	536.32
	(1)夜间施工费	3.64	计费基础 JD_1×费率	172.18
	(2)二次搬运费	3.28	计费基础 JD_1×费率	155.15
	(3)冬雨季施工增加费	4.10	计费基础 JD_1×费率	193.94
	(4)已完工程及设备保护费	0.15	省价人、材、机之和×费率	15.05
	计费基础 JD_2		$\sum$措施费中2.1、2.2中省价人工费	131.82
三	企业管理费	32.20	(JD_1+JD_2)×管理费费率	1565.61
四	利润	17.30	(JD_1+JD_2)×利润率	841.15
五	规费		5.1+5.2+5.3+5.4+5.5	829.07
	5.1 安全文明施工费	4.15	(一+二+三+四)×费率	538.44
	5.2 社会保险费	1.52	(一+二+三+四)×费率	197.21
	5.3 住房公积金	0.21	(一+二+三+四)×费率	27.25
	5.4 工程排污费	0.27	(一+二+三+四)×费率	35.03
	5.5 建设项目工伤保险	0.24	(一+二+三+四)×费率	31.14
六	税金	11	(一+二+三+四+五)×税率	1518.38
七	工程费用合计		一+二+三+四+五+六	15321.85

（七）工程预算造价合计

楼管室预算造价合计：37230.98 元+15321.85 元=52552.83 元

1. 想一想，单位工程预算书的编制步骤。

2. 计算工程量时，需要注意哪些方面？

3. 参阅附录 B 的某单位职工宿舍楼施工图，编写一份完整的单位工程预算书。

工匠驿站：

崔恺，现代建筑学家，中国工程院院士，中国建筑设计研究院有限公司名誉院长、总建筑师。2006 年获得梁思成建筑奖，2007 年获得亚洲建筑师协会金奖。他主持设计完成了拉萨火车站、首都博物馆、北京丰泽园饭店、北京奥林匹克公园 3 号院、安阳殷墟博物馆等 100 多个项目，提出了立足本土的设计理念。

工程预算是一项综合性的工作，会识图、懂施工、认材料、懂定额才能编制工程预算书。本项目列举的两个例子，"麻雀虽小，五脏俱全"，不是用来讲的，而是需要拿起笔来做的。请动动你勤快的小手，开动你聪慧的大脑，你会收获无限。

附 录 一

附录A "想一想 算一算"参考答案

项目2 部分题目答案

5. 解：第一种方法：按时间定额计算。

查表 2-7，得综合用工时间定额为 1.04 工日/m³，其中砌砖 0.63 时间定额为工日/m³，运输时间定额为 0.325 工日/m³，调制砂浆时间定额为 0.085 工日/m³。

砌筑 182m² 单墙清水砖墙综合劳动量 = 182×1.04 = 189.19（工日）

其中：砌砖劳动量 = 182×0.63 = 114.66（工日）

塔吊运输劳动量 = 182×0.325 = 59.15（工日）

调制砂浆劳动量 = 182×0.085 = 15.47（工日）

完成该工程共需 = 189.28÷8 = 23.66（工日）

第二种方法：按产量定额计算。

查表 2-7，得综合用工产量定额为 0.962m³/工日，砌砖产量定额为 1.587m³/工日，运输产量定额为 3.077m³/工日，调制砂浆产量定额为 11.765m³/工日。

砌筑 182m² 单墙清水砖墙综合劳动量 = 182÷0.962 = 189.19（工日）

其中：砌砖劳动量 = 182÷1.587 = 114.68（工日）

塔吊运输劳动量 = 182÷3.082 = 59.05（工日）

调制砂浆劳动量 = 182÷11.765 = 15.47（工日）

完成该工程共需：189.19÷8 = 23.65（工日）

项目3 部分题目答案

3. 解：（1）由建筑工程类别划分标准表 3-1 得知，檐高 19.80m < 20m，建筑面积 5321.00m² > 12000m²，该商住楼为Ⅲ类工程。

（2）商住楼建筑工程费用计算，见下表。

建筑工程费用表（一般计税）

序号	费用名称	费率(%)	计算方法	费用金额
一	分部分项工程费		∑{［定额∑（工日消耗量×人工单价）+∑（材料消耗量×材料单价）+∑（机械台班消耗量×台班单价）]×分部分项工程量}	1522321.65
	计费基础 JD₁		∑（工程量×省人工费）	502369.15

（续）

序号	费用名称	费率(%)	计算方法	费用金额
	措施项目费		2.1+2.2	275511.08
二	2.1 单价措施费		Σ{[定额Σ(工日消耗量×人工单价)+Σ(材料消耗量×材料单价)+Σ(机械台班消耗量×台班单价)]×单价措施项目工程量}	234846.60
	2.2 总价措施费		(1)+(2)+(3)+(4)	40664.48
	(1)夜间施工费	2.55	计费基础 JD₁×费率	12810.41
	(2)二次搬运费	2.18	计费基础 JD₁×费率	10951.65
	(3)冬雨季施工增加费	2.91	计费基础 JD₁×费率	14618.94
	(4)已完工程及设备保护费	0.15	省价人、材、机之和×费率	2283.48
	计费基础 JD₂		Σ措施费中 2.1、2.2 中省价人工费	82392.92
三	企业管理费	25.6	(JD₁+JD₂)×管理费费率	149699.09
四	利润	15.0	(JD₁+JD₂)×利润率	87714.31
五	规费		5.1+5.2+5.3+5.4+5.5	120893.62
	5.1 安全文明施工费	3.70	(一+二+三+四)×费率	75304.11
	5.2 社会保险费	1.52	(一+二+三+四)×费率	30935.74
	5.3 住房公积金	0.21	(一+二+三+四)×费率	4274.02
	5.4 工程排污费	0.27	(一+二+三+四)×费率	5495.16
	5.5 建设项目工伤保险	0.24	(一+二+三+四)×费率	4884.59
六	税金	11	(一+二+三+四+五)×税率	237175.37
七	工程费用合计		一+二+三+四+五+六	2393315.12

项目4　部分题目答案

2. 解：$L_{中}=(3.6m×4+6.0m)×2=40.80m$

$L_{外}=(3.6m×4+0.24m+6.0m+0.24m)×2=41.76m$

或 $L_{外}=L_{中}+4×墙厚=40.80+4×0.24=41.76m$

$L_{内}=(6.0m-0.24m)×3=17.28m$

$S_{底}=(3.6m×4+0.24m)×(6.0m+0.24m)=91.35m^2$

$S_{房}=S_{底}-(L_{中}+L_{内})×墙厚=91.35m-(40.80m+17.28m)×0.24m=77.41m^2$

或 $S_{房}=(3.6m-0.24m)×(6.0m-0.24m)×4=77.41m^2$

3. 解：（1）外墙中心线长度。

370 外墙中心线长度计算如下。

Ⓛ、①、⑫轴线：21.30m+（12.50m−1.50m−0.37m）×2＝42.56m

Ⓐ、Ⓑ轴线：（3.30m+4.5m+0.25m×2）+（3.60m+2.60m）＝14.50m

合计：$L_{中370}$＝42.56m+14.50m＝57.06m

240 外墙中心线长度：$L_{中240}$＝1.50m×2＝3.00m

（2）标准层内墙净长度。

370 内墙净长度：$L_{内370}$＝（3.4m+1.5m−0.37m）×2＝9.06m

240 内墙净长度计算如下。

Ⓒ、Ⓓ、Ⓔ、Ⓕ、Ⓖ轴线：21.30m−0.37m×2+0.60m+0.75m×2+0.90m+（0.25m−0.12m）×2+（2.40m−0.24m）+2.40m−（2.4m−0.24m）＝26.22m

②、③、④、⑤、⑥、⑩轴线：（1.80m+2.10m−0.24m）+（3.60m−0.24m）+（1.80m+2.10m）+（3.60m+0.60m−0.24m）+（2.40m+1.80m+2.10m−0.24m）×2＝27.00m

⑦、⑨、⑩、⑪轴线：（4.20m+1.50m−0.24m）+（2.10m+2.70m）+（4.20m−0.24m）+（2.10m+2.70m+4.20m−0.24m）＝22.98m

合计：$L_{内240}$＝26.22m+27.00m+22.98m＝76.20m

（3）计算底层建筑面积。

21.3m×12.5m−1.5m×（2.60m+0.25m−0.12m）−1.50m×（3.60m+0.25m−0.12m）＝256.56m²

（4）计算标准层建筑面积。

256.56m²−1.50m×（3.40m−0.25m+0.12m）＝251.66m²

项目5 部分题目答案

9.解：（1）挖土深度：1.75m−0.15m＝1.60m<1.7m，不放坡

基坑底面积：（21.30m+0.565m×2）×（12.5m+0.565m×2）−（3.6m+0.25m+0.565m−2.2m÷2）×1.5m−（2.6m+0.25m+0.565m−2.2m÷2）×1.5m+（3.4m+2.2m÷2）×（2.2m÷2−0.25m−0.565m）×2＝299.84m²

挖土工程量：299.84m²×（1.75m−0.15m）＝479.74m²

（2）$V_{垫}$＝299.84m²×0.45m＝134.93m³

3：7灰土垫层　套 2-1-1　单价（换）

1788.06 元/10m³−（10.2×1.15×27.18）元/10m³＝1469.24 元/10m³

费用：134.93m³×1469.24 元/10m³＝19824.46 元

（3）由结施02，基础详图1-1知，该部分为无梁式带型基础。

V＝[0.60m×（0.37m+0.065m×2）+（1.5m−0.3m×2）×（1.75m−0.45m−0.60m−0.325m−0.075m）]×[（21.30m+12.5m）×2−4×0.37m]＝37.69m³

C25 现浇毛石混凝土带型基础　套 5-1-3

（4）由第四章课后第3题知：$L_{中370}$＝57.06m，$L_{中240}$＝3.00m，$L_{内370}$＝9.06m，$L_{内240}$＝76.20m。由结施02、03、04知，标准层高为2.8m，圈梁断面尺寸为240mm×240mm，过梁断面尺寸：墙厚×400mm。异型窗台梁断面尺寸为370mm×200mm，长度至

构造柱侧面。

370 墙体工程量计算如下。

毛体积：[(57.06m+9.06m)×0.365m−0.24m×0.24m×20−0.06m×0.24m×20]×(2.8m−0.24m)=58.10m³

门窗体积：(1.2m×2+0.9m×3+1.5m×3+1.8m×4+2.4m×2)×1.5m×0.365m+0.9m×2.4m×0.365m×2=13.40m³

门窗、过梁体积：(1.2m×2+0.9m×3+1.5m×3+1.8m×4+2.4m×2+0.9m×2+0.25m×2×14)×(0.4m−0.24m)×0.365m=1.78m³

异形窗台梁体积：0.365m×0.2m×(2.4m+3.3m+4.5m+4.2m−0.24m×4)=0.98m³

370 墙体工程量合计：58.10m³−13.40m³−1.78m³−0.98m³=41.94m³

240 墙体工程量计算如下。

毛体积：[(76.2m+1.5m×2)×0.24m−0.24m×0.24m×9−0.06m/2×0.24m×27]×(2.8m−0.24m)=46.84m³

门窗、过梁体积：[1.0m×2.1m×2+(0.9m×6+0.8m×2)×2.4m]×0.24m+1.5m×0.24m×0.18m×2+[(0.9m×2+0.25m×2)×6+(0.8m+0.25m×2)×2]×(0.4m−0.24m)×0.24m=5.80m³

240 墙体工程量合计：46.84m³−5.80m³=41.04m³

（5）由施工图知：C6：1500mm×1500mm 共14樘；C7：1800mm×1500mm；C8：3160mm×1500mm 共10樘。

工程量：1.5m×1.5m×14+1.8m×1.5m×10+3.16m×1.5m×5=82.20m²

塑钢　推拉窗　套8-7-6

塑钢　纱窗扇　套8-7-10

（6）计算建筑物一层墙体水平防潮层（防水砂浆掺防水剂20mm厚）工程量，确定定额项目。

370 墙体防潮层工程量计算如下。

[(21.3m+12.5m)×2−4×0.37m]×0.37m−0.24m×0.24m×20=23.31m²

240 墙体防潮层工程量计算如下。

Ⓒ、Ⓓ、Ⓔ、Ⓕ、Ⓖ轴线：[(21.3m−0.37m×2)+(0.75m×2)+(2.4m+4.2m+0.25m×2+0.9m−0.24m×2)+(3.9m−0.24m)+(2.4m+1.7m−0.24m)]×0.24m=8.90m²

Ⓐ、②、③、④、⑤轴线：[(3.4m−0.25m−0.12m)×2+(2.1m+1.8m−0.24m)+(1.5m+3.6m−0.37m)+(0.6m+1.5m+0.9m+1.8m+2.1m−0.24m)+(4.2m−0.24m)]×0.24m=6.02m²

⑥、⑦、⑧、⑨、⑩、⑪轴线：[(1.5m+0.9m+1.8m+2.1m−0.24m)×3+(1.5m+4.2m−0.24m)+(4.2m−0.24m)+(1.5m+4.2m+2.7m+2.1m−0.24m×2)]×0.24m=9.03m²

小计：8.90m²+6.02m²+9.03m²−0.24m×0.24m×9=23.43m²

墙体水平防潮层工程量：23.31m²+23.43m²=46.74m²

防水砂浆掺防水剂20mm厚　套9-2-71

附录B 某单位职工宿舍楼施工图

建筑设计说明

1. 建筑名称：某单位职工宿舍楼施工图。
2. 本工程座落在县城以内，一层室内标高为±0.000，室内外高差为-0.150m，底层地面相当于绝对高程15.200m。
3. 建筑层数6层，抗震设防烈度为7度。
4. 建筑结构形式：砖混结构，建筑工程耐久年限50年。
5. 室外勒脚高为300mm，采用水泥砂浆抹面，且与水平防潮层交圈，水平防潮层采用1：2防水砂浆，内掺3%防水粉。
6. 散水宽采用1m，每隔6~8m设伸缩缝一道，缝宽15mm，采用沥青灌缝。

图样目录

序号	图号	图样名称
1	建施01	建筑设计说明、图样目录、门窗明细表
2	建施02	一层平面图
3	建施03	二层平面图
4	建施04	标准层平面图
5	建施05	六层平面图
6	建施06	屋顶平面图
7	建施07	坡屋顶内墙体布置图
8	建施08	南立面图
9	建施09	北立面图
10	建施10	东立面图、檐口详图
11	建施11	西立面图、檐口详图
12	建施12	楼梯平面图
13	建施13	楼梯剖面图
14	结施1	基础平面图
15	结施2	基础详图、GL、QL、L1、L2、L3、L4配筋图
16	结施3	二~五层现浇楼面配筋图
17	结施4	六层屋面配筋图
18	结施5	楼梯结构平面图、剖面图
19	结施6	楼梯段、楼梯平台梁、M1、贮藏室外门筋配图

门窗明细表

类别	门窗编号	洞口尺寸/mm 宽度	高度	数量	标准图集代号	位置	备注
门	M1	1500	2100	1		进楼门	平开铁门定做
	M2	1800	1800	6		储藏室门	平开铁门定做
	M3	900	1800	11		储藏室门	平开铁门定做
	M4	1200	1800	2		储藏室门	平开铁门定做
	M5	800	1800	1	L92J601	坡屋顶门	防 M2-21
	M6	2400	1800	2		储藏室门	平开铁门定做
	M7	1000	2100	10		进户门	安全门
	M8	900	2400	30		卧室门	房主定做
	M9	800	2400	10		厨房、卫生间门	房主定做
窗	C1	900	900	1	L99J605	储藏室窗	防 TC-01
	C2	1500	900	2	L99J605	储藏室窗	防 TC-02
	C3	1200	1500	5	L99J605	卫生间窗	防 TC-71
	C4	900	1500	5	L99J605	卫生间窗	防 TC-71
	C5	1200	1500	5	L99J605	厨房顶窗	见详图
	C6	1500	1500	14	L99J605	餐厅、卧室、楼道窗	防 TC-72
	C7	1800	1500	10	L99J605	卧室窗	防 TC-73
	C8	3160	1500	5	L99J605	阳台窗	防 TC-116
	C9	2400	1500	5	L99J605	起居窗	防 TC-76
	C10	1800	1500	5	L99J605	厨房窗	见详图
	C11	1800	1500	5	L99J605	卧室窗	见详图
	C12	2400	1500	5	L99J605	起居窗	见详图
	C13	1800	1200	5	L99J605	坡屋顶窗	防 TC-86
	C14	1200	1200	1	L99J605	坡屋顶窗	防 TC-86
门连窗	MC1	1800	2400	10		厨房、卫生间门	房主定做
	MC2	3960	2400	5		厨房、卫生间门	房主定做
	MC3	1460	2400	5		厨房、卫生间门	房主定做

图号　建施01

附图　1

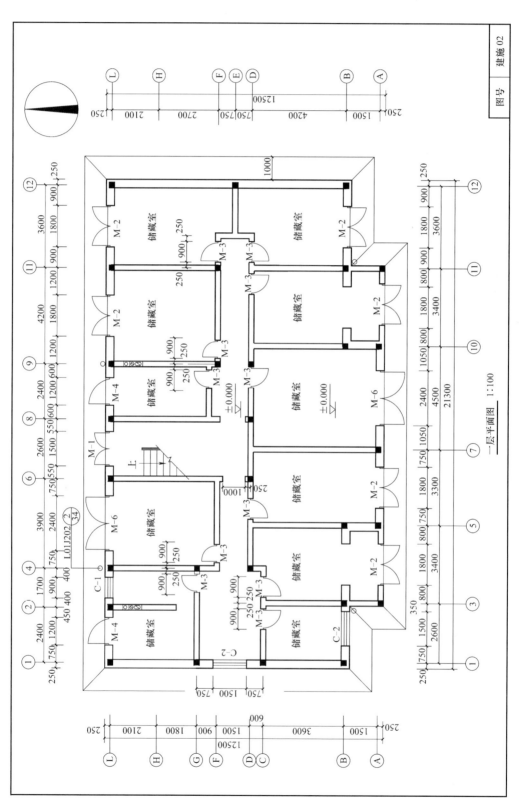

一层平面图 1:100

附图 2

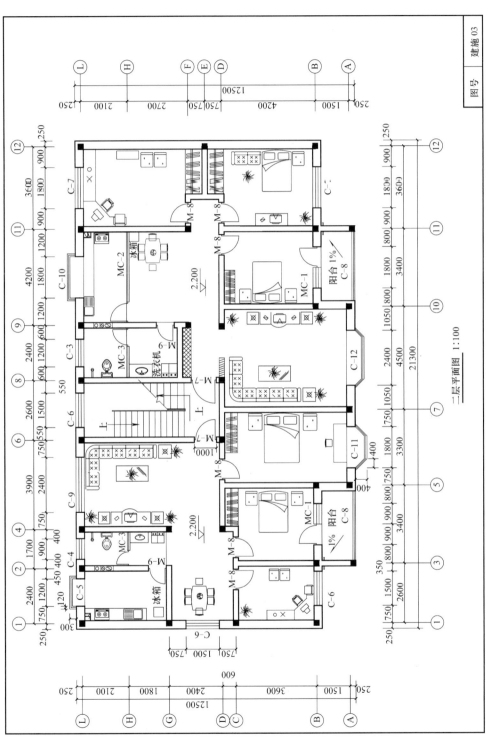

二层平面图 1:100

附图 3

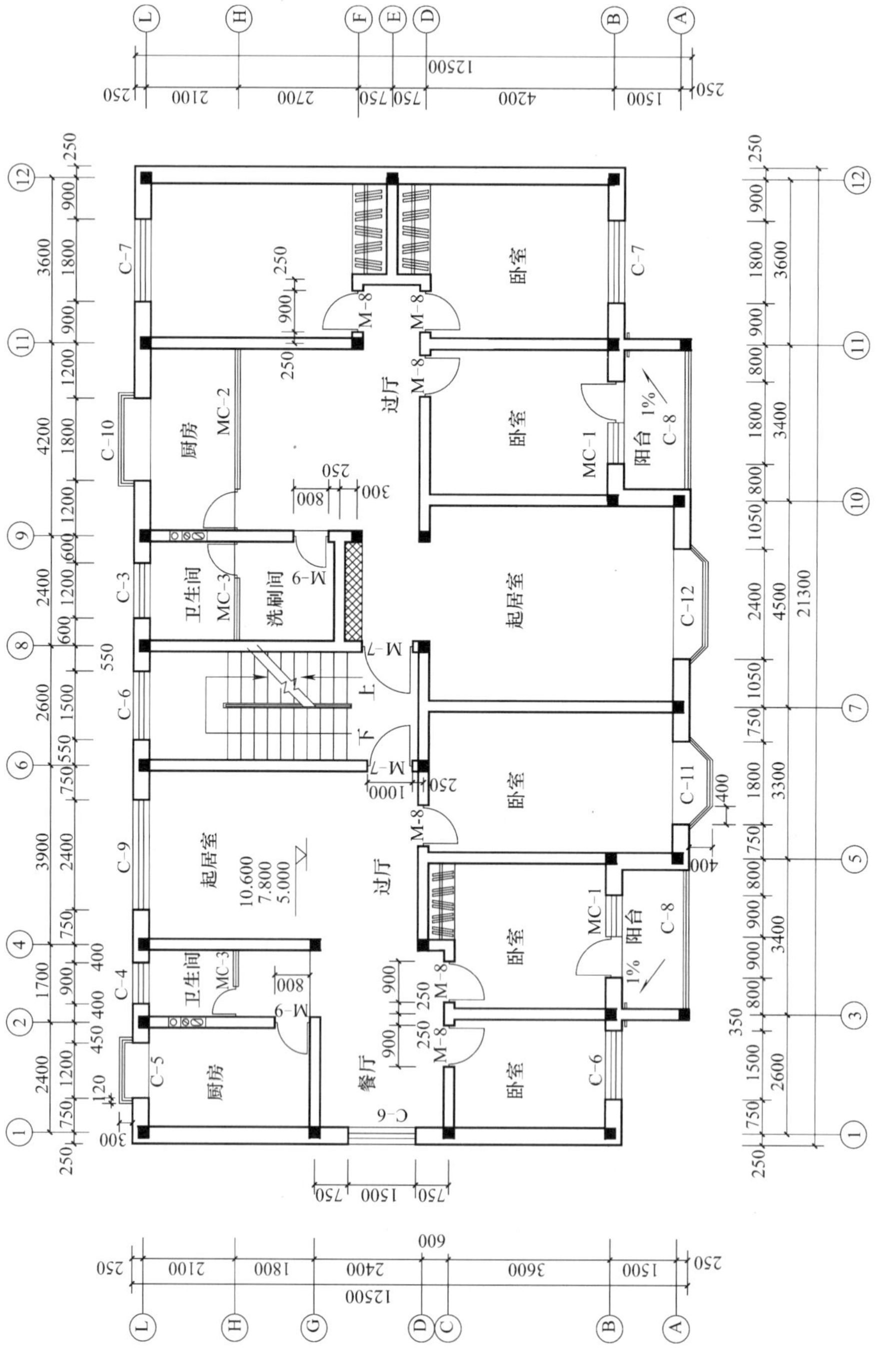

标准层平面图 1:100

附图 4

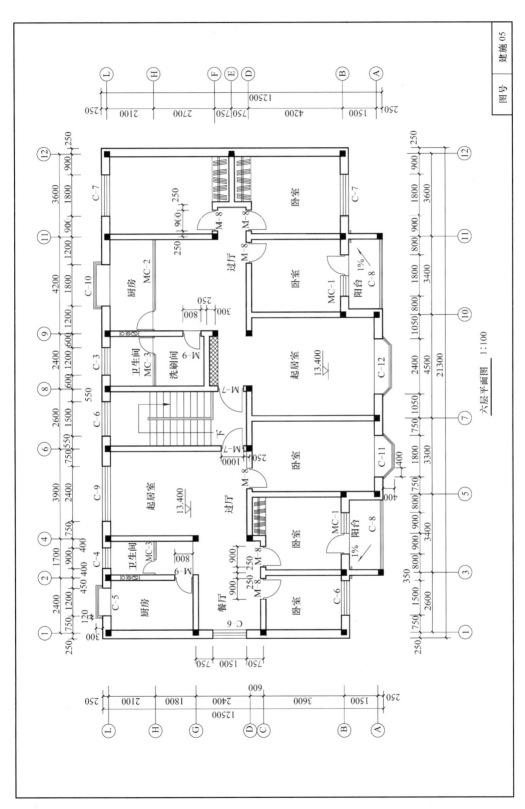

六层平面图 1:100

附图 5

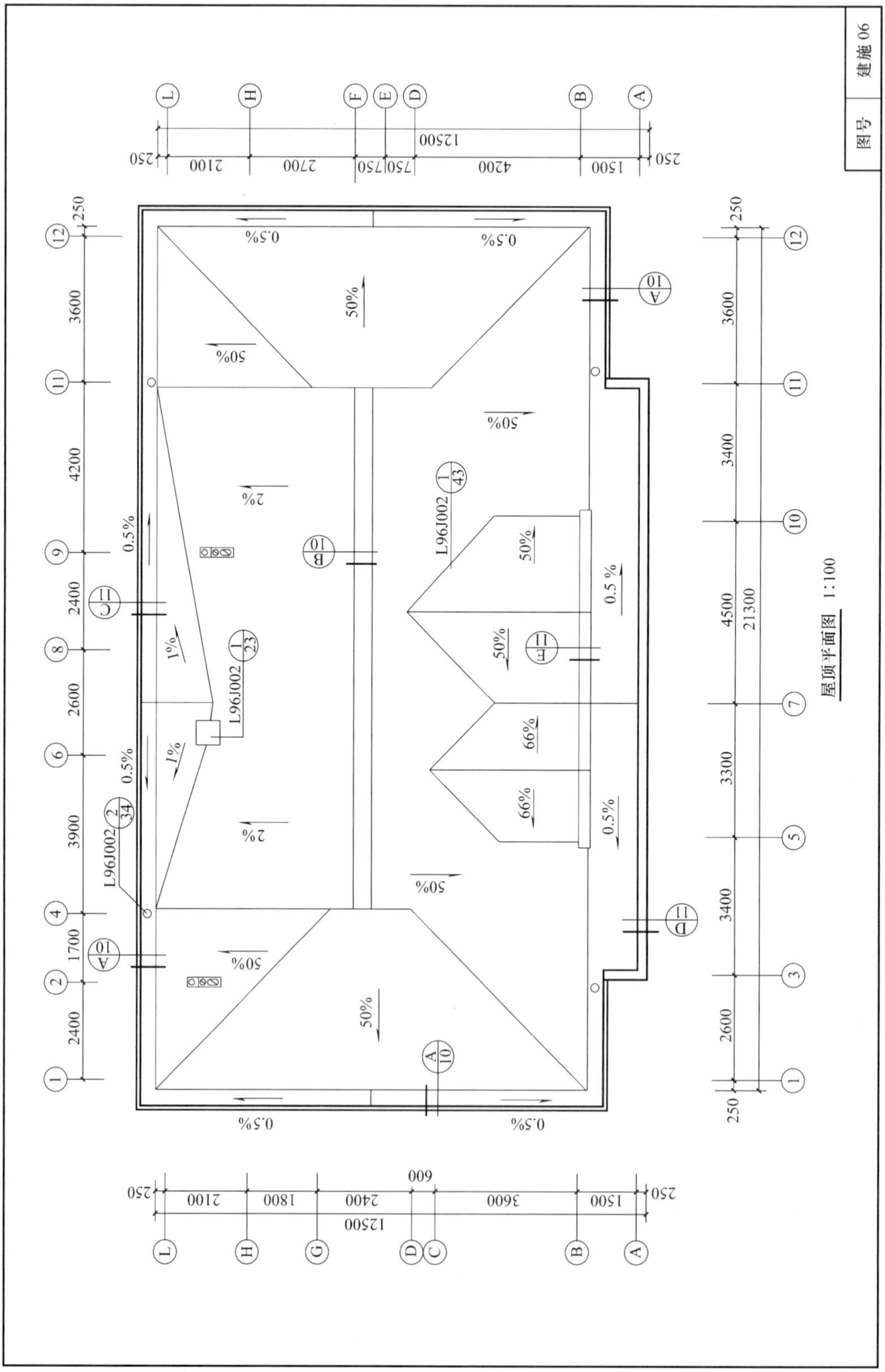

屋顶平面图 1:100

附图 6

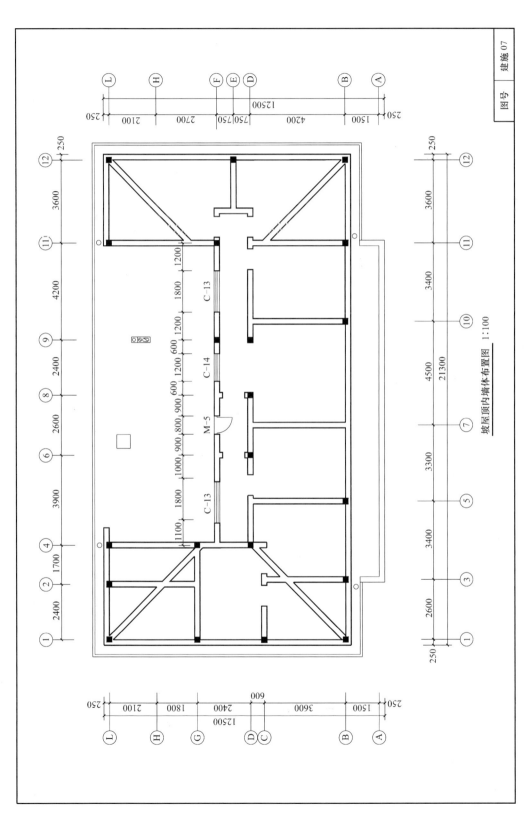

坡屋顶内墙体布置图 1:100

附图 7

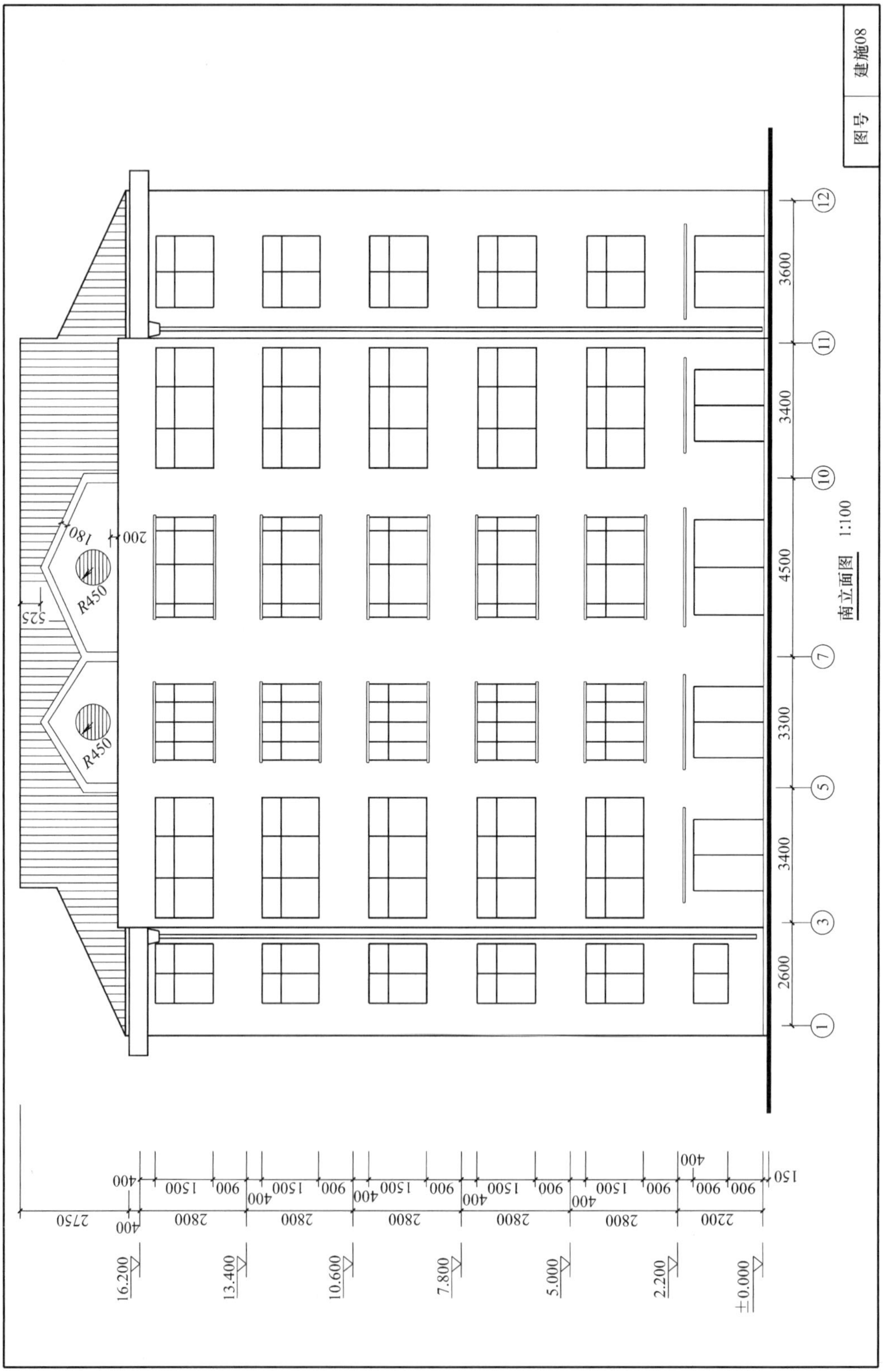

南立面图 1:100

图号　建施08

附图 8

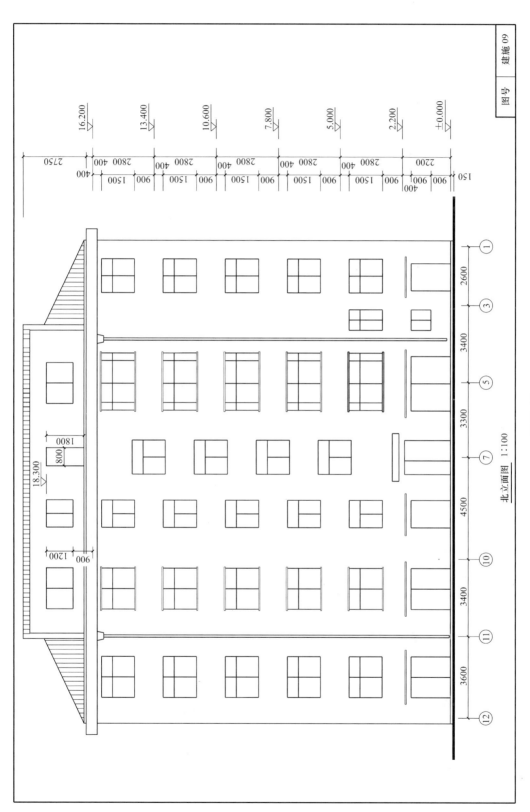

北立面图 1:100

附图 9

图号 建施 09

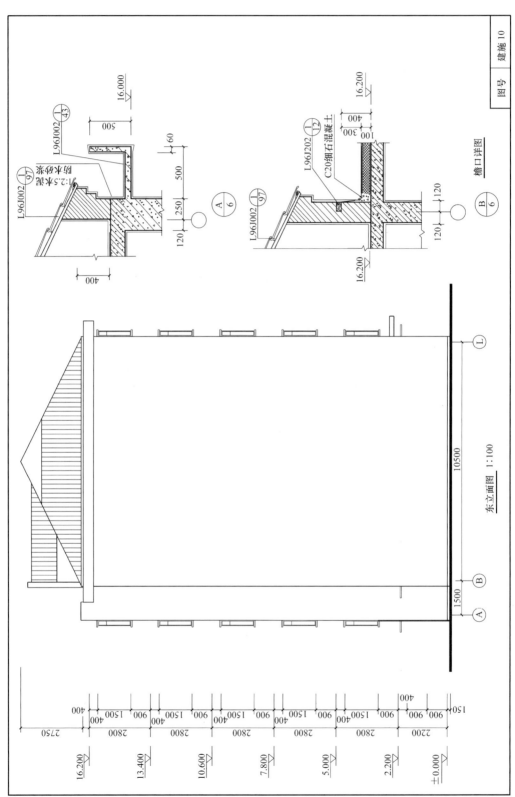

檐口详图

东立面图　1:100

附图　10

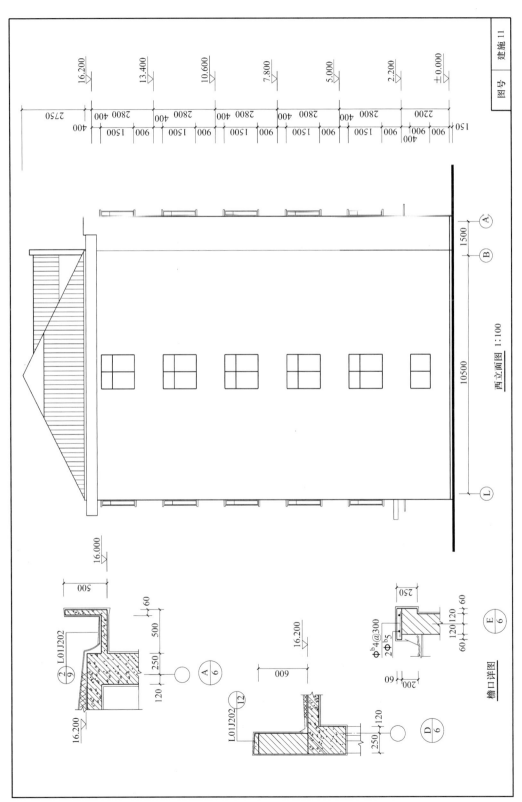

西立面图 1:100

附图 11

檐口详图

楼梯顶层平面图

楼梯标准层平面图

楼梯二层平面图

楼梯底层平面图

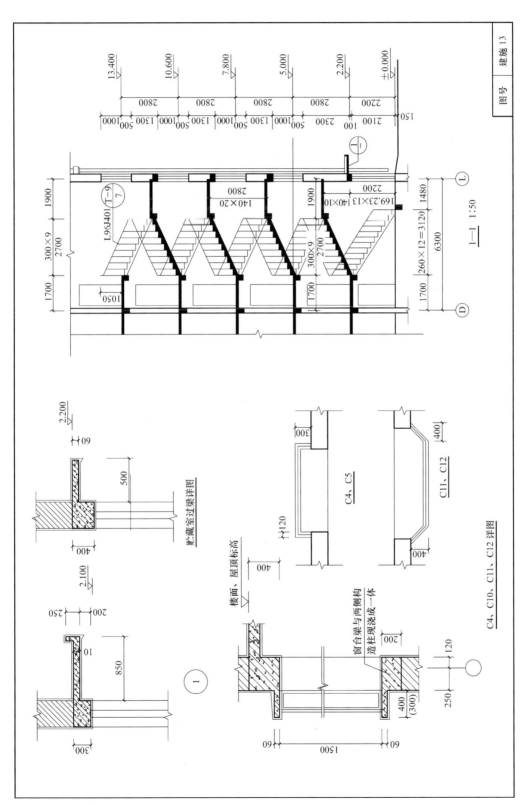

附图 13

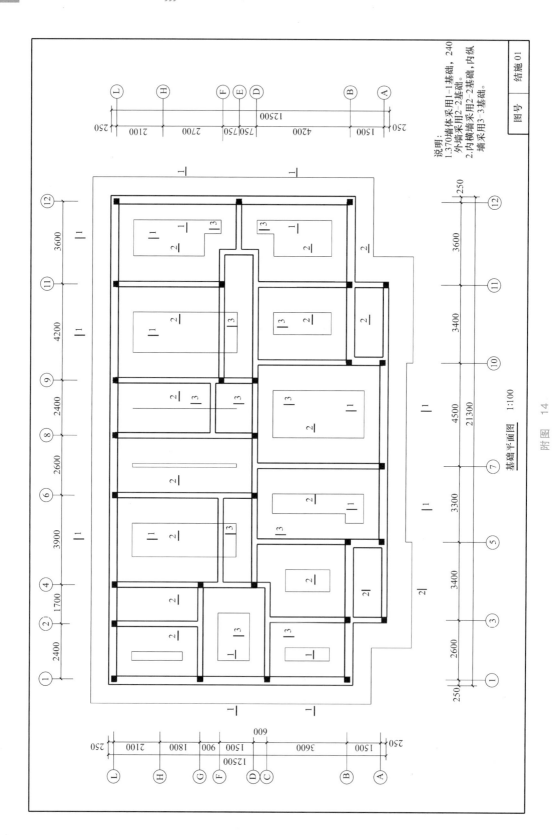

基础平面图 1:100

附图 14

说明：
1. 370墙体采用1-1基础，240外墙采用2-2基础。
2. 内横墙采用2-2基础，内纵墙采用3-3基础。

| 图号 | 结施 01 |

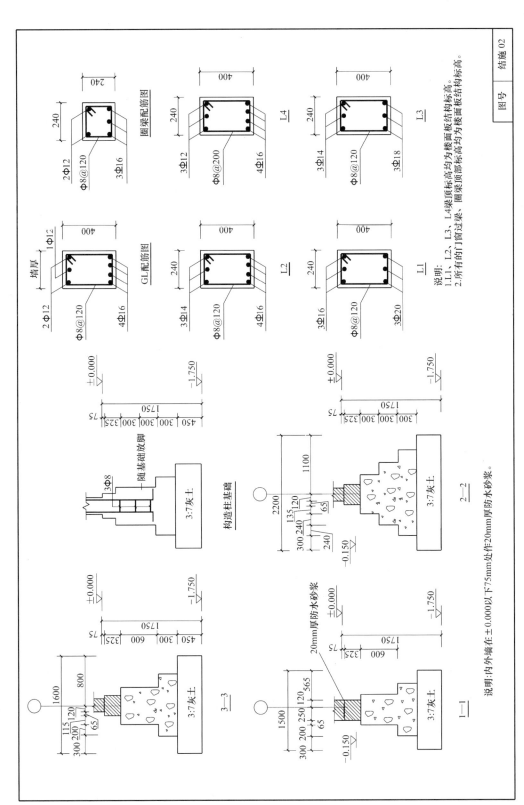

附图 15

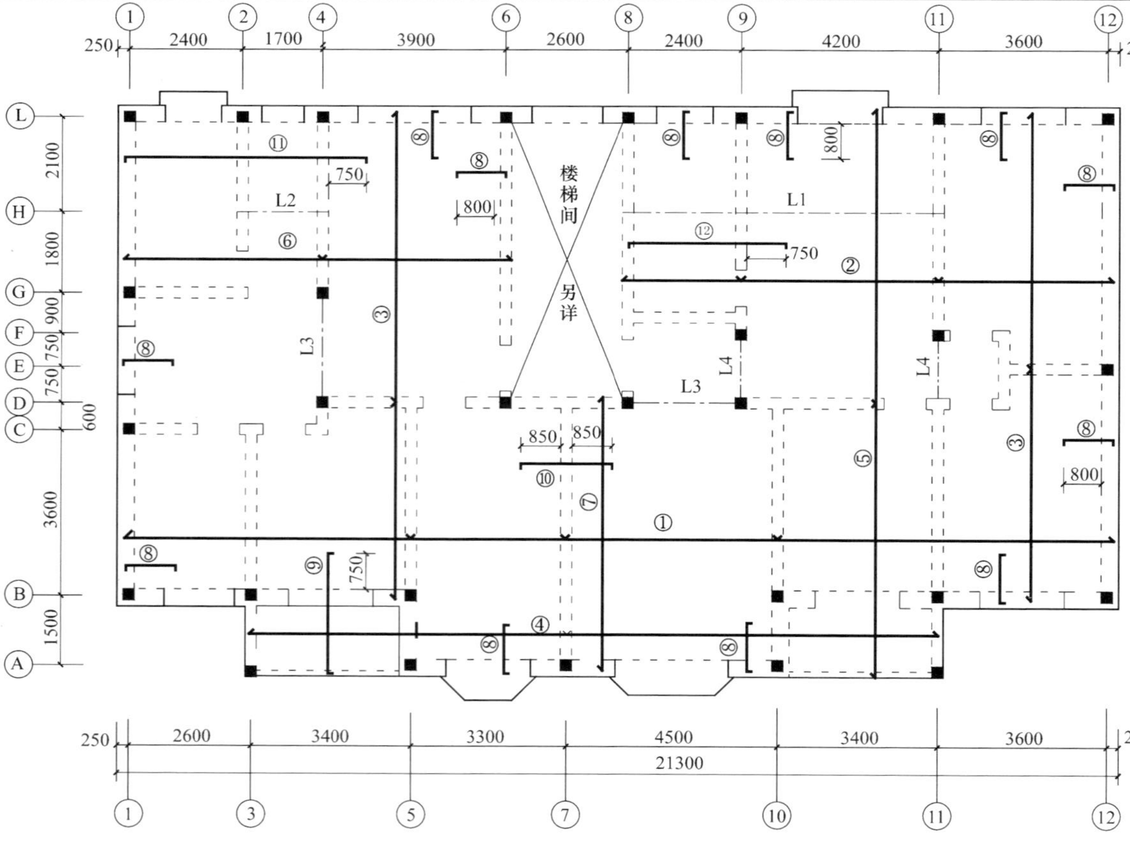

楼面现浇板配筋表

编号	直径/mm	级别	间距/mm	型式	范围
①	14	Ⅱ	100		(B)~(D)
②	14	Ⅱ	100		(D)~(L)
③	12	Ⅱ	120		(1)~(3)(11)(12)
④	14	Ⅱ	100		(A)~(B)
⑤	12	Ⅱ	120		(D)~(L)
⑥	14	Ⅱ	100		(6)~(8)
⑦	12	Ⅱ	120		(3)~(6)(8)~(11)
⑧	10	Ⅰ	150		沿370外墙
⑨	12	Ⅱ	150		(3)~(5)(10)~(11)
⑩	10	Ⅰ	100		(3)(5)(7)(9)(10)
⑪	12	Ⅰ	150		(G)~(L)
⑫	12	Ⅰ	150		(F)~(L)

说明：现浇板除厨房、卫生间、洗刷间厚度为80mm外，其余均为100mm。

图号 结施03

附图 16

二～五层现浇楼面配筋图 1:100

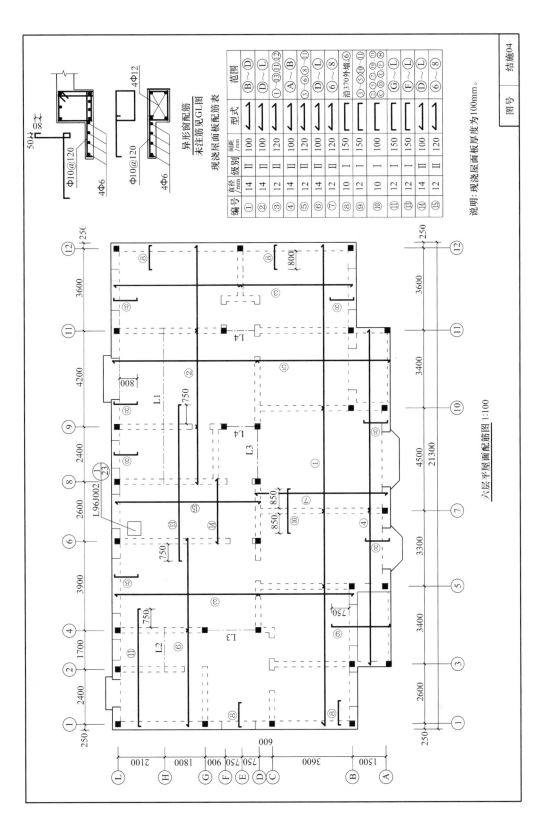

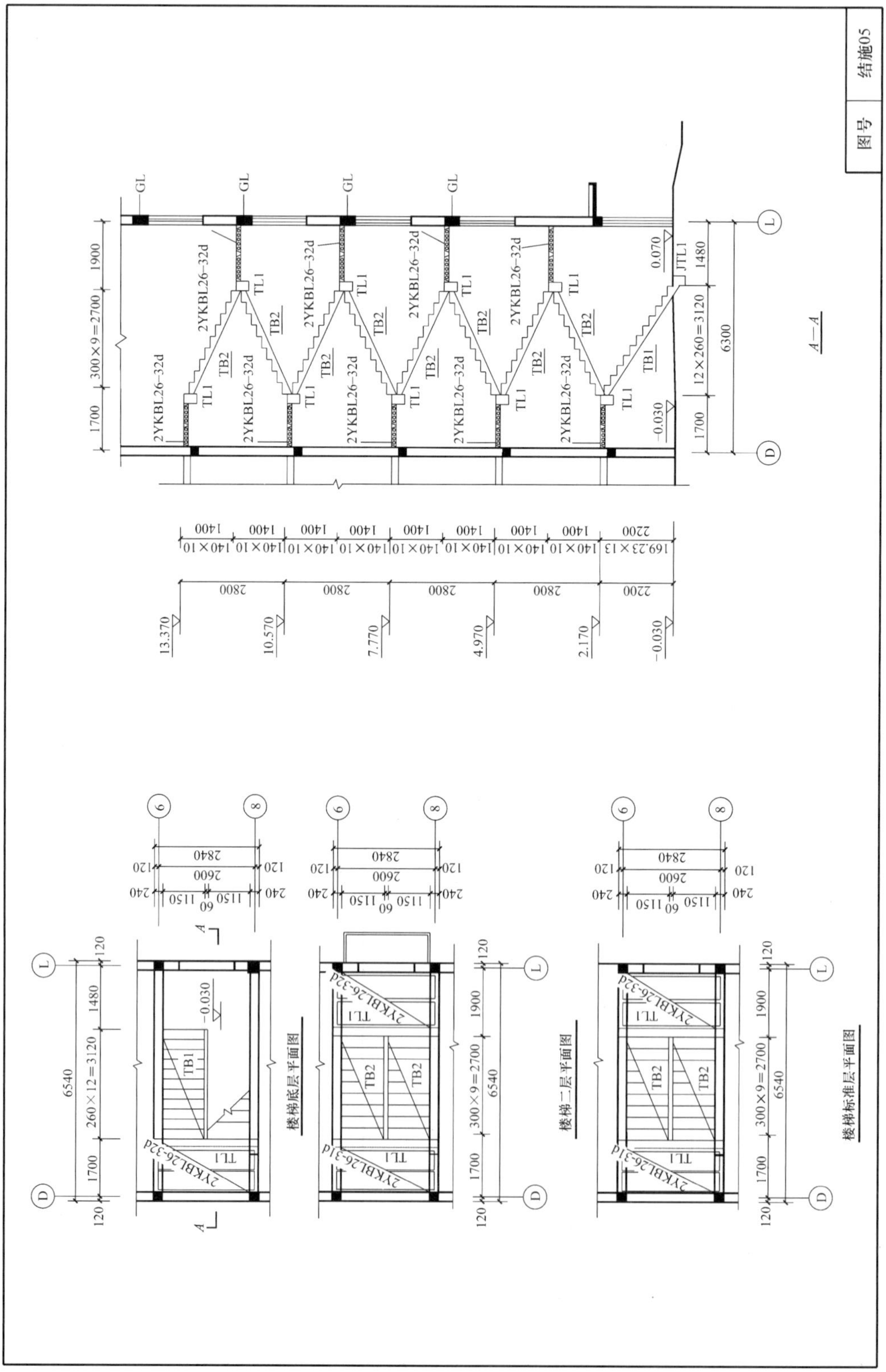
图号
结施05
A—A
楼梯底层平面图
楼梯二层平面图
楼梯标准层平面图
2YKBL26-32d
TL1
TB1
TB2
GL
JTL1
13.370
10.570
7.770
4.970
2.170
-0.030
0.070

附图 18

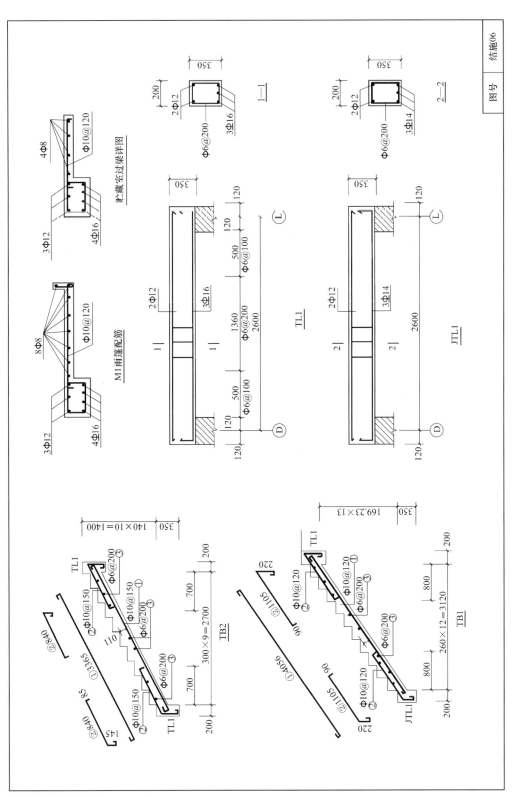

附图 19

结施06 图号